化工安全与环保

（第二版）

主　编　朱建军　徐吉成

内 容 简 介

本教材是作者在多年从事高等职业教育教学实践的基础上，与一线技术与管理人员合作，针对高职人才培养模式的特点编写的。教材结合化工生产与管理的特点，用四个模块共十个单元介绍化工安全与环保的主要内容，包括化工安全与环保的基础理论（化工安全与环保概论、危险化学品安全与环保基础知识）、化工安全技术（防火防爆与电气安全技术、化工设备安全技术、化工工艺与操作安全技术）、化工污染治理技术（化工废水治理技术、化工废气治理技术、化工固体废物处置技术）、化工可持续发展（化工清洁生产与节能、化工安全与环保管理）等，每一个单元又逐一按项目任务对课程内容进行了分解。

本教材以化工安全与环保基本技能训练为主线，采用项目引领、任务驱动、案例引入的教材开发理念，内容力求简明扼要、注重实用性。每项学习任务都有明确的学习目标，每项学习任务都配有课外作业和应用能力训练的项目，各项学习任务后配有相关知识拓展内容。本书既可作为高职院校化工类、石化类、生化类、制药类、材料类、安全与环保类等专业的专业基础课或专业课教材，也可作为化工类企业在职人员、安全与环保监督管理人员的培训和学习参考用书。

图书在版编目(CIP)数据

化工安全与环保/朱建军，徐吉成主编．—2版．—北京：北京大学出版社，2015.12

（全国职业教育规划教材·化工系列）

ISBN 978-7-301-26404-1

Ⅰ.①化…　Ⅱ.①朱…②徐…　Ⅲ.①化工安全—高等职业教育—教材②化学工业—环境保护—高等职业教育—教材　Ⅳ.①TQ086 ②X78

中国版本图书馆CIP数据核字（2015）第247189号

书　　名　化工安全与环保（第二版）
著作责任者　朱建军　徐吉成　主编
责 任 编 辑　郗泽潇
标 准 书 号　ISBN 978-7-301-26404-1
出 版 发 行　北京大学出版社
地　　址　北京市海淀区成府路205号　100871
网　　址　http://www.pup.cn　新浪微博：@北京大学出版社
电 子 信 箱　zyjy@pup.cn
电　　话　邮购部62752015　发行部62750672　编辑部62765126
印 刷 者　北京溢漾印刷有限公司
经 销 者　新华书店
787毫米×1092毫米　16开本　18印张　425千字
2011年9月第1版
2015年12月第2版　2024年7月第9次印刷（总第15次印刷）
定　　价　39.00元

第二版前言

近年来，作为我国经济体系支柱产业之一的化工得到了快速的发展，各类化工园区如雨后春笋般出现。由于化工企业涉及的易燃易爆、有毒有害、有腐蚀性危险物质的种类多、数量大，而化工生产过程多具有高温、高压、深冷、连续化、规模化等特点，使得化工生产中不安全因素多、危险性和危害性大，一旦发生事故，可能造成人员伤亡、财产损失及环境污染，事故后果严重。为了保障安全生产、保护环境，化工类企业生产管理人员、技术人员及操作人员必须具有化工安全与环保的基本知识和能力，以适应社会和经济的发展。

“化工安全与环保”是化工类、石化类、生化类、制药类、材料类及安全类专业的专业或专业基础课程，本门课程的目的在于培养学生安全环保意识，使学生掌握化工安全与环保的基本理论和基本方法，具备在化工生产和管理中解决所遇到的安全与环保问题的基本能力。

本教材以化工安全与环保基本技能训练为主线，采用项目引领、任务驱动、案例引入的教材开发理念，在编写过程中，结合高等职业教育培养人才模式的特点，以模块、单元、任务、学习目标（知识目标、能力目标和态度目标）、案例、技能训练内容、相关知识拓展、课外任务（包括课外作业、课外训练任务）的体系形式设计和编写。

本教材由企业专家与高校教师共同完成。主要内容包括化工安全与环保基础理论、化工生产安全技术、化工污染治理技术、化工可持续发展等四个模块，涵盖了化工企业安全与环保工作中应掌握的基本内容。

本教材既可作为高职院校化工类、石化类、制药类、材料类、安全与环保类等专业的专业基础课或专业课教材，也可作为相关类型企业在职人员、安全与环保监督管理人员的培训和学习参考用书。在职人员的培训可自行选择相关模块进行学习。

镇江高等专科学校朱建军、巴斯夫造纸化学品(江苏)有限公司朱超（安环部经理）负责本教材大纲的编写与内容设计，朱建军、徐吉成对全书进行统稿。第一单元、第二单元、第三单元任务一到任务四、第四单元的任务一到任务五、第八单元由朱建军编写；第六单元、第七单元、第九单元、第十单元由徐吉成编写；第四单元的任务六和任务七、第五单元由殷伟芬编写；第三单元任务五由缪秀萍编写；朱超对相关案例进行了收集与整理。全书由镇江国际化工园区管委会安全与环保总工程师刘红玲主审。另外，曹媛媛担负了本教材内容校对和文字图表编辑工作。

在本教材的编写过程中，参阅和引用了近年来出版的相关教材与论著，在此向相关作者表示衷心的感谢！

由于编者水平所限，教材中难免有疏漏和不足之处，恳请广大读者批评指正。

编　者

2015 年 8 月

目　录

第一模块　基础知识

第二模块　化工安全技术

第三模块 化工污染治理技术

第一模块

基础知识

第一单元　化工安全与环保概论

任务一　化工生产与安全

知识目标：了解化工事故的特点。
能力目标：初步具备化工生产中的危险性分析的能力，能初步判断化工生产中的风险，会初步分析化工事故的主要原因。
态度目标：培养化工安全生产责任意识、端正对化工安全的认知态度。

【案例 1-1】

1984 年 12 月 3 日，美国联合碳化物公司在印度博帕尔市的一座农药厂，发生了一起液态甲基异氰酸酯大量泄漏气化事故，使附近空气中的这种毒气浓度超过了安全标准的 1 000 倍以上。在事故后的 7 天内，死亡 2 500 人，该市 70 万人口中，约 20 万人受到影响，其中约 5 万人双目失明，其他幸存者的健康也受到严重危害。博帕尔地区的食物和水源被污染，大批牲畜和其他动物死亡，生态环境受到严重破坏。事故后果之惨重，损失之大，令世人震惊。

化学工业随着技术的进步和市场的扩大迅速发展起来，目前已占整个制造业的 30%以上。特别是进入 20 世纪以来，化学工业迅速发展，环境污染和重大安全生产事故相继发生。

一、化工事故的特点

1. 火灾爆炸、中毒事故多

根据我国 30 余年的统计资料，化工厂的火灾爆炸事故导致的死亡人数占因工死亡总人数的 13.8%，占化工事故的第一位；中毒窒息事故致死人数为 12%，占第二位；高空坠落和触电，分别占第三、四位。

2. 事故多发生于正常生产时

正常生产活动时发生事故造成的死亡人数，占因工死亡总数的 66.7%，而非正常生产活动时仅占 12%。主要原因有以下几点。

(1) 化工生产中伴随有许多副反应，有些机理尚不完全清楚，有些则是在危险边缘（如乙烯制环氧烷、甲醇氧化制甲醛等就处在爆炸极限附近）进行生产，生产条件稍一波动就会发生严重事故。

(2) 化工工艺中影响各种参数的干扰因素很多，设定的参数很容易发生偏移，而参数的偏移是事故的根源之一，即使在自动调节的过程中也会产生失调或失控现象，人工调节更易发生事故。

（3）由于人的素质或人机工程设计欠佳，往往会造成误操作，如看错仪表、开错阀门等。

3. 材质和加工缺陷以及腐蚀易造成事故

化工厂的工艺设备大多是在严酷的生产条件下运行的。腐蚀介质的作用、振动、压力波造成的疲劳、高低温度影响材质的性质等都是在安全方面应该引起重视的问题。

化工设备的破损与应力腐蚀裂纹有很大关系。设备材质受到制造时的残余应力和运转时拉伸应力的作用，在腐蚀的环境中就会产生裂纹并发展扩大，在特定的条件下，如压力波动、严寒天气时，就会引起脆性破裂，造成巨大的灾难性事故。

4. 事故常集中、多发

化工装置中的许多关键设备，特别是高负荷的塔槽、压力容器、反应釜、经常开闭的阀门等在运转一定时间后，由于设备进入到寿命周期的故障频发阶段，常会出现多发故障或集中发生故障的情况。

二、化工生产中的危险因素

1. 工厂选址

（1）易遭受地震、洪水、暴风雨等自然灾害；
（2）水源不充足；
（3）缺少公共消防设施的支援；
（4）有湿度高、温度变化显著等气候问题；
（5）受邻近危险性大的工业装置影响；
（6）邻近公路、铁路、机场等运输设施；
（7）在紧急状态下难以把人和车辆疏散至安全地。

2. 工厂布局

（1）工艺设备和储存设备过于密集；
（2）有显著危险性和无危险性的工艺装置间的安全距离不够；
（3）昂贵设备过于集中；
（4）对不能替换的装置没有有效的防护；
（5）锅炉、加热器等火源与可燃工艺装置之间距离太小；
（6）有地形障碍。

3. 建构筑物结构

（1）支撑物、门、墙等不是防火结构；
（2）电气设备无防护措施；
（3）防爆、通风换气能力不足；

（4）控制和管理的指示装置无防护措施；
（5）装置基础薄弱。

4. 对加工物质的危险性认识不足

（1）原料在装置中混合，在催化剂作用下自然分解；
（2）对所处理的气体、粉尘等在其工艺条件下的爆炸范围不明确；
（3）没有充分掌握因误操作、控制不良而使工艺过程处于不正常状态时的物料和产品的详细情况。

5. 化工工艺

（1）没有足够的有关化学反应的动力学数据；
（2）对有危险的副反应认识不足；
（3）没有根据热力学研究确定爆炸能量；
（4）对工艺异常情况检测不够。

6. 物料输送

（1）进行各种单元操作时对物料流动不能进行良好控制；
（2）产品的标示不完全；
（3）风送装置内的粉尘爆炸；
（4）废气、废水和废渣的处理；
（5）装置内的装卸设施。

7. 误操作

（1）忽略关于运转和维修的操作教育；
（2）没有充分发挥管理人员的监督作用；
（3）开车、停车计划不适当；
（4）缺乏紧急停车的操作训练；
（5）没有建立操作人员和安全人员之间的协作体制。

8. 设备缺陷

（1）因选材不当而引起装置腐蚀、损坏；
（2）设备不完善，如缺少可靠的控制仪表等；
（3）材料的疲劳；
（4）对金属材料没有进行充分的无损探伤检查或没有经过专家验收；
（5）结构上有缺陷，如不能停车而无法定期检查或进行预防维修；
（6）设备在超过设计极限的工艺条件下运行；
（7）对运转中存在的问题或不完善的防灾措施没有及时改进；
（8）没有连续记录温度、压力、开停车情况及中间罐和受压罐内的压力变动。

9. 防灾计划不充分

（1）没有得到管理部门的大力支持；

（2）责任分工不明确；

（3）装置运行异常或故障仅由安全部门负责，只是单线起作用；

（4）没有预防事故的计划，或即使有也很差；

（5）遇有紧急情况未采取得力措施；

（6）没有实行由管理部门和生产部门共同进行的定期安全检查；

（7）没有对生产负责人和技术人员进行安全生产的继续教育和必要的防灾培训。

瑞士再保险公司统计了化学工业和石油工业的102起事故案例，分析了上述九类危险因素所起的作用，统计结果如表1-1所示。

表1-1　化学工业的危险因素

类别	危险因素	危险因素的比例/(%)	
		化学工业	石油工业
1	工厂选址	3.5	7.0
2	工厂布局	2.0	12.0
3	建构筑物结构	3.0	14.0
4	对加工物质的危险性认识不足	20.2	2.0
5	化工工艺	10.6	3.0
6	物料输送	4.4	4.0
7	误操作	17.2	10.0
8	设备缺陷	31.1	46.0
9	防灾计划不充分	8.0	2.0

三、化工事故的主要原因分析

化工生产中发生事故，其原因是多方面的，除自然灾害外，主要有以下几种原因。

（1）设计上的不足。例如厂址选择不好，平面布置不合理，安全距离不符合要求，生产工艺不成熟等，从而给生产带来难以克服的先天性隐患。

（2）设备上的缺陷。如设计上考虑不周，材质选择不当，制造安装质量低劣，缺乏维护及更新等。

（3）操作上的错误。如违反操作规程，操作错误，不遵守安全规章制度等。

（4）管理上的漏洞。如规章制度不健全，隐患不及时消除、治理，人事管理上不足，工人缺乏培训和教育，作业环境不良，领导指挥不当等。

（5）不遵守劳动纪律，对工作不负责任，缺乏主人翁责任感等。

综上所述，造成事故的根本原因主要在于人的过错。上述列举的五条事故起因，无不与人相关。事故既然主要是由人造成的，那么人就必须想方设法去避免事故的发生。

四、化工安全技术措施

安全技术的作用在于消除生产过程中的各种不安全因素，保护劳动者的安全和健康，预防伤亡事故和灾害性事故的发生。采取以防止工伤事故和其他各类生产事故为目的的技术措施，其内容包括：

（1）直接安全技术措施，即使生产装置本质安全化；

（2）间接安全技术措施，如采用安全保护和保险装置等；

（3）提示性安全技术措施，如使用警报信号装置、安全标志等；

（4）特殊安全措施，如限制自由接触的技术设备等；

（5）其他安全技术措施，如预防性实验、作业场所的合理布局、个体防护设备等。

在前文，已经给出了化工的危险因素，以下将针对占较大比例的危险因素提出相应的安全技术措施。

1. 设备安全技术措施

确定设备的安全性，需要考虑以下因素：

（1）是否按照相应的安全标准、规范进行设计；

（2）是否按照设计说明书正确进行制造；

（3）是否有适当的安全防护装置；

（4）维护、检查的程序是否完善。

2. 物料加工和操作安全技术措施

企业应该建立原料、中间体、产物和副产物的完整的物性数据档案。对各种物质的状态、闪点、沸点、熔点、爆炸极限、燃点等性质数据，以及操作、贮运、应急处置等都应该有清晰的了解。对物质性质所伴生的危险和可能造成的损失或损害，以及相应的对策应进行分析和说明，达到防患于未然的目的。

岗位操作程序可分为有化学反应的和无化学反应的两种类型。有化学反应的是指在设备中进行聚合、缩合、热裂解、催化裂化、氧化、脱氢、加氢、烷基化等化学反应。无化学反应的是指混合、溶解、清洗、蒸馏、萃取、吸收、精制、分离、机械加工等不进行化学反应的单元操作。对有化学反应和无化学反应的操作中可能发生的误操作，特别是可能造成重大损失或损害的操作，应分门别类地进行分析和评价。

3. 装置布局安全技术措施

对于大量处理可燃液体的化工企业，装置布局和设备间距应该注意以下几点：

（1）需要留有足够的空地以把工艺单元可能的火灾控制在最小范围；

（2）对于极为重要的单系列装置，要保留足够的空间，或用其他方法进行防护；

（3）危险性极大的区域应该与其他部分保持足够的安全距离；

（4）装置事故不能直接影响水、电、气（汽）等公用工程设施；

（5）因各种原因有可能使装置界区内浸水时，应该设置防水设备；

（6）应该特别注意公路、铁路在装置附近的情况；

(7) 对于道路的设置，应该注意在发生事故时能较方便地接近装置；

(8) 在装置的边界和出入口，应该安装监视设施。

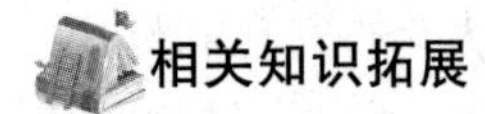

相关知识拓展

化工生产的特点

化工生产从安全的角度分析，不同于其他行业的生产。化工生产的特点具体表现在以下四点。

1. 易燃易爆

化工生产从原料到产品，包括工艺过程中的半成品、中间体、溶剂、添加剂、催化剂、试剂等，绝大多数属于易燃易爆物质。这些物质又多以气体和液体状态存在，极易泄漏或挥发。尤其在生产过程中，工艺操作条件苛刻，有高温、深冷、高压、真空，许多加热温度都达到或超过了物质的自燃点，一旦操作失误或设备失修，便极易发生火灾、爆炸事故。另外，就目前的工艺技术水平看，在许多生产过程中，物料还必须用明火加热，加之日常的设备检修又要经常动火，这样就构成一个突出的矛盾，既怕火，又要用火，再加之各企业及装置的易燃易爆物质储量很大，一旦处理不好就会发生事故，其后果不堪设想。

2. 毒害性

有毒物质普遍地大量存在于化工生产过程之中，其种类之繁多、数量之大、范围之广，远超过其他任何行业。其中，有许多原料和产品本身即为毒物，在生产过程中添加的一些化学物质也多属有毒物质，在生产过程中因化学反应又生成一些新的有毒物质，如氰化物、氟化物、硫化物、氮氧化物及烃类毒物等。这些毒物有的属一般性毒物，也有许多属于高毒和剧毒物质。它们以气体、液体和固体三种状态存在，并随生产条件的变化而不断改变原来的状态。对这些有毒有害因素应采取相应措施予以控制和防范，否则不但会造成急性中毒事故，还可能因长时间的接触，即便是在低浓度（剂量）条件下，也会因多种有害因素对人体的联合作用，影响职工的身体健康，引发各种职业性疾病。

据我国化工部门统计，因一氧化碳、硫化氢、氯气、氯氧化物、氨、苯、二氧化碳、二氧化硫、光气、氯化钡、氮气、甲烷、氯乙烯、磷、苯酚、砷化物等16种化学物质造成中毒、窒息的死亡人数占中毒死亡总人数的87.6%，而这些物质在一般化工厂中是非常常见的。

3. 腐蚀性

化工生产过程中的腐蚀性主要来源于以下几个方面，首先是在生产工艺过程中使用一些强腐蚀性物质，如硫酸、硝酸、盐酸和烧碱等，这些强腐蚀性物质不但会引起化学性灼伤，而且对设备设施也有很强的腐蚀作用。另外在化工生产过程中有些原料和产品本身具有较强的腐蚀性，如原油中含有的硫化物会腐蚀破坏设备管道。最后，生产过程中的化学反应会生成许多新的具有不同腐蚀性的物质，如硫化氢、氯化氢、氮氧化物等。

腐蚀作用不但大大降低设备使用寿命，缩短开工周期，而且更重要的是腐蚀作用可使设备变薄、变脆，承受不了原设计压力而发生泄漏或爆炸着火事故。

4. 连续性

化工产品的制取过程涉及的生产工序往往较多，且生产过程复杂。生产的连续化可以大大提高生产的效率与规模。这种连续化生产可能在一个联合企业内部，也可能在厂际之间。连续化的化工生产往往用管道互通，原料产品互相利用，是一个组织严密、相互依存、高度统一不可分割的有机整体。任何一个厂或一个车间，乃至一道工序发生事故，都会影响到全局。

基于上述特点，加之对化工生产的危险性认识不足，或在安全管理上存在漏洞，从而容易引发安全生产事故，有些事故会相当严重。

学生课外任务 1

作　　业：

1. 化工生产中如何进行危险性分析？化工事故的特点有哪些？
2. 简述化工安全生产事故的主要原因有哪些？

项目任务：

1. 按照老师给定的化工事故案例，分析事故的原因，并提出相应的安全技术措施。
2. 收集 10 个近年来国内外发生的化工安全生产事故案例。

任务二　化工生产与环境保护

知识目标：了解化工“三废”控制原则，认识化工污染的种类和来源。
能力目标：初步具备按照污染控制的原则制订化工环保计划的能力。
态度目标：培养团队合作精神，树立化工环保意识。

【案例 1-2】

2005 年 11 月 13 日，中石油吉林石化公司发生危险化学品爆炸事故，造成 6 名工人失踪、近 70 人受伤，其中 2 人重伤，数万人紧急疏散。该事故造成松花江水域被污染，导致哈尔滨市停水 4 天，600 万市民一度发生饮水恐慌，沿线一些企业因无水停工。据专家估计，仅哈尔滨的直接损失就在 15 亿元左右，如果包括间接损失在内，这个数字应该是几百亿到上千亿之间。

化工生产是对环境中的各种资源进行化学处理和转化加工的过程。从化学组成上来说，化工生产的产品和废弃物具有多样化的特点，而且废弃物大多是有害的，有的甚至是剧毒物质，进入环境后会对生态系统产生一系列的扰乱和侵害。有些化工产品在使用过程中也会引起一些污染，甚至比生产本身所造成的污染更严重、更广泛。几十年来，国家对化工污染治理进行了大量投资，采取了大批治理污染的措施，取得了比较明显的环境效益。然而，我国化工污染治理的发展仍然落后于工业生产的发展，解决我国化工污染的任务还相当艰巨。

一、化工废水控制原则

在控制化工企业水污染时，主要应考虑以下原则。

(1) 改革生产工艺。尽量不用水或少用水，尽量不用或少用易产生污染的原料、设备和生产方法，以减少废物的排放量。

(2) 重复利用废水。尽量采用重复用水和循环用水系统，使废水排放量减至最少。根据不同生产工艺对水质的不同要求，可将甲工段排出的废水送往乙工段使用，实现一水二用或一水多用，即重复用水。例如利用轻度污染的废水作为锅炉的水力排渣用水或作为焦炉的熄焦用水。

将化工废水经过适当处理后，送回本工段再次利用，即循环用水。在国外，废水的重复使用已经作为一项解决环境污染和水资源贫乏的重要途径。

(3) 回收有用物质。如果能将废水中的污染物质加以回收，就可以变废为宝，化害为利，既防止了污染危害又创造了财富，有着广阔的前景。例如在含酚废水中用萃取法或蒸气吹脱法回收酚等。有时还可厂际协作，变一厂废料为他厂原料，综合利用，可降低成本，减少污染。

(4) 对废水进行妥善处理。废水经过回收利用后，可能还有一些有害物质随水流出，此外也会有一些目前尚无回收价值的废水排出。对于这些废水，还必须从全局出发，加以妥善处理，使其无害化，不致污染水体，恶化环境。

(5) 采用先进的处理工艺和方法。选择处理工艺与方法时，必须经济合理，并尽量采用先进技术。对于一些特殊的污染物，如难降解有机物和重金属应以厂内处理为主，对大多数能降解和易集中处理的污染物，应尽可能考虑集中处理，以取得规模效应和区域大环境的改善。在当前经济技术条件下，化工企业也可以在环保及水利等职能管理部门的批准与调度下，合理利用江、河、海洋等的自净能力和水环境容量，将化工废水经过适当处理达到规定的有关排放标准后排放。

二、化工废气控制原则

大气污染控制主要应考虑以下几个原则。

(1) 合理利用环境的自净作用。

① 合理布局。工业布局是否合理与大气污染的形成关系极为密切。将工厂合理分散布设，在选择厂址时充分考虑地形、气象等环境条件，有利于污染物的扩散、稀释，发挥环境的自净作用，可减少废物对大气环境的污染危害。

② 选择有利于污染物扩散的排放方式。一般情况下，地面污染程度与烟囱高度的平方成反比。提高烟囱有效高度有利于烟气的稀释扩散，减轻地面污染。目前，国外较普遍地采用高烟囱和集合式烟囱排放。

（2）控制污染物的排放。

控制或减少污染物的排放有多种途径，如改革能源结构、发展集中供热、进行燃料的预处理以及改革工艺设备和改善燃烧过程等。

① 改革能源结构。能源结构的不合理是大气污染、特别是尘和二氧化硫污染的首要原因，因此改革能源结构是控制大气污染的一项重要措施。以煤炭为主的能源构成是我国长期的能源政策，而发展城市燃气是改革能源结构、减少大气污染物排放的有效途径。此外开发利用洁净的能源也是解决大气污染的一个重要途径。

② 集中供热。利用集中供热取代分散供热的锅炉，是综合防治大气污染的有效途径。它对发展生产、节约能源、改善大气环境质量等方面均具有重要的意义，目前我国大多数化工园区已实现了集中供热的目标。

③ 燃料的预处理。原煤经过洗选、筛分、成型及添加脱硫剂等加工处理，可以大大降低含硫量，燃烧时减少二氧化硫的排放量，同时还有可观的经济效益。

④ 改革工艺设备，改善燃烧过程。化工企业应结合技术改造和设备更新，改进燃烧设备，改善燃烧过程，努力提高烟气净化效率，从根本上减少大气污染物的排放。

（3）化工废气处理。

化工生产过程中产生的空气污染物，其一是气溶胶态污染物，如粉尘、烟尘、雾滴和尘雾等颗粒状污染物，可利用其质量较大的特点，通过外力的作用将其分离出来，通常称为除尘；其二是气态污染物，如 SO_2、NO_x、CO、NH_3、H_2S、有机废气等，这类污染物主要以分子状态存在于废气中，可利用污染物质的物理性质和化学性质，通过冷凝、吸收、吸附、燃烧、催化等方法进行处理。如江苏钛白集团煅烧工艺段尾气处理方式为：文丘里除尘—填料塔吸收—电除雾—大气。

三、化工废渣处置原则

对化工废渣的处置应从两个方面着手，一是防治化工废渣污染，二是综合利用废物资源。主要有以下几项措施。

（1）改革生产工艺。

化工企业应结合技术改造，从工艺入手，采用无废或少废技术，从发生源消除或减少污染物的产生。此外，在生产过程中采用精料以及提高产品的质量和使用寿命，这对减少固体废弃物的产生也是非常重要的。

（2）发展物质循环利用工艺。

发展物质循环利用工艺，使第一种产品的废物成为第二种产品的原料，第二种产品的废物又成为第三种产品的原料等等，最后只剩下少量废物进入环境，以取得经济、环境和社会综合效益。

（3）进行综合利用。

有些固体废物中含有很大一部分未起变化的原料和副产物，可以回收利用。如废催化剂中含有 Au、Ag、Pt 等贵金属，只要采取适当的物理、化学熔炼等加工方法，就可以将其中有价值的物质回收利用。

（4）进行无害化处理与处置。

在一定的技术经济条件下，废弃物的综合利用是有一定限度的，而且也并非所有的固体废弃物都可以被综合利用或资源化。因此在固体废弃物防治上，要把综合利用和无害化处理结合起来。

总之，在化工污染防治过程中应从污染源入手，实行综合治理，根除污染。

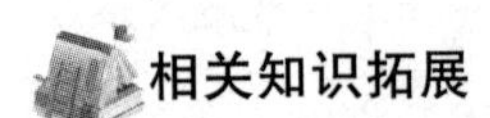
相关知识拓展

化工污染物的种类和来源

化工污染物的种类，按污染物的性质可分为无机化学工业污染和有机化学工业污染；按污染物的形态可分为废气、废水和废渣。

化工污染物都是在生产过程中产生的，但其产生的原因和进入环境的途径则是多种多样的。具体包括：①化学反应不完全所产生的废料；②副反应所产生的废料；③燃烧过程中产生的废气；④冷却水；⑤设备和管道的泄漏；⑥其他化工生产中排出的废弃物等。概括起来，化工污染物的主要来源大致可以分为以下两个方面。

1. 化工生产的原料、半成品及产品

（1）因化学反应不完全产生化工污染物。

对几乎所有的化工生产来说，原料是不可能全部转化为半成品或成品的。未反应的原料，虽有一部分可以回收再用，但最终总有一部分因回收不完全或不可能回收而被排放。若化工原料为有害物质，排放后便会造成环境污染。化工生产中的“三废”，实际上是生产过程中流失的原料、中间体、副产品，甚至是宝贵的产品。尤其是农药和化工行业，其主要原料利用率一般只有30%～40%，即有60%～70%的原料会以“三废”形式排入环境。因此，对“三废”的有效处理和利用，既可创经济效益又可减少环境污染。

（2）因原料不纯产生化工污染物。

化工原料有时本身纯度不够，其中含有杂质。这些杂质因一般不会参与化学反应，最后会被排放掉，大多数的杂质为有害的化学物质，对环境会造成重大污染。有些化学杂质即使参与化学反应，生成的反应产物同样也是所需产品的杂质。对环境而言，也是有害的污染物。

（3）因“跑、冒、滴、漏”产生化工污染物。

由于生产设备、管道等封闭不严密，或者由于操作水平和管理水平跟不上，物料在储存、运输以及生产过程中，往往会造成化工原料、产品的泄漏，习惯上称为“跑、冒、滴、漏”现象，这些情况可能会造成环境污染事故，甚至会带来难以预料的后果。

2. 化工生产过程中排放出的废弃物

（1）燃烧过程中排放出的废弃物。

化工生产过程一般需要在一定的压力和温度下进行，因此需要有能量的输入，从而要燃烧大量的原料。但是在燃料的燃烧过程中会产生大量的废气和烟尘，对环境造成极大的危害。

（2）冷却水。

化工生产过程中除了需要大量的热能外，还需要大量的冷却水。在生产过程中，用水进行冷却的方式一般有直接冷却和间接冷却两种。采用直接冷却时，冷却水直接与被冷却的物料进行接触，这种冷却方式很容易使水中含有化工物料，从而成为污染物质。而当采用间接冷却时，虽然冷却水不与物料直接接触，但因为在冷却水中往往加入防腐剂、杀藻剂等化学物质，排放后也会造成污染，即使没有加入有关的化学物质，冷却水也会对周围环境带来热污染问题。

（3）副反应产物。

化工生产中，主反应进行的同时还经常伴随着一些副反应和副反应产物。副反应产物虽然有的经过回收可以成为有用的物质，但是往往由于副产物的数量不大，而且成分又比较复杂，要进行回收存在许多困难，需要耗用一定的经费，所以副产物往往被作为废料排弃，从而引起环境污染。

（4）生产事故造成的化工污染。

因为原料、成品或半成品很多都是具有腐蚀性的，容器管道等很容易被化工原料或产品腐蚀破坏。如检修不及时，就会出现“跑、冒、滴、漏”等污染现象，流失的原料、成品或半成品就会对周围环境造成污染。比较偶然的事故是工艺过程事故，由于化工生产条件的特殊性，如反应条件没有控制好，或催化剂没有及时更换，或者为了安全而大量排气、排液，或生成了不需要的物质，就会造成一时的严重污染。

学生课外任务 2

作　　业：

简述化工污染的种类及其主要来源。

项目任务：

1. 按化工环境污染控制的原则，分析如何控制【案例 1-2】中的环境污染事故。
2. 调查近年来国内外发生的化工环境污染事件。

第二单元　危险化学品安全与环保基础知识

任务一　危险化学品的分类与特性

知识目标： 熟悉危险化学品的分类。
能力目标： 判断不同类型危险化学品的危险特性。
态度目标： 培养团队合作精神、树立危险化学品安全意识。

【案例 2-1】

2005 年 10 月 15 日 18 时 53 分，青岛东方化工股份有限公司一个 1 750 立方米的硫酸储罐在正常使用过程中突然发生上下贯穿性破裂，罐内 2 800 多吨硫酸顷刻泄漏。造成 6 名职工死亡，13 人受轻伤。

危险化学品是指易燃、易爆、有毒、有害及有腐蚀性，会对人员、设施、环境造成伤害或损害的化学品。危险化学品在一定的外界环境下是安全的，但当其受到一些因素的影响，就可能引发严重事故，甚至会引发灾害事故。我国目前有近万家化工企业，共有45000 多种化工产品。每天有近两千万人在工作中接触危险化学品。据不完全统计，2012 年我国因危险化学品安全与环保事故引起的职业病，约有一万六千多例，其中职业中毒占17%。可见，危险化学品安全与环保问题，应引起特别的重视。

一、危险化学品的分类

依据《危险化学品安全管理条例》《危险货物分类和品名编号》(GB 6944—1986）和《常用危险化学品的分类及标志》(GB 13690—1992）等，危险化学品按其危险特性可分为 8 大类。

1. 爆炸品

本类化学品是指在外界作用下（如受热、受压、撞击等）能发生剧烈的化学反应，瞬时产生大量的气体和热量，使周围的压力急剧上升，从而发生爆炸，对周围环境造成破坏的物品。也包括无整体爆炸危险，但具有燃烧、抛射及较小爆炸危险，或仅产生热、光、音响或烟雾等一种或几种作用的烟火物品。

爆炸品的主要特性为爆炸性，这类物品都具有化学不稳定性，在一定外界因素的作用下，会进行猛烈的化学反应，主要有以下四个特点：一是化学反应速度极快；二是爆炸时产生大量的热；三是产生大量气体，造成高压，形成的冲击波对周围物体有很大的破坏性；四是能产生巨大的声响。

有的爆炸品如 TNT、硝酸甘油、雷汞等，还具有一定的毒性。

有的爆炸品与酸、碱、盐、金属能发生反应，反应的生成物是更容易爆炸的化学品，如苦味酸遇某些碳酸盐能反应生成更易爆炸的苦味酸盐。

由于爆炸品具有以上特性，因此在储运中要避免摩擦、撞击、颠簸、震荡，严禁与氧化剂、酸、碱、盐类、金属粉末和钢材料器具等混储混运。

2. 压缩气体和液化气体

本类化学品是指压缩、液化或加压溶解的气体，并符合下面两种情况之一者：第一种情况是临界温度低于50℃时，其蒸气压力大于294kPa的压缩或液化气体；第二种情况是温度在21.1℃时，气体的绝对压力大于275kPa，或在54.4℃时，气体的绝对压力大于715kPa的压缩气体，或在37.8℃时雷德蒸气压力大于275kPa的液化气体或加压溶解气体。

本类物品当受热、撞击或强烈震动时，容器内压会急剧增大，致使容器破裂爆炸，或导致气瓶阀门松动漏气，酿成火灾或中毒事故。按性质可分为以下三项。

（1）易燃气体。此类气体极易燃烧，与空气混合能形成爆炸性混合物。在常温常压遇明火、高温即会发生燃烧或爆炸，如氢气、一氧化碳、甲烷等。

（2）不燃气体。不燃气体是指无毒、不可燃烧的气体，一般在高浓度时有窒息作用。不燃气体还包括助燃气体，助燃气体有强烈的氧化作用，遇油脂能发生燃烧或爆炸，如：压缩空气、氮气等。

（3）有毒气体。毒性指标与第6类毒性指标相同。对人畜有强烈的毒害、窒息、灼伤、刺激作用。其中有些还具有易燃、氧化、腐蚀等性质，如一氧化氮、氯气、氨气等。

所有压缩气体都有危害性，因为它们处在高压之下，有些气体具有易燃、易爆、助燃、剧毒等性质，在受热、撞击等情况下，易引起燃烧爆炸或中毒事故。

3. 易燃液体

本类化学品是指易燃的液体、液体混合物或含有固体物质的液体，但不包括因其危险性已列入其他类别的液体，其闭杯闪点等于或低于60℃。本类物质在常温下易挥发，挥发的气体与空气混合能形成爆炸性混合物。

（1）易燃液体按闪点可分为以下三类。

① 低闪点液体。指闭杯闪点低于－18℃的液体，如乙醚（闪点为－45℃）、乙醛（闪点为－38℃）等；

② 中闪点液体。指闭杯闪点在－18～23℃的液体，如苯（闪点为－11℃）、乙醇（闪点为12℃）等；

③ 高闪点液体。指闭杯闪点在23～60℃的液体，如丁醇（闪点为35℃）、氯苯（闪点为28℃）等。

（2）易燃液体具有以下特点。

① 高度易燃性。易燃液体遇火、受热以及和氧化剂接触时都有发生燃烧的危险，其危险性的大小与液体的闪点、自燃点有关，闪点和自燃点越低，发生着火燃烧的危险越大。

② 易爆性。由于易燃液体的沸点低，挥发出来的蒸气与空气混合后，浓度易达到爆炸

极限，遇火源会发生火灾爆炸。

③ 高度流动扩散性。易燃液体的黏度一般都很小，不仅本身易流动，还易发生渗透、浸润及毛细现象，因此即使容器只有极细小的裂纹，易燃液体也会渗透出容器壁外，且泄露后极易蒸发，从而增加了燃烧爆炸的危险性。

④ 易积聚电荷性。大部分易燃液体电阻率都很大，很容易积聚静电而产生静电火花，造成火灾事故。

⑤ 受热膨胀性。易燃液体的膨胀系数比较大，受热后体积容易膨胀，同时其蒸气压力亦随之升高，从而使密封容器中内部压力增大，造成“鼓桶”现象，甚至引起容器爆裂，在容器爆裂时会产生火花而引起燃烧爆炸。因此，易燃液体应避热存放；灌装时，容器内应留有5%以上的空隙。

⑥ 毒性。大多数易燃液体及其蒸气均有不同程度的毒性。因此在操作过程中，应做好劳动保护工作。

4. 易燃固体、自燃物品和遇湿易燃物品

（1）易燃固体。

易燃固体指燃点低，对热、撞击、摩擦敏感，易被外部火源点燃且燃烧迅速，并可能散发出有毒烟雾或有毒气体的固体，但不包括已列入爆炸品的物质，如红磷、硫黄等。

易燃固体具有以下特点：

① 易燃固体的主要特性是容易被氧化，受热易分解或升华，遇明火常会引起强烈、连续的燃烧。

② 与氧化剂、酸类等接触，反应剧烈而发生燃烧爆炸。

③ 对摩擦、撞击、震动也很敏感。

④ 许多易燃固体有毒，或燃烧产物有毒或腐蚀性。

（2）自燃物品。

自燃物品指自燃点低，在空气中易于发生氧化反应放出热量，从而自行燃烧的物品，如白磷、三乙基铝等。

（3）遇湿易燃物品。

遇湿易燃物品指遇水或受潮时，发生剧烈化学反应、放出大量的易燃气体和热量的物品，有些不需明火即能燃烧或爆炸，如钠、钾等。

遇湿易燃物品除遇水反应外，遇到酸或氧化剂也能发生反应，而且比遇到水发生的反应更为强烈，危险性也更大。因此，储存、运输和使用时，注意防水、防潮，严禁火种接近，与其他性质相抵触的物质隔离存放。遇湿易燃物品起火时，严禁用水、酸碱泡沫、化学泡沫扑救。

5. 氧化剂和有机过氧化物

（1）氧化剂。

氧化剂指处于高氧化态，具有强氧化性，易分解并放出氧和热量的物质。包括含有过氧基的有机物，其本身不一定可燃，但能导致可燃物的燃烧；与松软的粉末状可燃物能组

成爆炸性混合物，对热、震动或摩擦较为敏感，如过氧化钠、高锰酸钾等。

氧化剂具有较强的获得电子的能力，有较强的氧化性，遇酸碱、高温、震动、摩擦、撞击、受潮或与易燃物品、还原剂等接触能迅速分解，有引起燃烧、爆炸的危险。

（2）有机过氧化物。

有机过氧化物指分子组成中含有过氧基的有机物，其本身易燃易爆、极易分解，对热、震动和摩擦极为敏感，如过氧化苯甲酰、过氧化甲乙酮等。

6. 毒害品和感染性物品

（1）毒害品。

毒害品是指进入肌体后累积达一定的量时，能与体液和组织发生生物化学作用或使体液和组织发生生物物理学变化，扰乱或破坏肌体的正常生理功能，引起暂时性或持久性的病理改变，甚至危及生命的物品，如氰化钠、氰化钾、砷酸盐等。

（2）感染性物品。

感染性物品是指含有致病的微生物，能引起病态、甚至死亡的物质。

7. 放射性物品

放射性物品是指放射性比活度大于 7.4×10^4 Bq/kg 的物品。按其放射性大小细分为一级放射物品、二级放射物品和三级放射物品。

8. 腐蚀品

本类化学品是指能灼伤人体组织并对金属等物品造成损坏的固体或液体。与皮肤接触在 4 小时内出现可见坏死现象，或温度在 55℃时，对 20 号钢的表面均匀年腐蚀超过 6.25mm 的固体或液体。

（1）腐蚀品按化学性质分为三类。

① 酸性腐蚀品，如硫酸、硝酸、盐酸等。

② 碱性腐蚀品，如氢氧化钠、氢氧化钾、乙醇钠等。

③ 其他腐蚀品，如亚氯酸钠溶液、氯化铜、氯化锌等。

（2）腐蚀品主要有以下特性。

① 强烈的腐蚀性。在化学危险物品中，腐蚀品是化学性质比较活泼，能和很多金属、有机化合物、动植物机体等发生化学反应的物质。这类物质能灼伤人体组织，对金属、动植物机体、纤维制品等具有强烈的腐蚀作用。

② 强烈的毒性。多数腐蚀品有不同程度的毒性，有的还是剧毒品。

③ 易燃性。许多有机腐蚀物品都具有易燃性，如甲酸、冰醋酸、苯甲酰氯、丙烯酸等。

④ 氧化性。如硝酸、硫酸、高氯酸、溴素等，当这些物品接触木屑、食糖、纱布等可燃物时，会发生氧化反应，引起燃烧。

二、危险化学品造成化学事故的主要特征

危险化学品事故是指导致一种或几种有害物质释放的意外事件或危险事件，能在短期

或较长时间内损害人类健康或危害环境，包括可引起疾病、损伤、残废或死亡的有毒物质的泄漏、释放、火灾、爆炸等。

危险化学品事故具有突发性、复杂性、激变性、群体性。

由于危险化学品具有上述特性，因此危险化学品大量排放或泄漏后，可能引起火灾、爆炸，造成人员伤亡，也可污染空气、水、地面和土壤以及食物，还可以经呼吸道、消化道、皮肤或黏膜进入人体，引起群体中毒甚至死亡事故。

危险化学品事故一般造成的伤亡大、社会危害大。由于化学品的危险特性，一旦因管理不善发生事故，造成的经济损失和人员伤亡都会十分巨大，且会影响社会的稳定。

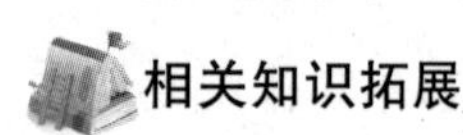

相关知识拓展

化学品安全技术说明书与安全标签

1. 化学品安全技术说明书

化学品安全技术说明书简称MSDS或CSDS，是《工作场所安全使用化学品规定》所要求的一份关于化学品燃爆、毒性和生态危害以及安全使用、泄漏应急处置、主要理化参数、法律法规等方面信息的综合性文件。作为对用户的一种服务，生产企业应随化学商品向用户提供化学品安全技术说明书，使用户明了化学品的有关危害，使用时自主进行防护，起到减少职业危害和预防化学事故的作用。化学品安全技术说明书是化学品登记管理的重要基础和信息来源，是企业进行安全教育的重要内容。

(1) 化学品安全技术说明书的内容。

根据《化学品安全技术说明书编写规定》(GB 6483—2000)，安全技术说明书应包括安全信息16大项近70个小项的内容，具体项目如下。

① 化学品及企业标识。主要包括化学品名称、生产企业、地址、电话、应急电话。

② 成分/组成信息。包括主要成分，对安全和健康构成危害的组分，CAS号和重量比例。

③ 危险性概述。简要说明该化学品最重要的危害和效应，主要包括危险性类别、侵入途径、燃爆危险、健康危害、生态危害等信息。

④ 急救措施。是指人员意外地受到化学品伤害时，所需采取的自救或互救的简要的处理方法，包括皮肤接触、眼睛接触、吸入或食入的急救措施。

⑤ 消防措施。指化学品的合适灭火介质以及消防人员个体防护等方面的信息，包括危险特性、灭火方法、灭火注意事项等。

⑥ 泄漏应急处理。指化学品泄漏后现场可采用的简单有效的应急处理措施、注意事项等。

⑦ 操作处置和储存。主要是指关于操作处置和安全储存方面的信息资料，包括操作注意事项、储存注意事项等内容。

⑧ 接触控制/个体防护。指在生产、操作处置、搬运和使用化学品的作业过程中，为保护作业人员免受化学品危害而采取的防护方法和手段。

⑨ 理化特性。主要是指化学品外观及理化特性等方面的信息。

⑩ 稳定性和反应活性。指叙述化学品的稳定性和反应活性方面的信息，包括：稳定性、禁配物、应避免接触的条件、聚合危害、燃烧（分解）产物。

⑪ 毒理学资料。主要提供化学品详细完整的毒理学资料。

⑫ 生态学资料。对化学品可能造成环境影响的主要特性应予以描述，包括迁移性、降解性、生物累积性和生态毒性。

⑬ 废弃处置。提供化学品和可能具有有害化学品残余的包装污染的安全处置方法及要求。

⑭ 运输信息。指国内、国际化学品包装、运输的要求、运输规定的分类和编号以及运输注意事项等。

⑮ 法规信息。提供对化学品进行危险性分类和监管的法规信息。

⑯ 其他信息。主要提供其他对安全有重要意义的信息，包括：参考文献、填表时间、填表部门、填表人、数据审核单位等。

(2) 化学品安全技术说明书的结构。

化学品安全技术说明书由以下四部分构成。

① 在紧急事态下首先需要知道是什么物质，有什么危害？（化学品安全技术说明书的第 1、2、3 部分）

② 危险情形若已发生，我们应该怎么做？（化学品安全技术说明书第 4、5、6 部分）

③ 如何预防和控制危险发生？（化学品安全技术说明书第 7、8、9、10 部分）

④ 其他一些关于危险化学品安全的主要信息。（化学品安全技术说明书第 11、12、13、14、15、16 部分）

(3) 格式和填写要求。

① 生产和经营企业在编制安全技术说明书时，只要保留标准规定的全部内容项目和信息，其格式可以不限，应采用简洁明了，通俗易懂的规范汉字表述，保证作业人员能读懂。

② 标准规定的大项目不能随意删除和合并，顺序不可随意变更；对有些特殊物质，应增设相关项目，以说明其特殊性。

③ 说明书要保持最新信息，每 5 年定期更新一次，并标注修订日期。安全技术说明书填写的数据和资料应真实可靠，选用的参考资料应具有权威性。说明书尽可能具体实用，项与项之间的数据不能相互矛盾。

④ 说明书采用“一物一书”的方式编写，同类物、同系物不能互换、替代。

2. 化学品安全标签

化学品安全标签是指危险化学品在市场上流通时，应由供应者提供的附在化学品包装上的、用于提示接触危险化学品的人员的一种标识。它用简单、明了、易于理解的文字和图形表述有关化学品的危险特性及其安全处置的注意事项。化学品安全标签按照《化学品安全标签编写规定》设计与编写。

(1) 安全标签的主要内容、设计。

① 名称。用中文和英文分别标明化学品的通用名称。名称要求醒目清晰，位于标签

的正上方。

② 分子式。用元素符号和数字表示分子中各原子数，居名称的下方，若是混合物此项可略。

③ 化学成分及组成。标出主要危险组分及其浓度或规格。

④ 编号。标明联合国危险货物编号和中国危险货物编号，分别用 UN No. 和 CN No. 表示。

⑤ 危险性标志。用危险性标志表示各类化学品的危险特性，每种化学品最多可选用两个标志。标志采用联合国《关于危险货物运输的建议书》和“GB 13690—1992 常用危险化学品分类及标志”。

⑥ 警示词。根据化学品的危险程度和类别，用“危险”“警告”“注意”三个词分别进行危害程度的警示。具体规定见表 2-1。当某种化学品具有两种及两种以上的危险性时，用危险性最大的警示词。警示词位于化学名称下方，要求醒目、清晰。

表 2-1　警示词与危险性类别的对应关系

警示词	化学品危险性类别
危险	爆炸品，易燃气体，有毒气体，低闪点液体，一级自燃物品，一级遇湿易燃物品，一级氧化剂，有机过氧化物，剧毒品，一级酸性腐蚀品
警告	不燃气体，中闪点液体，一级易燃固体，二级自燃物品，二级遇湿易燃物品，二级氧化剂，有毒品，二级酸性腐蚀品，一级碱性腐蚀品
注意	高闪点液体，二级易燃固体，有害品，二级碱性腐蚀品，其他腐蚀品

⑦ 危险性概述。简要概述化学品燃烧爆炸危险特性、健康危害和环境危害。居警示词下方。

⑧ 安全措施。表述化学品在处置、搬运、储存和使用作业中所必须注意的事项和发生意外时简单有效的救护措施等，要求内容简明、扼要、重点突出。

⑨ 灭火。化学品为易（可）燃或助燃物质，应提示有效的灭火剂和禁用的灭火剂以及灭火注意事项；若化学品为不燃物质，此项可略。

⑩ 批号。注明生产日期及生产批次。

⑪ 提示向生产企业索取安全技术说明书。

⑫ 生产厂（公司）名称、地址、邮编、电话。

⑬ 应急电话。填写企业应急电话和国家化学品登记注册中心事故应急热线电话。

（2）化学品安全标签的使用。

① 使用方法。标签应粘贴、挂拴、喷印在化学品包装或容器的明显位置。多层包装运输，原则上要求内外包装都应加贴（挂）安全标签，但若外包装上已加贴安全标签，内包装是外包装的衬里，内包装上可免贴安全标签；外包装为透明物，内包装的安全标签可清楚地透过外包装，外包装可免加标签。

② 位置。标签的位置规定如下。

桶、瓶形包装：位于桶、瓶侧身；

箱状包装：位于包装端面或侧面明显处；

袋、捆包装：位于包装明显处；

集装箱、成组货物：粘贴于四个侧面。

③ 使用注意事项。

标签的粘贴、挂拴、喷印应牢固，保证在运输、储存期间不脱落、不损坏。

标签应由生产企业在货物出厂前粘贴、挂拴、喷印。若要改换包装，则由改换包装单位重新粘贴、挂拴、喷印标签。

盛装危险化学品的容器或包装，在经过处理并确认其危险性完全消除之后，方可撕下标签，否则不能撕下相应的标签。

学生课外任务 1

作　　业：

1. 危险化学品分为哪些类型？
2. 危险化学品的主要危险特性有哪些？

项目任务：

1. 明确【案例 2-1】中涉及的危险化学品的种类，分析其危险、有害特性。
2. 收集 4～6 种危险化学品的安全技术说明书及安全标签。

任务二　有毒化学品防护技术

知识目标： 熟悉急性职业中毒现场急救的常用设施，掌握现场急救的准备内容。

能力目标： 初步具备现场急救行动方案的制订和行动方案执行的能力，具备对常见毒性危险化学品进行防治的初步能力。

态度目标： 提高生产中工业毒物的防范意识，培养生命至上的价值观和团队合作精神。

【案例 2-2】

2004 年 8 月 10 日 14 时 40 分，山西省某民营化工厂碳酸钡车间的 3 名工人对脱硫罐进行清洗，在没有采取任何防护措施的情况下，1 名工人先下罐清洗，一下去就昏倒在罐中，上面 2 名工人见状立即下去救人，下去后也立即昏倒。

此时，车间主任赶到，戴上防毒面具后下去救出 3 名中毒工人，并立即拨打 120 急救电话，将三名工人于 15 时 30 分左右送到医院抢救。虽经全力抢救，但终因抢救无效 2 人死亡，1 人留在医院继续接受治疗。

事故原因： 违反操作规程，缺乏安全意识，导致 SO_2 中毒。

危险化学品对人体的危害主要体现在危险化学品的毒性对人体的作用，危险化学品大多数有毒，有的甚至为剧毒。有毒化学品也叫化学毒物，通常是指以较小的剂量，在一定条件下进入机体，并能作用于机体，使机体的细胞成分发生生物化学或物理化学变化，引起机体功能性或器质性改变，扰乱或破坏机体的正常生理功能，导致暂时性或持久性损害，甚至危及生命的物质。

有毒物质对人体的危害主要为引起中毒。由毒物侵入机体而导致的病理状态称为中毒。中毒分为急性、亚急性和慢性。毒物一次短时间内大量进入人体后可引起急性中毒；少量毒物长期进入人体所引起的中毒称为慢性中毒；介于两者之间者，称之为亚急性中毒。接触毒物不同，中毒后出现的病状也不一样。

一旦中毒，应采取可靠的防护措施及时、迅速地进行施救。

一、现场急救设施

1. 急救设备和器械

救护站应配备救护车、抢救担架、救护床；防毒面具、防护手套、防护服、防护鞋；氧气呼吸器、苏生器、氧气瓶或袋；清水及清洗设备。

应配备的医疗器械有听诊器、血压计、叩诊锤、开口器、压舌板；外科切开和缝合器具、消毒包；止血带、纱布、棉球；洗胃器、洗眼器、吸水器；针灸针、夹板、绷带等。

2. 抢救药剂和药品

一般药物，如2%的硼酸水、5%的碳酸氢钠溶液、0.02%的高锰酸钾溶液；呼吸中枢兴奋剂，如尼可刹米、二甲弗林（回苏灵）、洛贝林等；强心剂，如毛花苷C（西地兰）、毒毛旋花子甙K、肾上腺素、异丙基肾上腺素等；镇静剂，如哌替啶（杜冷丁）、安定、氯丙嗪（冬眠灵）、异丙嗪（非那根）等；氧气；葡萄糖及维生素C等的注射液。解毒药品应根据毒物作业场所的具体毒物作相应的准备。

二、现场急救准备

1. 救护者防护准备

急性中毒发生时，毒物多经呼吸系统或皮肤进入体内。因此，救护人员在抢救之前应做好自身呼吸系统和皮肤的防护。如穿好防护服，佩戴供氧式防毒面具或氧气呼吸器。否则，非但中毒者不能获救，救护者也会中毒，使中毒事故扩大。

2. 切断毒物来源

救护人员进入现场后，除对中毒者进行抢救外，还应认真查看并采取有力措施，如关闭泄漏管道阀门、堵塞设备泄漏处、停止输送物料等，切断毒物来源。对于已经泄漏出来的有毒气体或蒸气，应迅速启动通风排毒设施或打开门窗，或者进行中和处理，降低毒物在空气中的浓度，为抢救工作创造有利条件。

3. 中毒者急救准备

救护人员进入现场后，应迅速将中毒者移至空气新鲜、通风良好的地方。在抢救抬运过程中，不能强拖硬拉，以防造成外伤，使病情加重。松解患者衣领、腰带，并使其仰卧，以保持呼吸道通畅。同时要注意保暖。

迅速脱去中毒者被毒物污染的衣服、鞋袜、手套等。用大量清水或解毒液彻底清洗被毒物污染的皮肤。要注意防止清洗剂促进毒物的吸收，以及清洗剂本身所致的吸收中毒。对于黏稠性毒物，可用大量肥皂水冲洗［美曲膦酯（敌百虫）不能用碱性液冲洗］，尤其要注意皮肤褶皱、毛发和指甲内的污染。对于水敏性毒物，应先用棉絮、干布擦掉毒物，再用清水冲洗。

若毒物经口入胃引起急性中毒，对于非腐蚀性毒物，应迅速用0.02%的高锰酸钾溶液或1%～2%的碳酸氢钠溶液洗胃，而后用硫酸镁溶液导泻。对于腐蚀性毒物，一般不宜洗胃，可用蛋清、牛奶或氢氧化铝凝胶灌服，保护胃黏膜。

令中毒患者吸氧。若患者呼吸停止或心搏骤停，应立即施行复苏术。

三、现场抢救术

对于急性职业中毒的患者，应及时采取解毒和排毒措施，降低或排除毒物对机体的损害。金属及其盐类的中毒，可采用各种金属络合剂，如依地酸二钠钙及其同类化合物、巯基络合物以及二乙基二硫代氨基甲酸钠等，与毒物中的金属离子络合生成稳定的有机化合物，随尿液排出体外。注射和服用解毒剂的情形，如氰化氢中毒，先吸入亚硝酸异戊酯，而后立即静脉缓慢注射3%的亚硝酸钠10～15mL，并以同一针头再注射25%～50%的硫代硫酸钠50mL；光气中毒静脉注射20%的乌洛托品20～40mL；急性有机磷农药中毒，可采用阿托品或氯解磷定、解磷定等胆碱酯酶复能剂静脉注射；急性苯胺或硝基苯中毒，可采用1%的美兰解毒剂治疗。

一氧化碳急性中毒可立即吸入氧气，不但可以缓解机体缺氧，对毒物排出也有一定作用。中和体内毒物及其分解产物，也是职业中毒经常采用的治疗措施。如甲醇中毒，酸中毒是其主要临床症状，可采用碱性药物纠正。溴甲烷或碘甲烷在体内也可分解成酸性产物，急性中毒时可用碱性药物治疗。此外，也可采用利尿、换血以及腹膜透析或人工肾等方法，促进毒物尽快排出体外。

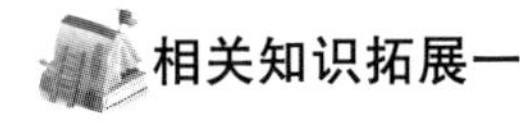
相关知识拓展一

有毒化学品的形态、分类与毒性分级

1. 有毒化学品的形态

（1）气体。常温常压下呈气态的物质。如氯，一氧化碳、二氧化硫、硫化氢等。

（2）蒸气。为液体蒸发或固体升华而生成。如磷蒸气、苯蒸气等。

（3）雾。为悬浮于空气中的液体微滴，多由于蒸气冷凝或液体喷洒而形成。如电镀时的铬酸雾，喷漆作业中的含苯漆雾。

(4) 烟尘。又称烟气，为悬浮在空气中的烟状固体颗粒，直径小于0.1μm，是某些金属熔化时产生的蒸气在空气中氧化凝聚而成，如炼铜所产生的氧化锌烟尘，熔铅时所产生的氧化铅烟尘等。

(5) 粉尘。为悬浮于空气中的固体尘粒，直径多在0.1～10μm，固体物质在机械粉碎、碾磨时，或将粉状原料、半成品进行混合、过筛、包装、运输时造成粉尘飞扬，如石英粉尘、锰尘等。

2. 有毒化学品的分类

毒物的分类方法很多。有的按毒物来源分类，有的按毒物侵入人体的途径分类，有的按毒物作用的靶器官和靶系统分类等。

目前最常用的分类是按化学性质和其用途相结合的分类法。

(1) 无机化合物及金属与类金属化合物。如金属蒸气、砷的有机化合物等；

(2) 刺激性气体。酸的蒸气、氯、氨、二氧化硫、硫化氢等均属于刺激性气体。

(3) 窒息性气体。可分为生物窒息和化学窒息二种。如氮气、二氧化碳、氦气等属于生物窒息性气体，一氧化碳、氰化氢等属于化学窒息性气体。

(4) 麻醉性毒物。芳香族化合物、醇类、脂肪族硫化物、苯胺、硝基苯及其他化合物均属于此类。

3. 有毒化学品的毒性分级

毒性的大小一般用毒物的剂量与反应时间的关系来表示，毒性反映了化学物质对人体产生有害作用的能力。一般以引起实验动物某种反应的剂量来衡量毒性大小。常用的评价指标有以下几种。

(1) 绝对致死剂量（浓度）(LD_{100}，LC_{100})。指某实验总体中引起一组受试动物全部死亡的最低剂量。

(2) 半数致死剂量（浓度）(LD_{50}，LC_{50})。指化学物质引起一半受试对象出现死亡所需要的剂量，又称致死中量。

(3) 最小致死剂量（浓度）(MLD，MLC)。指某实验总体的一组受试动物中仅引起个别动物死亡的剂量，其低一档的剂量即不再引起动物死亡。

(4) 最大耐受剂量（浓度）(LD_0，LC_0)。指某实验总体的一组受试动物中不引起动物死亡的最大剂量。

(5) 半数有效剂量 (ED_{50})。是指对受试对象（实验动物或人）半数有效的剂量。

剂量单位常用每千克体重所承受毒物毫克数表示 (mg/kg)；浓度单位常用每立方米空气中所含毒物的毫克数或克数表示 (mg/m^3，g/m^3)。

毒物的急性毒性分级可根据 LD_{50} 急性分级，将毒物分为剧毒、高毒、中度毒、低毒、微毒等五个等级，分级标准如表2-2所示。

表 2-2 化学物质的急性毒性分级

毒性分级	小鼠一次经口 LD_{50}/(mg/kg)	小鼠吸入染毒 2h LC_{50}/(mg/m³)	兔经皮的 LD_{50}/(mg/kg)
剧 毒	<10	<50	<10
高 毒	10～100	50～500	10～50
中度毒	100～1 000	500～5 000	50～500
低 毒	1 000～10 000	5 000～50 000	500～5 000
微 毒	>10 000	>50 000	>5 000

按照生产与使用中毒物毒性危害程度进行分级，可分为：Ⅰ级（极度危害）、Ⅱ级（高度危害）、Ⅲ级（中度危害）、Ⅳ级（轻度危害）。毒物毒性危害程度分级以及常见毒物如表 2-3 所示。

表 2-3 毒物毒性危害程度分级及常见毒物

级别及危害程度	半致死量			常见毒物名称
	呼吸 LC_{50}/(mg/m³)	口摄 LD_{50}/(mg/kg)	经皮肤进入 LD_{50}/(mg/kg)	
Ⅰ级 极度危害	<200	<25	<100	汞及其化合物、苯、砷及其无机化合物(非致癌物除外)、氯乙烯、铬酸盐和重铬酸盐、白磷、铍及其化合物、对硫磷、羰基镍、八氟异丁烯、氯甲醚、锰及其无机化合物、氰化物
Ⅱ级 高度危害	200～2 000	25～500	100～500	三硝基甲苯、铅及其化合物、二硫化碳、丙烯腈、四氯化碳、硫化氢、甲醛、苯胺、氟化氢、五氯酚及其钠盐、镉及其化合物、美曲膦酯（敌百虫）、钒及其化合物、溴甲烷、硫酸二甲酯、金属镍、甲苯二异氰酸酯、环氧氯丙烷、砷化氢、敌敌畏、光气、氯丁二烯、一氧化碳、硝基苯
Ⅲ级 中度危害	2 000～20 000	500～5 000	500～2 500	苯乙烯、甲醇、硝酸、硫酸、盐酸、甲苯、二甲苯、三氯乙烯、二甲基甲酰胺、六氟丙烯、苯酚、氮氧化物
Ⅳ级 轻度危害	20 000	5 000	2 500	溶剂汽油、丙酮、氢氧化钠、四氟乙烯、氨

相关知识拓展二

有毒化学品对人体的危害

1. 毒物侵入人体的途径

(1) 呼吸道。

呼吸道是工业生产中毒物进入体内的最重要的途径。毒物经呼吸道由鼻、咽部、气管、支气管到达肺部，由肺泡直接进入血液循环，毒作用发生快。

(2) 皮肤。

毒物经皮肤吸收的途径有两种：一是通过表皮屏障到达真皮而进入血循环；另一种是通过汗腺，或通过毛囊与皮脂腺绕过表皮屏障到达真皮。影响经皮肤吸收的因素有：毒物本身的化学特性，毒物的浓度和黏稠度，皮肤的接触部位、面积，环境温度、湿度。脂溶性毒物经表皮吸收后，还需有水溶性，才能进一步扩散和吸收，所以水、脂皆溶的物质(如苯胺)易被皮肤吸收。

(3) 消化道。

在工业生产中，毒物经消化道吸收多半是由于个人卫生习惯不良，手沾染的毒物随进食、饮水或吸烟等而进入消化道。进入呼吸道的难溶性毒物被清除后，可经由咽部被咽下而进入消化道。

毒物可经呼吸道、消化道和皮肤进入体内。在工业生产中，毒物主要经呼吸道和皮肤进入体内，亦可经消化道进入，但比较次要。

2. 毒物在体内的过程

工业毒物进入人体后，分布在不同的部位，参与体内的代谢过程，发生转化，有些可解毒或排出体外，有些则在体内蓄积起来，久而久之，导致各种中毒症状。

(1) 毒物的吸收与分布。

吸收是化学物通过各种途径透过机体的生物膜进入血液的过程。分布是指被吸收进入血液和体液的化学物在体内循环，并分散到全身各组织细胞的过程。

毒物被吸收后，随血液循环(部分随淋巴液)分布到全身。当在作用点达到一定浓度时，就可发生中毒。毒物在体内各部位分布是不均匀的，同一种毒物在不同的组织和器官分布量有多有少。有些毒物相对集中于某组织或器官中，例如铅、氟主要集中在骨骼，苯多分布于骨髓及类脂质。

(2) 生物转化。

毒物吸收后受到体内生化过程的作用，其化学结构发生一定改变，称之为毒物的生物转化。其结果可使毒性降低(解毒作用)或增加(增毒作用)。毒物的生物转化可归结为氧化、还原、水解及结合。经转化形成的毒物代谢产物排出体外。

生物转化过程通常是通过生物代谢将毒物转变为极性较强的亲水物质，从而加速其随尿或随胆汁排出，其过程概括为两相反应：第一相反应包括氧化、还原和水解反应；第二相反应亦称结合反应。

影响化学物生物转化的因素包括物种和个体差异、代谢酶的抑制和诱导、代谢饱和状态等。

(3) 排出。

毒物在体内可经转化后或不经转化而排出。排泄的途径有多种，多数化学物主要经尿，其次是经胆汁；气态和挥发性化学物可经肺随呼出气排出；某些化学物可通过分泌腺随乳汁、汗液、唾液排出，或通过指甲和毛发排出。化学物在排出过程中，也可能对排泄器官或排出部位造成继发性损害。例如，肾排出铅、汞、镉等，可致肾近曲小管损害；砷自皮肤汗腺排出可引起皮炎；汞自唾液腺排出可致口腔炎等。

尿液中毒物浓度与血液中的浓度密切相关，常测定尿中毒物及其代谢物，以监测和诊断毒物吸收和中毒。

(4) 蓄积。

毒物进入体内的总量超过转化和排出总量时，体内的毒物就会逐渐增加，这种现象就称为毒物的蓄积。此时毒物大多相对集中于某些部位，毒物对这些蓄积部位可产生毒作用。毒物在体内的蓄积是发生慢性中毒的基础。

3. 毒物对人体危害的表现

(1) 损害呼吸系统。

在工业生产中，呼吸道最易接触毒物，特别是刺激性毒物，一旦吸入，轻者引起呼吸道炎症，重者发生化学性肺炎或肺水肿。常见引起呼吸系统损害的毒物有氯气、氨、二氧化硫、光气、氮氧化物，以及某些酸类、酯类、磷化物等。

(2) 损害神经系统。

神经系统由中枢神经（包括脑和脊髓）和周围神经（由脑和脊髓发出，分布于全身皮肤、肌肉、内脏等处）组成。有毒物质可损害中枢神经和周围神经。主要侵犯神经系统的毒物称为“亲神经性毒物”。可引起神经衰弱综合征、周围神经病、中毒性脑病等。

(3) 损害血液系统。

在工业生产中，有许多毒物能引起血液系统损害。如：苯、砷、铅等，能引起贫血；苯、巯基乙酸等能引起粒细胞减少症；苯的氨基和硝基化合物（如苯胺、硝基苯）可引起高铁血红蛋白血症，患者突出的表现为皮肤、黏膜青紫；氧化砷可破坏红细胞，引起溶血；苯、三硝基甲苯、砷化合物、四氯化碳等可抑制造血机能，引起血液中红细胞、白细胞和血小板减少，发生再生障碍性贫血；苯可致白血病已得到公认，其发病率为万分之一点四。

(4) 损害消化系统。

有毒物质对消化系统的损害很大。如：汞可致汞毒性口腔炎，氟可导致“氟斑牙”；汞、砷等毒物，经口侵入可引起出血性胃肠炎；铅中毒，可有腹绞痛；黄磷、砷化合物、四氯化碳、苯胺等物质可致中毒性肝病。

(5) 损害循环系统。

毒物对循环系统造成的损害常见的有：有机溶剂中的苯、有机磷农药以及某些刺激性气体和窒息性气体对心肌的损害，其表现为心慌、胸闷、心前区不适、心率快等；急性中毒可出现休克；长期接触一氧化碳可促进动脉粥样硬化等。

(6) 损害泌尿系统。

经肾随尿排出是有毒物质排出体外的最重要的途径，加之肾血流量丰富，易受损害。泌尿系统各部位都可能会受到有毒物质的损害，如慢性铍中毒常伴有尿路结石，杀虫脒中毒可出现出血性膀胱炎等，但常见的还是肾损害。不少生产性毒物对肾有毒性，尤以重金属和卤代烃最为突出。

（7）损害骨骼。

长期接触氟可引起氟骨症。磷中毒下颌改变首先表现为牙槽嵴的吸收，随着吸收的加重发生感染，严重者发生下颌骨坏死。长期接触氯乙烯可致肢端溶骨症，即指骨末端发生骨缺损。镉中毒可发生骨软化。

（8）损害眼睛。

生产性毒物引起的眼睛损害分为接触性和中毒性两类。前者是毒物直接作用于眼部所致；后者则是全身中毒在眼部的改变。接触性眼损害主要为酸、碱及其他腐蚀性毒物引起的眼灼伤。眼部的化学灼伤重者可造成终生失明，必须及时救治。引起中毒性眼病最典型的毒物为甲醇和三硝基甲苯。

（9）损害皮肤。

职业性皮肤病是职业性疾病中最常见、发病率最高的职业性伤害，其中化学性因素引起者占多数。根据作用机制不同引起皮肤损害的化学性物质分为：原发性刺激物、致敏物和光敏感物。常见原发性刺激物为酸类、碱类、金属盐、溶剂等；常见皮肤致敏物有金属盐类（如铬盐、镍盐）、合成树脂类、染料、橡胶添加剂等；光敏感物有沥青、焦油、吡啶、蒽、菲等。常见的疾病有接触性皮炎、油疹及氯痤疮、皮肤黑变病、皮肤溃疡、角化过度及皲裂等。

（10）化学灼伤。

化学灼伤是化工生产中的常见急症，是化学物质对皮肤、黏膜刺激、腐蚀及化学反应热引起的急性损害。按临床分类有体表（皮肤）化学灼伤、呼吸道化学灼伤、消化道化学灼伤、眼化学灼伤。常见的致伤物有酸、碱、酚类、黄磷等。某些化学物质在致伤的同时可经皮肤、黏膜吸收引起中毒，如黄磷灼伤、酚灼伤、氯乙酸灼伤，甚至引起死亡。

（11）职业性肿瘤。

接触职业性致癌性因素而引起的肿瘤，称为职业性肿瘤。我国颁布的职业病名单中规定石棉所致肺癌、间皮瘤，联苯胺所致膀胱癌，苯所致白血病，氯甲醚所致肺癌，砷所致肺癌、皮癌，氯乙烯所致肝血管肉瘤，焦炉工人肺癌和铬酸盐制造工人肺癌为法定的职业性肿瘤。

总之，机体与有毒化学物质之间的相互作用是一个复杂的过程，中毒后的表现千变万化，了解和掌握这些过程和表现，无疑将有助于我们对有毒化学物质中毒的了解和防治管理。

学生课外任务 2

作　　业：

1. 有毒化学品如何进行毒性分级？
2. 有毒化学品中毒现场急救需要有哪些准备内容？

项目任务：

1. 在实训室进行常用防毒用具的正确使用训练。
2. 针对【案例 2-2】，编制现场抢救方案，并进行模拟演练训练。

任务三 危险化学品环境污染的控制

知识目标：了解危险化学品泄漏后的危害性。
能力目标：初步具备危险化学品泄漏处置的能力。
态度目标：培养危险化学品安全与环保意识。

危险化学品对环境产生污染可能是由以下原因引起：首先是在危险化学品安全生产事故中，由于危险化学品的泄漏且处理不当，可能使危险化学品进入水体、空气和土壤，引起危险化学品环境污染事故；其次危险化学品在生产、使用、储存、运输和经营的多个环节中都有可能存在抛洒滴漏等，也可对环境造成不良影响。一旦危险化学品进入环境，应能及时采取必要措施正确处置，对危险化学品进行有效控制。

一、陆地上危险化学品泄漏后的控制与处置

危险化学品由于各种原因造成大量泄漏时，泄漏物会四处流淌，使表面积增加，燃爆危害、健康危害和环境危害危险性随之增大。所以，减小危险化学品泄漏次生灾害，需要对危险化学品的泄漏面积进行控制。事故处置中可以使用土壤密封剂避免泥土和地下水受污染；采用围堤堵截的方法将泄漏液体控制或引流到安全地点；采用稀释与覆盖的方法减少泄漏源附近气体的浓度；采用喷射雾状水的方法稀释泄漏气体和加速泄漏气体扩散，释放大量水蒸气或氮气稀释泄漏气体，破坏燃烧条件，用泡沫或其他覆盖物在液体表面形成覆盖层，抑制其蒸发；采用收容（集）的方法对泄漏物进行回收。大型泄漏可选择用隔膜泵将泄漏出的物料抽入容器或槽车，少量泄漏可用沙子、吸附材料、中和材料等吸收。采用废弃的方法将收集的不能回收使用的泄漏物运至废物处理场处置，残留在环境中的危险化学品可用消防水（加药剂）冲洗，冲洗水进行无毒化处理，防止次生灾害的发生。

二、水中危险化学品泄漏后的拦截与清除

危险化学品在水环境下发生泄漏时，如果围堤堵截和收容（集）不当或者不及时，液体就会进入水环境，造成水环境污染。此时需要对水环境中的危险化学品进行拦截和彻底清除。

水环境中危险化学品的处置，必须根据泄漏物的理化性质和水体情况进行修筑水坝、挖掘沟槽、设置表面水栅等方法拦截泄漏物。修筑水坝是控制小河流上的水体泄漏物常用的拦截方法。对于溶于水的泄漏物，筑的水坝必须能收容整个水体；对于在水中下沉而又不溶于水的泄漏物，只要能把泄漏物限制在坝根就可以，未被污染水则从坝顶溢流通过；对于不溶于水的漂浮性泄漏物，以一边河床为基点修筑大半截坝，坝上横穿河床放置管子将出液端提升至与进液端相当的高度，这样泄漏物被拦截，未被污染水则从河床底部流过。挖掘沟槽是控制泄漏到水体的不溶性沉块常用的拦截方法。如果泄漏物沿一个方向流

动，则在其下游挖掘沟槽；如果泄漏物四散流淌，则挖掘环形沟槽。表面水栅可用来收容水体的不溶性漂浮物。通常充满吸附材料的表面水栅设置在水体的下游或下风方向处，当泄漏物流至或被风吹至时将其捕获。

水环境中危险化学品被拦截后，可以采用撇取法、抽取法、吸附法、固化法、中和法处置泄漏物。撇取法可清除水面上的液体漂浮物；抽取法可清除水中被限制住的固体和液体泄漏物；吸附法通过采用适当的吸附剂来吸附净化危险化学品，如用活性炭吸附苯、甲苯、汽油、煤油等；固化法通过加入能与泄漏物发生化学反应的固化剂（水泥、凝胶、石灰）或稳定剂使泄漏物转化成稳定形式，以便于处理、运输和处置；对于泄入水体的酸、碱或泄入水体后能生成酸、碱的物质，可用中和法处理。

三、大气中危险化学品泄漏后的处置

有毒气体包括压缩气体和液化气体，这些有毒的释放物必须及时彻底地消除。压缩气体和液化气体在大气中形成的气团或烟羽，可以采用液体吸收净化法、吸附净化法等方法来处理。液体吸收净化法是利用液态吸收剂处理气体混合物以除去其中一种或几种有毒气体的方法。如用雾状水吸收 SO_2、H_2S、Cl_2 等水溶性的有毒气体，用碱液吸收氯气等。吸附净化法是利用吸附剂和吸附质之间的范德华力或化学反应力，从而吸附有毒气体的方法，如活性炭吸附 H_2S、Cl_2、NO_x，分子筛吸附 CS_2、NH_3 等。

四、危险化学品燃烧爆炸产物的处置

危险化学品燃烧爆炸的产物主要是二氧化碳、水和一些有毒的气体及烟尘。燃烧产生的气体物质可以采用液体吸收净化法、吸附净化法等方法来处理。烟尘可通过湿式除尘来净化，湿式除尘是用水或其他液体与含尘气体相互接触，分离捕集粉尘粒子的方法。通过对燃烧爆炸产物的净化，可减少环境污染。

五、污水的处理

化工突发事故用水量大，灭火用水、冷却水、稀释净化水等各种污水混合在一起，如控制不好进入城市给排水系统，进入江、河、湖、泊及海洋，会造成水环境污染。所以，在事故处置中必须合理用水，并通过修筑围堤、挖掘沟槽等手段使污水汇聚，再根据污水的成分采取物理、化学、生物的方法进行无毒化处理，避免造成环境污染。

学生课外任务 3

作　业：

1. 陆地上危险化学品泄漏后如何进行正确处置？
2. 大气中危险化学品如何进行正确处置？

项目任务：

假如长江中运输成品油的油轮发生泄漏，请提出正确的处置方案。

第二模块

化工安全技术

第三单元　防火防爆与电气安全技术

任务一　化工生产中火灾爆炸危险性识别

知识目标：熟悉火灾爆炸分类，掌握影响爆炸极限的因素。
能力目标：具有化工企业火灾爆炸危险性识别、分析的基本能力。
态度目标：培养化工安全责任意识和一丝不苟的工作作风。

【案例 3-1】

2012 年 4 月 22 日，位于日本国山口县玖珂郡和木町和木 6 丁目 1 番 2 号（山口县岩国市、和木町及广岛县大竹市交界处）的三井化学株式会社岩国大竹工厂间，苯二酚生产线及黏合剂生产线于凌晨 2 点 15 分发生爆炸。事故造成厂内员工死亡 1 名、受伤 7 名，合作公司员工受伤 2 名，公司外部人员当地居民受伤 10 名，JX 日矿日石能源株式会社麻里布制油所员工受伤 2 名，工厂内损伤生产线 14 条。

事发原因：系生产木材和轮胎黏合剂的设备因故障非正常停止运转，因反应失控发生了爆炸。

一、化工生产所涉及物料的火灾爆炸危险识别

化工生产中，所作用的物料绝大部分都具有火灾爆炸危险性，从防火防爆的角度，这些物质可分为七大类。

（1）爆炸性物质，如硝化甘油、硝化棉等；
（2）氧化剂，如过氧气、氧化钠、亚硝酸钾、高锰酸钾、过氧化氢等；
（3）可燃气体，如氢气、乙炔、丁二烯等；
（4）自燃性物质，如黄磷等；
（5）遇水燃烧物质，如硫的金属化合物、轻金属等；
（6）易燃与可燃液体，如汽油、苯、甲醇等；
（7）易燃与可燃固体，如硫黄、活性炭等。

二、化学反应的火灾爆炸危险识别

1. 氧化反应

所有含有碳和氢的有机物质都是可燃的，特别是沸点较低的液体被认为有严重的火险，如汽油类、石蜡油类、醚类、醇类、酮类等有机化合物，都是具有火险的液体。许多燃烧性物质在常温下与空气接触就能反应释放出热量，如果热的释放速率大于消耗速率，

就会引发燃烧。

在通常工业条件下易于起火的物质被认为具有严重的火险，如粉状金属、硼化氢、磷化氢等自燃性物质，闪点等于或低于28℃的液体，以及易燃气体。这些物质在加工或储存时，必须与空气隔绝，或是在较低的温度条件下进行。

在燃烧和爆炸条件下，所有燃烧性物质都是危险的，这不仅是由于存在足够多的热量会将其点燃并释放出危险烟雾的，还由于小的爆炸有可能扩展为易燃粉尘云，引发更大的爆炸。

2. 水敏性反应

许多物质与水、水蒸气或水溶液发生放热反应，释放出易燃或爆炸性气体。这些物质如锂、钠、钾、钙、铷、铯这类金属的合金，或汞齐、氢化物、氮化物、硫化物、碳化物、硼化物、硅化物、碲化物、硒化物、砷化物、磷化物、酸酐、浓酸或浓碱。

在上述物质中，锂合金到氢化物这8种物质，遇潮气会发生不同程度的放热反应，并释放出氢气。从氮化物到磷化物这9种物质，遇潮气会发生迅速反应，并生成挥发性的、易燃的气体，有时是自燃或爆炸性的氢化物。酸酐、浓酸或浓碱与潮气作用只是释放出热量。

3. 酸敏性反应

许多物质遇酸和酸蒸气发生放热反应，释放出氢气和其他易燃或爆炸性气体。这些物质包括前述的除酸酐和浓酸以外的水敏性物质，金属和结构合金，以及砷、硒、碲和氰化物等。

三、化工企业爆炸危险识别

1. 气体爆炸

(1) 纯组元气体分解爆炸。

具有分解爆炸特性的气体在分解时，会产生相当数量的热量。摩尔分解热达到80～120kJ的气体一旦引燃，火焰就会蔓延开来。摩尔分解热高过上述量值的气体，能够发生很激烈的分解爆炸。在高压下容易引起分解爆炸的气体，当压力降至某个数值时，火焰便不再传播，这个压力称作该气体分解爆炸的临界压力。

高压乙炔非常危险，其分解爆炸方程为：

$$C_2H_2 \longrightarrow 2C(固) + H_2 + 226kJ$$

如果分解反应无热损失，火焰温度可以高达3 100℃。乙炔分解爆炸的临界压力是0.14MPa，在这个压力以下储存乙炔就不会发生分解爆炸。此外，乙炔类化合物也同样具有分解爆炸危险，如乙烯基乙炔分解爆炸的临界压力为0.11MPa，甲基乙炔在20℃时分解爆炸的临界压力为0.44MPa，在120℃时则为0.31MPa。从有关物质危险性质手册中查阅到的分解爆炸临界压力数值，多为20℃时的数据。

(2) 混合气体爆炸。

可燃气体或蒸气与空气按一定比例均匀混合，然后将其点燃，因为气体扩散过程在燃烧以前已经完成，燃烧速率将只取决于化学反应速率。在这样的条件下，气体的燃烧就有可能达到爆炸的程度。这时的气体或蒸气与空气的混合物，称为爆炸性混合物。例如，煤气从喷嘴喷出以后，在火焰外层与空气混合，这时的燃烧速率取决于扩散速率，所进行的是扩散燃烧。如果令煤气预先与空气混合并达到适当比例，燃烧的速率将取决于化学反应速率，比扩散燃烧速率大得多，就有可能形成爆炸。可燃性混合气体的爆炸和燃烧之间的区别就在于，爆炸是在瞬间完成的化学反应。

在化工生产中，可燃气体或蒸气从工艺装置、设备管线泄漏到厂房中，或空气渗入装有这种气体的设备中，都可以形成爆炸性混合气体，遇到火种，便会造成爆炸事故。化工生产中所发生的爆炸事故，大都是爆炸性混合气体的爆炸事故。

2. 粉尘爆炸

实际上任何可燃物质，当其以粉尘形式与空气按适当比例混合时，被热、火花、火焰点燃后，都能迅速燃烧并引起严重爆炸。许多粉尘爆炸的灾难性事故的发生，都是由于忽略了上述事实。谷物、面粉、煤的粉尘以及金属粉末都有这方面的危险性。化肥、木屑、奶粉、洗衣粉、纸屑、可可粉、香料、软木塞、硫黄、硬橡胶粉、皮革和其他许多物品的加工业，时有粉尘爆炸发生。为了防止粉尘爆炸，维持清洁十分重要。所有设备都应该无粉尘泄漏。爆炸卸放口应该通至室外安全地区，卸放管道应该相当坚固，使其足以承受爆炸力。真空吸尘优于清扫，禁止应用压缩空气吹扫设备上的粉尘，以免形成粉尘云。

屋顶下裸露的管线、横梁和其他突出部分都应该避免积累粉尘。在多尘操作设置区，如果有过顶的管线或其他设施，人们往往错误地认为在其下架设平滑的顶板，就可以达到防止粉尘积累的效果。但事实上，除非顶板是经过特殊设计精细安装的，否则只会增加危险。粉尘会穿过顶板沉积在管线、设施和顶板本身之上。一次震动就足以使可燃粉尘云充满整个人造空间，一个火星儿就可以引发粉尘爆炸。如果管线不能移装或拆除，最好是使其裸露并定期除尘。

为了防止引发燃烧，在粉尘没有清理干净的区域，严禁明火、吸烟、切割或焊接。电线应该是适于多尘气氛的，静电也必须消除。对于这类高危险性的物质，最好是在封闭系统内加工，在系统内导入适宜的惰性气体，把其中的空气置换掉。粉末冶金行业普遍采用这种方法。

3. 熔盐池爆炸

熔盐池爆炸属于事后抢救往往于事无补的灾难性事件，大多是由于管理和操作人员对熔盐池的潜在危险疏于认识引起的。机械故障、人员失误，或两者的复合作用，都有可能导致熔盐池爆炸。现把熔盐池危险汇总如下。

（1）工件预清洗或淬火后携带的水、盐池上方辅助管线上的冷凝水、屋顶的渗漏水、自动增湿器的操作用水、甚至操作人员在盐池边温热的液体食物，都有可能造成蒸气急剧增多，引发爆炸。

（2）有砂眼的铸件、管道和封闭管线、中空的金属部件，当其浸入熔盐池时，其中阻塞和淤积的空气会突然剧烈膨胀，引发爆炸。

（3）硝酸盐池与毗邻渗碳池的油、炭黑、石墨、氰化物等含碳物质间的剧烈的难以控制的化学反应，都有可能诱发爆炸。

（4）过热的硝酸盐池与铝合金间的剧烈的爆发性的反应也可能引起爆炸。

（5）正常加热的硝酸盐池和不慎掉入池中的镁合金间会发生爆炸反应。

（6）落入盐池中的铝合金和池底淤积的氧化铁会发生类似于铝热焊接的反应。

（7）盐池设计、制造和安装的结构失误会缩短盐池的正常寿命，盐池结构的金属材料与硝酸盐会发生反应。

（8）温控失误会造成盐池的过热。

（9）大量硝酸钠的储存和管理，废硝酸盐不考虑其反应活性的处理和储存，都有一定的危险性。

（10）偶尔超过安全操作限的控温设定，也会有一定的危险性。

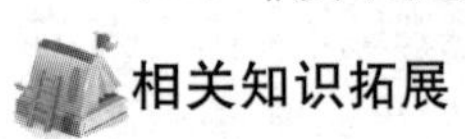
相关知识拓展

火灾爆炸常识

1. 燃烧及其特性

（1）燃烧的概念。

燃烧是可燃物与氧化剂作用发生的放热反应。燃烧应同时具有放热、发光、产生新的物质的三个特征。以上三个要点同时成立的才为燃烧，如氢在氯中燃烧，而金属和酸反应为非燃烧，灯泡中的灯丝亦为非燃烧。

（2）燃烧的条件。

燃烧的发生，必须同时具备以下三个条件。

① 可燃物。凡是能与空气中的氧或其他氧化剂起燃烧反应的物质均称为可燃物。

② 助燃物。凡是能帮助和支持燃烧的物质均称为助燃物。如空气、氧气、高锰酸钾等，常见的有空气和氧气。

③ 着火源。凡是能引起可燃物质发生燃烧的热能源均称作着火源。如明火、摩擦、撞击、高温表面、自燃发热、化学能、电火花、聚集的日光和射线等。

实际发生燃烧不仅要具备这三个要素，还要求可燃物和助燃物达到适当的比例，着火源必须具有一定的强度，否则即使同时具备了上述三个条件，燃烧也不会发生。

因此，防火防爆安全技术可以归结为对这三个要素的控制。

燃烧要素也可以简单地表示为燃料、氧和火源这三个基本条件。在化工厂生产中，原料、中间品、产品中的可燃物品种类繁多。因空气中客观存在着一定量的氧气，以及部分化工企业还需使用其他氧化剂，所以控制火源就成为化工企业防火的最重要的措施。

2. 燃烧类别、类型及其特征参数

（1）可燃物质燃烧类别。

依据可燃物质的性质，燃烧一般可划分为四个基本类别，而每一类别还包含着不同类型的燃烧。例如，易燃液体的溢流燃烧可以是深度、流动或薄层燃烧；而金属燃烧则可以是粉末型、液体型、切削型或浇铸型燃烧。

① A 类燃烧。该类燃烧定义为如木材、纤维织品、纸张等普通可燃物质的燃烧。此

类燃烧都生成灼烧余烬。

② B类燃烧。该类燃烧定义为易燃石油制品或其他易燃液体、油脂等的燃烧。然而，有些固体，比如萘就是一个明显的例子，燃烧时会熔化并显示出易燃液体燃烧的一切特征，而且无灰烬。从工艺上来说，易燃气体不属于任何燃烧类别，但实际上应当作B类物质处理。

③ C类燃烧。该类燃烧定义为供电设备的燃烧。

④ D类燃烧。该类燃烧定义为可燃金属的燃烧。对于钠和钾等低熔点金属的燃烧，由于很快会成为低密度液体的燃烧，会使大多数灭火干粉沉没，而液体金属仍继续暴露在空气中，从而给灭火带来困难。这些金属会自发地与水反应，有时很剧烈，也会出现问题。

(2) 燃烧类型及其特征参数。

如果按照燃烧起因，燃烧可分为闪燃、点燃和自燃三种类型。

① 闪燃和闪点。液体表面都有一定量的蒸气存在，由于蒸气压的大小取决于液体所处的温度，因此，蒸气的浓度也由液体的温度所决定。可燃液体表面的蒸气与空气形成的混合气体与火源接近时会发生瞬间燃烧，出现瞬间火苗或闪光。这种现象称为闪燃。闪燃的最低温度称为闪点。可燃液体的温度高于其闪点时，随时都有被火点燃的危险。

闪点这个概念主要适用于可燃液体。某些可燃固体，如樟脑和萘等，也能蒸发或升华为蒸气，因此也有闪点。表3-1和表3-2列出了一些可燃液体和一些油品的闪点。

表3-1 部分可燃液体的闪点与自燃点

物质名称	闪点/℃	自燃点/℃	物质名称	闪点/℃	自燃点/℃	物质名称	闪点/℃	自燃点/℃
丁烷	−60	365	苯	11.1	555	四氢呋喃	−13	230
戊烷	<−40	285	甲苯	4.4	535	醋酸	38	
己烷	−21.7	233	邻二甲苯	72	463	醋酐	49	315
庚烷	−4	215	间二甲苯	25	525	丁二酸酐	88	
辛烷	36		对二甲苯	25	525	甲酸甲酯	<−20	450
壬烷	31	205	乙苯	15	430	环氧乙烷		428
癸烷	46	205	萘	80	540	环氧丙烷	−37.2	430
乙烯		425	甲醇	11	455	乙胺	−18	
丁烯	−80		乙醇	14	422	丙胺	<−20	
乙炔		305	丙醇	15	405	二甲胺	−6.2	
1,3-丁二烯		415	丁醇	29	340	二乙胺	−26	

② 点燃和着火点。可燃物质在空气充足的条件下，达到一定温度与火源接触即行着

火，移去火源后仍能持续燃烧达5min以上，这种现象称为点燃。点燃的最低温度称为着火点。可燃液体的着火点约高于其闪点5～20℃。但闪点在100℃以下时，二者往往相同。在没有闪点数据的情况下，也可以用着火点表征物质的火险。

③ 自燃和自燃点。在无外界火源的条件下，物质自行引发的燃烧称为自燃。自燃的最低温度称为自燃点。表3-1和表3-2列出了一些可燃液体和一些油品的自燃点。物质自燃有受热自燃和自热燃烧两种类型。

受热自燃：可燃物质在外部热源作用下温度升高，达到其自燃点而自行燃烧称之为受热自燃。在化工生产中，可燃物质由于接触高温热表面、加热或烘烤、撞击或摩擦等，均有可能导致自燃。

自热燃烧：可燃物质在无外部热源的影响下，其内部发生物理、化学或生化变化而产生热量，并不断积累使物质温度上升，达到其自燃点而燃烧。这种现象称为自热燃烧。引起物质自热的原因有：氧化热（如不饱和油脂）、分解热（如赛璐珞）、聚合热（如液相氰化氢）、吸附热（如活性炭）、发酵热（如植物）等。

表3-2　部分油品的闪点与自燃点

物质名称	闪点/℃	自燃/℃	物质名称	闪点/℃	自燃点/℃
汽油	＜28	510～530	重柴油	＞120	300～330
轻柴油	45～120	350～380	蜡油	＞120	300～380
煤油	28～45	380～425	渣油	＞120	230～240

影响自燃的因素有很多。热量生成速率是影响自燃的重要因素。热量生成速率可以用氧化热、分解热、聚合热、吸附热、发酵热等过程热与反应速率的乘积表示。因此，物质的过程热越大，热量生成速率也越大；温度越高，反应速率增加，热量生成速率亦增加。

热量积累是影响自燃的另一个重要因素。保温状况良好，导热率低；可燃物质紧密堆积，中心部分处于绝热状态，热量易于积累引发自燃。空气流通利于散热，则很少发生自燃。

压力、组成和催化剂性能对可燃物质自燃点的温度量值都有很大影响。压力越高，自燃点越低。活性催化剂能降低物质的自燃点；而钝性催化剂则能提高物质的自燃点。

有机化合物的自燃点呈现下述规律性：同系物中自燃点随其相对分子质量的增加而降低；直链结构的自燃点低于其异构物的自燃点；饱和链烃比相应的不饱和链烃的自燃点高；芳香族低碳烃的自燃点高于同碳数脂肪烃的自燃点；较低级脂肪酸、酮的自燃点较高；较低级醇类和醋酸酯类的自燃点较低。

可燃性固体粉碎得越细、粒度越小，其自燃点越低。固体受热分解，产生的气体量越大，自燃点越低。对于有些固体物质，受热时间较长，自燃点也较低。

3. 爆炸分类

（1）按爆炸性质分类。

① 物理爆炸。物理爆炸是指物质的物理状态发生急剧变化而引起的爆炸。如蒸汽锅炉、压缩气体、液化气体过压等引起的爆炸，都属于物理爆炸。物质的化学成分和化学性

质在物理爆炸后均不发生变化。

② 化学爆炸。化学爆炸是指物质发生急剧化学反应，产生高温高压而引起的爆炸。物质的化学成分和化学性质在化学爆炸后均发生了质的变化。

（2）按爆炸速度分类。

① 轻爆。爆炸传播速度在每秒零点几米至数米之间的爆炸过程；

② 爆炸。爆炸传播速度在每秒10米至数百米之间的爆炸过程；

③ 爆轰。爆炸传播速度在每秒1 000米至数千米以上的爆炸过程。

4. 爆炸极限及其影响因素

（1）爆炸极限。

可燃气体、蒸气或粉尘与空气的混合物，并不是在任何组成下都可以燃烧或爆炸，而且燃烧（或爆炸）的速率也随组成而变。实验发现，当混合物中可燃气体浓度接近化学反应式的化学计量比时，燃烧最快、最剧烈。若浓度减小或增加，火焰蔓延速率则降低。当浓度低于或高于某个极限值，火焰便不再蔓延。可燃气体、蒸气或粉尘与空气的混合物能使火焰蔓延的最低浓度，称为该气体或蒸气的爆炸下限；可燃气体、蒸气与空气的混合物能使火焰蔓延的最高浓度则称为爆炸上限。可燃气体或蒸气与空气的混合物，若其浓度在爆炸下限以下或爆炸上限以上，便不会着火或爆炸。

爆炸下限越低，爆炸极限范围越宽的物质危险性越大，越要重点预防。

气体混合物的爆炸极限一般用可燃气体或蒸气在混合物中的体积百分比来表示(%)。可燃粉尘爆炸极限，通常以每立方米混合气体中含多少克粉尘来表示（g/m^3）。

需要说明的是：一般来说粉尘只有爆炸下限，而无爆炸上限。

表3-3　部分气体或液体蒸气的爆炸极限

物质名称	爆炸极限（体积分数）/(%)		物质名称	爆炸极限（体积分数）/(%)	
	下限	上限		下限	上限
天然气	4.5	13.5	丙醇	1.7	48.0
城市煤气	5.3	32.0	丁醇	1.4	10.0
氢	4.0	75.6	甲烷	5.0	15.0
氨	15.0	28.0	乙烷	3.0	15.5
一氧化碳	12.5	74.0	丙烷	2.1	9.5
二硫化碳	1.0	60.0	丁烷	1.5	8.5
乙炔	1.5	82.0	甲醛	7.0	73.0
氰化氢	5.6	41.0	乙醚	1.7	48.0
乙烯	2.7	34.0	丙酮	2.5	13.0
苯	1.2	8.0	汽油	1.4	7.6

续表

物质名称	爆炸极限（体积分数）/(%)		物质名称	爆炸极限（体积分数）/(%)	
	下限	上限		下限	上限
甲苯	1.2	7.0	煤油	0.7	5.0
邻二甲苯	1.0	7.6	乙酸	4.0	17.0
氯苯	1.3	11.0	乙酸乙酯	2.1	11.5
甲醇	5.5	36.0	乙酸丁酯	1.2	7.6
乙醇	3.5	19.0	硫化氢	4.3	45.0

（2）影响爆炸极限的因素。

影响气体混合物爆炸极限的主要因素有混合物的原始温度、压力、着火源、容器尺寸和材质等。

① 原始温度的影响因素。爆炸性混合物的原始温度愈高，则爆炸极限范围愈宽，即爆炸下限降低，上限升高。

表 3-4 列出了丙酮的爆炸极限与原始温度关系。

表 3-4　丙酮的爆炸极限与原始温度关系

原始温度/℃	下限/(%)	上限/(%)
0	4.2	8.0
50	4.0	9.8
100	3.2	10.0

因为系统温度升高，其分子内能增加，使原来不燃不爆的混合物成为可燃、可爆系统，所以温度升高会使爆炸危险性增大。

② 原始压力的影响因素。爆炸性混合物的原始压力对爆炸有很大的影响，在增加压力的情况下其爆炸极限的变化很复杂。一般情况下，压力增大，爆炸极限范围会扩大；压力降低，则爆炸极限范围则会缩小。在密闭容器内减压（负压）操作对安全生产是有利的。表 3-5 列出了甲烷在不同原始压力下的爆炸极限。

表 3-5　甲烷在不同原始压力下的爆炸极限

原始压力/(kgf/cm^2)	下限/(%)	上限/(%)
1	5.6	14.3
10	5.9	17.2
50	5.4	29.4
125	5.7	45.7

从上表看出，压力增大，上限的提高很显著，下限的变化却不显著，而且无规律。因此，我们在生产过程中，系统中随着压力的提高，爆炸极限范围会增宽，爆炸危险性会随之增大；反之，压力降低则爆炸极限范围缩小，安全性越好。所以，在生产中采取在负压情况下操作是较为安全的。

③ 介质及杂物的影响因素。若在混合物中掺入或含有一些其他介质，会影响混合物的燃烧爆炸情况。

例如，氯气中含有氢，氢气中含有氧都会增加爆炸的危险性。

在爆炸性混合物中随着惰性气体含量的增加，爆炸极限的范围就会缩小，当惰性气体提高到一定浓度（数值）时，混合物就不再会爆炸。这是由于惰性气体加入到混合物中后，使可燃物分子与氧分子隔离，在它们之间形成不燃的“障碍物”。

④ 容器的尺寸和材质影响因素。充装可燃物容器的尺寸、材质等，对物质爆炸极限均有影响。管道或容器的直径越小，爆炸极限范围也越小。实验证明，同一可燃物质，管径越小，其火焰蔓延速度也越小。当管径（或火焰通道）小到一定程度时，火焰即不能通过。这一间距称为最大灭火间距，也称临界直径。

⑤ 着火源的影响因素。着火源的能量、火花的能量、热表面的面积、火源与混合物的接触时间等，对爆炸极限也有影响。以甲烷与空气的混合物为例，对电压为100V、电流强度分别为1A、2A、3A的电火花对其爆炸极限的影响如表3-6所示。

表3-6 甲烷与空气的混合物在不同电流强度下的爆炸极限

电火花的电流强度/A	爆炸极限情况
1	不会爆炸
2	不会爆炸
3	5.85%～14.8%

各种爆炸性混合物都有一个最低引爆能量（一般是化学理论量）。当着火源能量达到某一爆炸性混合物最低引爆能量值时，这种爆炸性混合物才会发生爆炸。

表3-7列出了部分气体的最低引爆能量。

表3-7 部分气体的最低引爆能量

化学品	与空气混合含量/(%)	在空气中最低引爆能量/mJ	在氧气中最低引爆能量/mJ
CS_2	6.25	0.015	
H_2	29.2	0.019	0.001 3
C_2H_2（乙炔）	7.73	0.02	0.000 3
C_2H_4（乙烯）	6.52	0.16	0.001
乙烷	4.02	0.031	

续表

化学品	与空气混合含量/(%)	在空气中最低引爆能量/mJ	在氧气中最低引爆能量/mJ
甲醇	12.24	0.215	
苯	2.71	0.55	
氨	21.8	0.77	
丙酮	4.87	1.15	
甲苯	2.27	2.50	
甲烷	8.5	0.28	
乙烷	4.02	0.031	
丙烷	4.02	0.031	0.031
乙醛	7.72	0.376	
丁烷	3.42	0.38	

粉尘的爆炸下限是不固定的，一般分散度越高、挥发物含量越大、火源越强、原始温度越高、温度越高、粉尘越细小就越容易引起爆炸，粉尘爆炸浓度范围就越大。这是因为，粉尘颗粒越细，表面吸附的氧就越多，着火点就越低，爆炸下限也越小，越容易发生粉尘爆炸。

学生课外任务 1

作　　业：

简述如何识别化工生产中的爆炸危险。

项目任务：

针对【案例 3-1】，试从生产所涉及的反应物料、反应过程等方面，对生产中存在的火灾爆炸的危险性进行辨识。

任务二　点火源的控制

知识目标：熟悉点火源的主要类型和点火原理。

能力目标：接受化工企业各类点火源控制基本能力的训练；初步具备点火源现场管理与控制的能力。

态度目标：培养化工安全责任意识和一丝不苟的工作作风。

【案例 3-2】

2009 年 8 月 13 日 16 时 40 分左右，位于江苏省靖江市西来镇丰产村的靖江市凡友精细化工厂反应釜发生爆炸将厂房掀掉，变速器、电机被炸出百米开外，导致 4 人死亡，2 人受伤。该厂是一家从事化工生产的私营企业，有两个生产车间，其中一车间生产氰酸钠、氰酸钾，二车间生产 2-甲基-1-硝基异脲。

事故原因：该企业利用职工交接班间歇在一车间进行设备检修，因现场违章动火引发可燃气体爆炸。

化工生产中，常见的着火源除生产过程本身的燃烧炉火、反应热、电火花等，还有维修用火、机械摩擦热、撞击火花、静电放电火花以及违章吸烟等。这些火源是引起易燃易爆物质着火爆炸的常见原因。控制这些火源的使用范围，对于防火防爆是十分重要的。

一、明火的控制

化工生产中的明火主要是指生产过程中的加热用火、维修用火及其他火源。

1. 加热用火

加热易燃液体时，应尽量避免采用明火，而采用蒸汽、过热水、中间载热体或电热等；如果必须采用明火，则设备应严格密闭，并定期检查，防止泄漏。

工艺装置中明火设备的布置，应远离可能泄漏的可燃气体或蒸气的工艺设备及贮罐区；在积存有可燃气体、蒸气的地沟、深坑、下水道内及其附近，没有消除危险之前，不能进行明火作业。

在确定的禁火区内，要加强管理，杜绝明火的存在。

2. 维修用火

维修用火主要是指焊割、喷灯、熬炼用火以及打磨作业等。

在有火灾爆炸危险的厂房内，应尽量避免焊割，凡动火，可燃物要清理干净，防止烟道串火和熬锅破漏，防止物料过满而溢出，严格执行动火安全规定。

3. 其他火源

其他火源种类较多，如烟囱飞火、机动车的排气管喷出的火星儿等都属于其他火源，这类火源都可以引起可燃气体、蒸气的燃烧爆炸。因此，在火灾爆炸区域内可能有飞火的烟囱、机动车的排气管等必须安装火星儿熄灭装置。

在化工厂区内应禁止吸烟和携带火种。

二、高温表面的管理与控制

在化工生产中，加热装置、高温物料输送管线及机泵等，其表面温度均较高，要防止可燃物落在上面，引燃着火。因此，可燃物的排放点要与高温表面之间保持足够的安全距离。

一般要求化工企业高温设备、管道等的表面温度超过 60℃的，必须采取保温隔热措施。

在易燃易爆场所，严禁使用高压汞灯、卤钨灯等可能存在高温的灯泡。

三、摩擦与撞击火花的控制

机器中轴承等转动部分的摩擦，铁器的相互撞击或铁器工具打击混凝土地坪等都可能发生火花，当管道或铁制容器裂开物料喷出时，也可能因摩擦而起火花。为避免这类火花产生，必须做到以下几点。

(1) 对轴承及时添油，保持良好润滑，并经常清除附着的可燃污垢。

(2) 凡是撞击的两部分应采用两种不同的金属制成，例如钢与铜、钢与铝等，撞击的工具用镀青铜或镀铜的钢制成。不能使用特种金属制造的设备，应采用惰性气体保护或真空操作。

(3) 为防止金属零件随物料带入设备内发生撞击起火，要在这些设备上安装磁力离析器。不宜使用磁力离析器的，如特别危险的物质（硫、碳化钙等）的破碎，应采用惰性气体保护。

(4) 搬运盛装有可燃气体和易燃液体的金属容器时，不要抛掷、拖拉、震动。

(5) 不准穿带钉子的鞋进入易燃易爆车间。特别危险的厂房内，地面应铺设不发生火花的软质材料。

四、电气火花的控制

在生产场所的动力、照明、控制、保护、测量等系统和生活场所中的各种电气设备和线路，在正常工作或事故中常常会产生电弧、火花和危险的高温，这就具备了引燃或引爆条件。

电气设备和线路，由于绝缘老化、积污、受潮、化学腐蚀或机械损伤会造成绝缘强度降低或破坏，导致相间或对地短路，熔断器熔体熔断，联结点接触不良，铁芯铁损过大。电气设备和线路由于过负荷或通风不良等原因都可能产生火花、电弧或危险高温。另外，静电、内部过电压和大气过电压也会产生火花和电弧。

如果在生产或生活场所中存在着可燃可爆物质，当空气中的含量超过其危险浓度或在电气设备和线路正常或事故状态下产生的火花、电弧或在危险高温的作用下，就会造成电气火灾和爆炸。

电气防火防爆措施是综合性的措施，包括选用合理的电气设备，保持必要的防火间距，电气设备正常运行并有良好的通风，采用耐火设施，有完善的继电保护装置等技术措施。

1. 正确选用电气设备

应根据场所特点，选择适当形式的电气设备，表 3-8 列出了各种防爆电气设备的类型。

表 3-8　防爆电气设备的类型

设备类型	隔爆型	增安型	本安型	正压型	充油型	充砂型	无火花型	特殊型	浇封型
标　　志	d	e	i	p	o	q	n	s	m

按爆炸危险场所分区，电气设备的选型见表 3-9～表 3-12。

表 3-9　旋转电机防爆结构的选型

电气设备 \ 防爆结构 \ 爆炸危险区域	1 区			2 区			
	隔爆型 d	正压型 p	增安型 e	隔爆型 d	正压型 p	增安型 e	无火花型 n
鼠笼型感应机	○	○	△	○	○	○	○
绕线型感应机	△	△		○	○	○	×
同步电动机	○	○	×	○	○	○	
直流电动机	△	△		○	○		
电磁滑差离合器（无电刷）	○	△	×	○	○	○	△

① 表中符号说明：○—适用；△—慎用；×—不适；下同。

② 绕线型感应电动机及同步电动机采用增安型，其主体是增安型防爆结构，发生电火花的部分是隔爆或正压型防爆结构。

③ 无火花型电动机在通风不良及户内具有比空气重的易燃物质区域内慎用。

表 3-10　低压开关和控制器类防爆结构的选型

电气设备 \ 防爆结构 \ 爆炸危险区域	0 区	1 区					2 区				
	本安型 ia	本安型 ia、ib	隔爆型 d	正压型 p	充油型 o	增安型 e	本安型 ia、ib	隔爆型 d	正压型 p	充油型 o	增安型 e
刀开关、熔断器			○					○			
熔断器			△					○			
控制开关及按钮	○	○	○		○		○	○		○	
电抗启动器和启动补偿器			△				○				○
启动用金属电阻器			△	△		×		○	○		○
电磁阀用电磁铁			○			×		○			○
电磁摩擦制动器			△			×		○			△
操作箱、柱			○	○				○	○		

续表

爆炸危险区域 / 防爆结构 / 电气设备	0 区	1 区					2 区				
	本安型 ia	本安型 ia、ib	隔爆型 d	正压型 p	充油型 o	增安型 e	本安型 ia、ib	隔爆型 d	正压型 p	充油型 o	增安型 e
控制盘			△	△				○	○		
配电盘			△			×		○		○	△

① 电抗启动器和启动补偿器采用增安型时，是指将隔爆结构的启动运转开关操作部件与增安型防爆结构的电抗线圈或单绕组变压器组成一体的结构。

② 电磁摩擦制动器采用隔爆型时，是指将制动片、滚筒等机械部分也装入隔爆壳体内者。

③ 在 2 区内电气设备采用隔爆型时，是指除隔爆型外，也包括主要有火花部分为隔爆结构而其外壳为增安型的混合结构。

表 3-11　灯具类防爆结构的选型

爆炸危险区域 / 防爆结构 / 电气设备	1 区		2 区	
	隔爆型 d	增安型 e	隔爆型 d	增安型 e
固定式灯	○	×	○	○
移动式灯	△		○	
携带式电池灯	○		○	
指示灯类	○	×	○	○
镇流器	○	△	○	○

表 3-12　信号、报警装置等电气设备防爆结构的选型

爆炸危险区域 / 防爆结构 / 电气设备	0 区	1 区				2 区			
	本安型 ia	本安型 ia、ib	隔爆型 d	正压型 p	增安型 e	本安型 ia、ib	隔爆型 d	正压型 p	增安型 e
信号、报警装置	○	○	○	○	×	○	○	○	○
插接装置			○				○		
接线箱（盒）			○		△		○		○
电气测量表计			○	○	×		○	○	○

2. 保持防火间距

为防止电火花或危险温度引起火灾，开关、插销、熔断器、电热器具、照明器具、电焊器具、电动机等均应根据需要，适当避开易燃易爆建筑构件。天车滑触线的下方，不应堆放易燃易爆物品。

变、配电站是工业企业的动力枢纽，电气设备较多，而且有些设备工作时会产生火花和较高温度，其防火、防爆要求比较严格。室外变、配电装置距堆场、可燃液体储罐和甲、乙类厂房库房不应小于25m；距其他建筑物不应小于10m；距液化石油气罐不应小于35m。变压器油量越大，防火间距也越大，必要时可加防火墙。石油化工装置的变、配电室应布置在装置的一侧，并位于爆炸危险区范围以外。

10kV及以下变、配电室不应设在火灾危险区的正上方或正下方，且变、配电室的门窗应向外开，通向非火灾危险区域。10kV及以下的架空线路，严禁跨越火灾和爆炸危险场所；当线路与火灾和爆炸危险场所接近时，其水平距离一般不应小于杆柱高度的1.5倍。在特殊情况下，采取有效措施后，允许适当减小距离。

3. 保持电气设备正常运行

电气设备运行中产生的火花和危险温度是引起火灾的重要原因。因此，保持电气设备的正常运行对防火防爆有着重要意义。保持电气设备的正常运行包括保持电气设备的电压、电流、温升等参数不超过允许值，保持电气设备足够的绝缘能力，保持电气连接良好等。

保持电压、电流、温升不超过允许值是为了防止电气设备过热。在这方面，要特别注意线路或设备连接处的发热。连接不牢或接触不良都容易使温度急剧上升而过热。

保持电气设备绝缘良好，除可以免除造成人身事故外，还可避免由于泄漏电流、短路火花或短路电流造成火灾或其他设备事故。

此外，保持设备清洁有利于防火。设备脏污或灰尘堆积既降低设备的绝缘又妨碍通风和冷却。特别是正常工作时有火花产生的电气设备，很可能由于过分脏污引起火灾。因此，从防火的角度出发，应定期或经常清扫电气设备，保持清洁。

4. 通风

在爆炸危险场所，应有良好的通风装置来降低爆炸性混合物的浓度，保证混合物不会达到引起火灾和爆炸的限度。这样还有利于降低环境温度。这对可燃易燃物质的生产、储存、使用及对电气装置的正常运行都是必要的。

5. 接地

爆炸和火灾危险场所内的电气设备的金属外壳应可靠地接地（或接零），以便在发生相线碰壳时迅速切断电源，防止短路电流长时间通过设备发热而产生高温。

6. 其他方面的措施

（1）在爆炸危险场所内，不准使用非防爆手电筒。

（2）在爆炸危险场所内，因条件限制，如必须使用非防爆型电气设备时，应采取临时防爆措施。如安装电气设备的房间，应用非燃烧体的实体墙与爆炸危险场所隔开，只允许一面隔墙与爆炸危险场所贴邻，且不得在隔墙上直接开设门洞；采用通过隔墙的机械传动装置，应在传动轴穿墙处采用填料密封或有同等密封效果的密封措施；安装电气设备的房间的出口，应通向非爆炸危险区域和非火灾危险区环境，当安装电气设备的房间必须与爆炸危险场所相通时，应保持相对的正压，并有可靠的保证措施。

（3）密封也是一种有效的防爆措施。密封有两个含义：一是把危险物质尽量装在密闭的容器内，限制爆炸性物质的产生和逸散；二是把电气设备或电气设备可能引爆的部件密封起来，消除引爆的因素。

（4）变、配电室建筑的耐火等级不应低于二级，油浸电变压室应采用一级耐火等级。电气设备所引起的火灾爆炸事故，多由电弧、电火花、电热或漏电造成。在火灾爆炸危险场所，根据实际情况，在不至于引起运行上特殊困难的条件下，应该首先考虑把电气设备安装在危险场所以外或另室隔离。在火灾爆炸危险场所，应尽量少用携带式电气设备。

五、静电火花的控制

1. 静电的产生与危害

在化工生产中，由于静电放电火花引起爆炸和火灾事故是静电最为严重的危害。无论固体、粉体、液体、气体作业，都存在静电的危害。

（1）运输。

苯、甲苯、汽油等有机溶剂会使用槽车来装运。由于槽车行驶过程的振动，溶剂与槽车罐壁发生强烈的摩擦，会产生大量的静电。并且，槽车的橡胶轮胎与地面的摩擦，也是一个产生静电的过程，存在着静电起火的隐患。我们经常看到大部分槽罐车后均挂着一根“尾巴”，这根“尾巴”非常重要，它可以导除槽车行驶过程中产生的静电，能确保运输安全。

（2）灌注。

在灌注易燃液体的过程中，存在着两个产生静电的因素：一是液体与输送管道摩擦产生静电；二是液体注入容器时，因冲击和飞溅产生静电。所以，灌注易燃液体时必须严格控制流速，防止静电的产生。

（3）取样。

使用对地绝缘的金属取样器在贮有易燃液体的贮罐、反应釜等容器内取样时，由于取样器与液体的摩擦而产生静电，有时会对容器壁放电产生火花而发生危险。

（4）过滤。

化工生产中过滤时，被过滤物质与过滤器发生摩擦，会产生大量的静电。如果不采取相应的措施，容易发生燃烧爆炸事故。

（5）包装称量。

原料、成品的收发都有一个称量包装的过程。化工企业一般采用磅秤称量。如果被称量的是一种易产生静电的物质，而磅秤又对地绝缘，在此过程中就有可能积累静电。

（6）高速喷射。

氢气、乙炔气等可燃气体和水蒸气在高压喷射时，均可能产生较高的静电电压，有可能与接地金属或大地发生火花放电，造成火灾爆炸事故。

（7）研磨、搅拌、筛分或输送粉体物料。

根据粉体起电的原理，在研磨、搅拌和输送粉体时，粉体与管道和容器强烈碰撞与摩擦，会产生具有危险的静电。

(8) 胶带传动与输送。

化工生产中经常采用胶带传动与输送，运行中三角皮带、输送胶带与金属皮带轮、托棍或轮子摩擦，能产生大量的静电。这些静电电压有时可高达几千伏、几万伏。在橡胶工业中，几乎离不开橡胶与机件摩擦工艺，而橡胶和机件的摩擦可以带上3万伏以上的静电压。

(9) 剥离。

橡胶和塑料工业在生产过程中，经常需进行剥离作业。如将堆叠在一起的橡胶或塑料制品迅速分离，这是一个强烈的接触分离过程，由于橡胶和塑料制品电阻率较高，故剥离作业中会产生较高的静电压。

(10) 人体带有静电的危害。

在生产过程中，操作人员总是在活动，在这些活动过程中，穿的衣服、鞋以及携带的工具与其他物体摩擦时，都有可能会产生静电。

2. 静电防护

防止静电危害主要有以下7个措施。

(1) 场所危险程度的控制。

为了防止静电危害，可以采取减轻或消除所在场所周围环境火灾、爆炸危险性的间接措施。如用不燃介质代替易燃介质，通风，惰性气体保护，负压操作等（详见“任务三　化工工艺防火防爆”），在工艺允许的条件下，采用较大颗粒的粉体代替较小颗粒的粉体，也是减轻场所危险性的一个措施。

(2) 工艺控制。

工艺控制是从工艺上采取措施，如控制流速、选用合适的材料、增加静止时间等措施，以限制和避免静电的产生和积累，是消除静电危害的主要手段之一。

① 控制流速。输送物料应控制流速，以限制静电的产生。输送液体物料时允许流速与液体电阻率有着十分密切的关系，当电阻率小于$10^7\Omega\cdot cm$时，允许流速不超过10m/s；当电阻率为$10^7\sim10^{11}\Omega\cdot cm$时，允许流速不超过5m/s；当电阻率大于$10^{11}\Omega\cdot cm$时，允许流速取决于液体性质、管道直径和管道内壁光滑程度等条件。例如，烃类燃料油在管内输送，管道直径为50mm时，流速不得超过3.6m/s；直径为100mm时，流速不得超过2.5m/s。但是，当燃料油带有水分时，必须将流速限制在1m/s以下。输送物料的管道应尽量减少转弯和变径。操作人员必须严格执行工艺规定的流速，绝不能擅自提高流速。

② 选用合适的材料。一种材料与不同种类的其他材料摩擦时，所带的静电荷的数量和极性随材料的不同而不同。可以根据静电起电序列，选用适当的材料匹配，使生产过程中产生的静电互相抵消，从而达到减少或消除静电的危险。

例如，氧化铝粉经过不锈钢漏斗时，静电压为－100V，经过虫胶漆漏斗时，静电电压为＋500V。采用适当选配，由这两种材料制成的组合漏斗，静电压可以降低为零。

同样，在工艺允许的前提下，适当安排加料顺序，可降低静电的危险性。

③ 增加静止时间。化工生产中将苯、二硫化碳等其他液体注入容器、贮罐时，都会产生一定的静电荷。液体内的电荷将向器壁及液面集中并可慢慢泄漏消散，完成这个过程需要一定的时间（消散时间与湿度、电阻率、容积有关）。

例如，向燃料罐注入重柴油，装到90%时停泵，液面静电位的峰值常常出现在停泵以后的5～10s内，然后电荷很快就会衰减掉，这个过程持续时间约为70～80s。由此可知，刚停泵就进行检测或采样是危险的，容易发生事故。应该静止一段时间后，待静电基本消散后才进行有关的操作。懂得这个道理后，操作人员就应自觉遵守安全规定，千万不可操之过急。

④ 改进灌注方式。为了减少从贮罐顶部灌注液体时的冲击而产生的静电，可改变灌注管头的形状、改进灌注方式。经验表明，T形、锥形、45°斜口形和人字形注管头，有利于降低贮罐液面的最高静电电压。为了避免灌注过程中液体的冲击、喷射和溅射，应将进液管延伸至近底部位，或有利于减轻贮罐底部积水和沉淀物搅动的部位。

（3）接地。

接地是消除静电危害最常见的措施。在化工生产中，以下工艺设备应采取接地措施。

① 凡用来加工、输送、储存各种易燃液体、气体和粉体的设备必须接地。如过滤器、混合器、干燥器、升华器、吸附器、反应釜、贮槽、贮罐、传送胶带、液体和气体等物料管道、取样器、检尺棒等，都应该接地。如果管道系绝缘材料制成的，应在管外或管内绕以金属丝、金属带或金属网，并将金属丝等接地。

输送可燃物料的管道要连接成一个整体，并予以接地。管道的两端和每隔200～300m处，均应接地。平行管道相距10cm以内时，每隔20m应用连接线相互连接起来；管道与管道、管道与其他金属构件交叉时，若间距小于10cm，也应互相连接起来。

② 倾注溶剂的漏斗、浮动罐顶、工作站台、磅秤等辅助设备，均应接地。

③ 汽车槽车在装卸之前，先应与储存设备跨接并接地；装卸完毕，应先拆除装卸管道，然后拆除跨接线和接地线。

油轮的船壳应与水保特良好的导电性连接，装卸油时也要遵循先接地后接油管；先拆油管后拆接地线的原则。

④ 可能产生和积累静电的固体和粉体作业设备，如压延机、上光机、砂磨机、球磨机、筛分器等，均应接地。

⑤ 凡做离心甩干易燃液体的设备必须接地。

静电接地的连接线应保证足够的机械强度和化学稳定性，连接应当可靠，安装人员在安装时不得马虎，绝不能用螺丝马虎紧固连接，必须按国家规定严格执行；操作人员在操作时经常巡查，防止腐蚀断落。

（4）增湿。

存在静电危险的场所，在工艺条件许可时，用增湿法消除静电危害的效果较显著。例如，在某粉体筛选过程中，相对湿度低于50%时，测得容器内静电压为4万伏；采用增湿措施后，相对湿度为65%～70%时，静电电压降低到1.8万伏；相对湿度为80%时，静电电压降低到1.1万伏。从消除静电危害的角度考虑，相对湿度保持在70%以上较为适宜。

（5）抗静电剂。

抗静电剂具有较好的导电性或较强的吸湿性。因此，在易产生静电的高绝缘材料中，加入抗静电剂，使材料的电阻率下降，加快静电泄漏，消除静电危险。

（6）静电消除器。

静电消除器是一种能产生电子或离子的装置，其工作原理是借助于产生的电子或离子中和物体上的静电，从而达到消除静电危害的目的。静电消除器具有不影响产品质量、使用方便等优点。

（7）人体的防静电措施。

采取该措施主要是防止带电体向人体放电和人体带静电所造成的危害，具体有以下几个措施。

① 采用金属网或金属板等导电性材料遮蔽带电体，以防止带电体向人体放电。如戴防静电手套，穿防静电工作服等。

② 穿防静电工作鞋。

③ 在易燃场所入口处，安装硬铝或铜等导电金属的接地走道，操作人员从走道经过时，可以导除人体静电。或在入口门的扶手上采用金属结构并接地，当手接触门扶手时，可导除静电。

④ 采用导电性地面是一种接地措施，不但能导走设备上的静电，而且有利于导除积聚在人体上的静电。

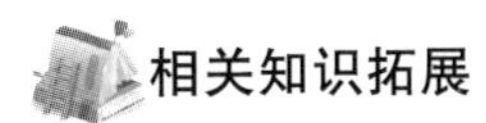
相关知识拓展

爆炸性气体危险场所分区及防爆电气设备类型

1. 爆炸性气体危险场所分区

爆炸性气体危险场所按爆炸性气体混合物出现的频繁程度和持续时间分为三个区：

（1）0 区。连续出现或长期出现爆炸性气体混合物的环境。

（2）1 区。在正常运行时可能出现爆炸性气体混合物的环境。

（3）2 区。在正常运行时不可能出现爆炸性气体混合物的环境，或即使出现也仅是短时存在的爆炸性气体混合物的环境。

2. 防爆型电气设备类型

防爆型电气设备依其结构和防爆性能的不同分为以下几种。

（1）隔爆型（d）。具有隔爆外壳的电气设备，是指把能点燃爆炸性混合物的部件封闭在一个外壳内，该外壳能承受内部爆炸性混合物的爆炸压力并阻止向周围的爆炸性混合物传爆的电气设备。

（2）增安型（e）。正常运行条件下，不会产生点燃爆炸性混合物的火花或危险温度，并在结构上采取措施，提高其安全程度，以避免在正常和规定过载条件下出现点燃现象的电气设备。

（3）本安型（i）。在正常运行或在标准实验条件下所产生的火花或热效应均不能点燃爆炸性混合物的电气设备。

（4）正压型（p）。具有保护外壳，且壳内充有保护气体，其压力保持高于周围爆炸性混合物气体的压力，以避免外部爆炸性混合物进入外壳内部的电气设备。

(5) 充油型 (o)。全部或某些带电部件浸在油中使其不能点燃油面以上或外壳周围的爆炸性混合物的电气设备。

(6) 充砂型 (q)。外壳内充填细颗粒材料，以便在规定使用条件下，外壳内产生的电弧、火焰传播，壳壁或颗粒材料表现的过热温度均不能点燃周围的爆炸性混合物的电气设备。

(7) 无火花型 (n)。在正常运行条件下不产生电弧或火花，也不产生能够点燃周围爆炸性混合物的高温表面或灼热点，且一般不会发生有点燃作用的故障的电气设备。

(8) 特殊型 (s)。在结构上不属于上述各型，而是采取其他防爆形式的电气设备。例如将可能引起爆炸性混合物爆炸的部分设备装在特殊的隔离室内或在设备外壳内填充石英砂等。

(9) 浇封型 (m)。它是防爆型的一种。将可能产生点燃爆炸性混合物的电弧、火花或高温的部分浇封在浇封剂中，在正常运行和认可的过载或认可的故障下不能点燃周围的爆炸性混合物的电气设备。

学生课外任务 2

作　业：

1. 列举化工生产中明火、高温表面、摩擦与撞击、电气火花、静电火花产生的案例。
2. 化工生产中如何做好明火、高温表面、摩擦与撞击、电气火花、静电火花管理与控制？
3. 简述在火灾爆炸场所如何正确选用电气设备？

项目任务：

结合【案例 3-2】，编制化工企业火灾防范的计划方案。

任务三　化工工艺防火防爆

知识目标： 熟悉化工工艺火灾爆炸危险识别。

能力目标： 接受火灾爆炸危险物的安全处理、工艺参数的安全控制基本能力的训练，初步具备化工工艺防火防爆工艺设计的能力。

态度目标： 培养化工安全责任意识和一丝不苟的工作作风。

【案例 3-3】

2012 年 4 月 27 日 6 时 24 分左右，镇江奇美化工有限公司 1404PBL 车间丁二烯回收系统废丁二烯回收槽突然爆裂起火，该槽的爆裂撞坏了相邻的另一只丁二烯回收槽，并致其泄漏起火燃烧。事故中虽然没有人员伤亡，但造成了不良的社会影响。

事故原因： 丁二烯在进入废丁二烯回收槽前，需经真空抽吸并压缩冷却。在真空抽吸过程中因设备漏气使空气进入系统，致其含氧引发爆聚，最终导致回收槽爆裂。

一、化工工艺火灾爆炸危险识别

化工企业的火灾和爆炸事故，产生的主要原因是对某些事物缺乏认识。例如，对危险物料的物性、生产规模及效果、物料受到的环境和操作条件的影响、装置的技术状况和操作方法的变化等事物认识不足。特别是新建或扩建的装置，当操作方法改变时，如果仍按过去的经验制定安全措施，往往会因为人为的微小失误而铸成大错。

分析化工装置的火灾和爆炸事故，主要原因可以归纳为以下5项。

1. 装置不适当

(1) 高压装置中高温、低温部分材料不适当；

(2) 接头结构和材料不适当；

(3) 有易使可燃物着火的电力装置；

(4) 防静电措施不够；

(5) 装置开始运转时出现无法预料的影响。

2. 操作失误

(1) 阀门的误开或误关；

(2) 燃烧装置点火不当；

(3) 违规使用明火。

3. 装置故障

(1) 贮罐、容器、配管的破损；

(2) 泵和机械的故障；

(3) 测量和控制仪表的故障。

4. 不停车检修

(1) 切断配管连接部位时发生无法控制的泄漏；

(2) 破损配管没有修复，在压力下降的条件下恢复运转；

(3) 在加压条件下，某一物体掉到装置的脆弱部分而发生破裂；

(4) 不知装置中有压力而误将配管从装置上断开。

5. 异常化学反应

(1) 反应物质匹配不当；

(2) 不正常的聚合、分解等；

(3) 安全装置不合理。

二、化工生产中火灾爆炸危险物的安全处理

1. 按物质的物理化学性质采取措施

(1) 尽量通过改进工艺的办法，以无危险或危险性小的物质代替有危险或危险性大的

物质，从根本上消除火灾爆炸的条件。

（2）对于本身具有自燃能力的物质、遇空气能自燃的物质以及遇水能燃烧爆炸的物质等，可采取隔绝空气、充入惰性气体、防水防潮或针对不同情况采取通风、散热、降温等措施来防止自燃和爆炸的发生。如黄磷、二硫化碳储存在水中，金属钾、钠储存在煤油中，烷基铝储存在纯氮中等。

（3）互相接触会引起剧烈化学反应、温度升高、燃烧爆炸的物质不能混存，运输时不能混运。

（4）遇酸或碱有分解爆炸燃烧的物质应避免与酸、碱接触；对机械运动（如震动、撞击）比较敏感的物质要轻拿轻放，运输中必须采取减震防震措施。

（5）易燃、可燃气体和液体蒸气要根据储存、输送、生产工艺条件等不同情况，采取相适应的耐压容器和密封手段以及保温、降温措施。排污、放空均要有可靠的处理和保护措施，不能任意排入下水道或大气中。

（6）对不稳定的物质，在储存中应添加稳定剂、阻聚剂等，防止储存中发生氧化、聚合等反应而引起温度、压力升高从而发生爆炸。如丁二烯、丙烯腈在储存中必须加对苯二酚阻聚剂，防止聚合。

（7）要根据易燃易爆物质在设备、管道内流动时产生静电的特征，在生产和储运过程中采取相应的静电接地设施。

另外，由于液体具有流动性，为防止因容器破裂后液体流散或火灾事故时火势蔓延，应在液体贮罐区较集中的地区设置防护堤。

2. 系统密封及负压操作

为防止易燃气体、蒸气和可燃性粉尘与空气构成爆炸性混合物，应使设备密闭，对于在负压下生产的设备，应防止空气吸入。

为保证设备的密闭性，对危险设备及系统应尽量少用法兰连接，但要保证安装检修方便。输送危险气体的管道要用无缝管。应做好气体中水分的分离和保温，防止冬季气体中冷凝水在管道中冻结胀裂管道而泄漏。易燃易爆物质生产装置投产前应严格进行气密性实验。

负压操作可防止系统中的有毒气体和爆炸性气体向容器外逸散。但也要防止在负压下操作时，由于系统密闭性差，外界空气通过各种孔隙进入负压系统。

加压或减压在生产中都必须严格控制压力，防止超压，并应按照压力容器的管理规定，定期进行强度耐压试验。系统检修时应注意密闭填料的检查调整或更换，凡是与系统密闭的关键部件都不能忽视检修质量，以防渗漏。

3. 通风置换

通风是防止燃烧爆炸物形成的重要措施之一。在含有易燃易爆及有毒物质的生产厂房内采取通风措施时，通风气体不能循环使用。通风系统的气体吸入口应选择空气新鲜、远离放空管道和散发可燃气体的地方，在有可燃气体的厂房内，排风设备和送风设备应有独立分开的通风机室，如通风机室设在厂房内，应有隔绝措施。排除输送温度超过80℃的空气或其他气体以及有燃烧爆炸危险的气体、粉尘的通风设备，应用非燃烧材料制成。排除具有燃烧爆炸危险粉尘的排风系统，应采用不发生火花的设备和能消除静电的除尘器。排除与水接触能生成爆炸混合物的粉尘时，不能采用湿式除尘器。通风管道不宜穿越防火墙等防火分隔物，以免发生火灾时，火势通过通风管道而蔓延。

4. 惰性介质保护

惰性气体在化工生产中对防火防爆起着重要的作用。常用的惰性气体有氮气、二氧化碳、水蒸气等。惰性气体在生产中的应用主要有以下几个方面。

（1）易燃固体物质的粉碎、筛选处理及其粉末输送，采用惰性气体覆盖保护。

（2）易燃易爆物料系统投料前，为消除原系统内的空气，防止系统内形成爆炸性混合物，采用惰性气体置换。

（3）在有火灾爆炸危险的设备、管道上设置惰性气体接头，可作为发生危险时备用保护措施和灭火手段。

（4）采用氮气压送易燃液体。

（5）在有易燃易爆危险的生产场所，对有发生火花危险的电器、仪表等采用充氮正压保护。

（6）易燃易爆生产系统需要检修，在拆开设备前或需动火时，用惰性气体进行吹扫和置换，发生危险物料泄漏时用惰性气体稀释，发生火灾时用惰性气体进行灭火。

三、化工工艺参数的安全控制

化工生产中的工艺参数主要是指温度、压力、流量、液位及物料配比等。防止超温、超压和物料泄漏是防止火灾爆炸事故发生的根本措施。

1. 控制温度

温度是化工生产中主要的控制参数之一。温度过高可能会引起剧烈反应而压力突增，造成冲料或爆炸，也可能会引起反应物的分解着火。温度过低，有可能会造成反应速度减慢或停滞，而一旦反应温度恢复正常时，则往往会因为未反应的物料过多而发生剧烈反应而引起爆炸；温度过低还会使某些物料冻结，造成管路堵塞或破裂，致使易燃物料泄漏而发生火灾爆炸。

为严格控制温度，应在以下几个方面采取措施。

（1）除去反应热或适当采取加热措施。

（2）防止换热在反应中突然中断。

（3）正确选择传热介质。

（4）加强保温措施。

2. 控制投料

对于放热反应的装置，投料速度不能超过设备的传热能力，否则，物料的温度将会急剧升高，引起物料的分解、突沸而发生事故。加料温度如果过低，往往造成物料积累、过量，温度一旦适宜反应便会加剧进行，加之热量不能及时导出，温度及压力都会超过正常指标，从而造成事故。

反应物料的配比应严格控制，参加反应的物料浓度、流量等要准确地分析和计量。对连续化程度较高、危险性较大的生产更应特别注意。如在环氧乙烷的生产中，乙烯与氧混合进行反应，其配比临近爆炸范围，尤其在开停车过程中，乙烯和氧的浓度都在发生变化，且开车时催化剂活性较低，容易造成反应器出口氧浓度过高，为保证安全，应设置联锁装置，经常核对循环气的组成，尽量减少开停车次数。

许多聚合物的生产，特别是可燃物质参加反应的生产，常用氧化剂（过氧化剂）做催化剂，若控制不当将产生剧烈反应发生爆炸。高压聚乙烯反应器的分解爆炸，因控制配比失调而发生的爆炸居多。能形成爆炸性混合物的生产，其配比应严格控制在爆炸极限范围以外，如果工艺条件允许，可以添加惰性气体进行稀释保护。

在投料过程中，另一个值得注意的问题就是投料顺序。化工生产中的投料顺序是根据物料性质、反应机理等要求而进行的。例如氯化氢的合成，应先投氢气后投氯；三氯化磷的生产应先投磷后投氯，否则有可能发生爆炸。

在化工生产中，许多化学反应由于反应物料中危险杂质的增加会导致副反应、过反应的发生而造成燃烧或爆炸。因此，生产原料、中间产品及成品都应有严格的质量检验，保证其纯度。例如，聚氯乙烯的生产中乙炔与氯化氢反应生成氯乙烯，氯化氢中游离氯一般不允许超过0.005%，因为氯与乙炔反应会生成四氯乙烷而立即爆炸。

3. 防止跑冒滴漏

化工生产中的跑冒滴漏往往导致易燃易爆物质在生产场所的扩散，是发生火灾爆炸事故的重要原因之一。因此，在工艺指标控制、设备结构形式等方面应采取相应的措施，操作人员要精心操作，坚持巡回检查，稳定工艺指标，加强设备维护，提高设备完好率。

4. 紧急情况停车处理

（1）停电。为防止因突然停电而发生事故，关键设备一般都应具备双电源联锁自控装置。如因电路发生故障装置全部无电时，要及时汇报和联系，查明停电原因，并要特别注意重点设备的温度、压力变化，保持必要的物料畅通，某些设备的手动搅拌、紧急排空等安全装置都要有专人看管。发现因停电而造成冷却系统停车时，要及时将放热设备中的物料进行妥善处理，避免超温超压事故。

（2）停水。局部停水可视情况减量或维持生产，如大面积停水则应立即停止生产进料，注意温度压力变化，若超过正常值，应视情况采取放空降压措施。

（3）停气。停气后加热设备温度下降，气动设备停运，对一些在常温下呈固态而在操作温度下为液态的物料，应防止这类物料凝结堵塞管道。另外，应及时关闭物料连通的阀门，防止物料倒流至蒸汽系统。

（4）停风。当停风时，所有以气为动力的仪表、阀门都不能操作，此时必须立即改为手动操作。有些充气防爆电器和仪表也处于不安全状态，必须加强厂房内通风换气，以防可燃气体进入电器和仪表内。

（5）可燃物大量泄漏的处理。在生产过程中，当有可燃物大量泄漏时，首先应正确判断泄漏部位，及时报告有关领导和部门，切断泄漏物料来源，在一定区域范围内严格禁止动火及其他火源。操作人员应控制一切工艺变化，工艺控制如果达到了临界温度、临界压力等危险值时，应正确进行停车处理，开动喷水灭火器，将蒸汽冷凝，液态烃回收至事故槽内，并用惰性介质保护。有条件时可采用大量喷水系统在装置周围和内部形成水雾，从而冷却有机蒸气，防止可燃物泄漏到附近装置中。

四、自动控制与安全保险装置

1. 自动控制

自动化系统按其功能可分为四类。

（1）自动检测系统是对机器、设备及过程自动进行连续检测，把工艺参数等变化情况提示或记录出来的自动化系统。

（2）自动调节系统是通过自动装置的作用，使工艺参数保持为给定值的自动化系统。

（3）自动操作系统是对机器、设备及过程的启动、停止及交换、接通等工序，由自动装置进行操纵的自动化系统。

（4）自动讯号联锁和保护系统是在机器、设备及过程出现不正常情况时，会发出报警或自动采取措施，以防事故，保证安全生产的自动化系统。

以上四种系统都能起到控制作用。自动检测系统和自动操作系统主要是使用仪表和操纵机构，调节则还需人工判断操作，通常称为“仪表控制”。自动调节系统则不仅包括检测和操作，还包括通过参数与给定值的比较和运算发出的调节作用，因此也称为“自动控制”。

2. 安全保险装置

（1）信号报警。在化工生产过程中，可安装信号报警装置，当出现危险情况时，警告操作人员及时采取措施消除隐患。发出的信号有声音、光或颜色等，它们通常都和测量仪表相联系。例如在硝化过程中，硝化器内的冷却水若漏进硝化系统则会造成温度升高，引起硝基化合物的分解爆炸。为及时发现冷却水管在硝化器内的渗漏现象，在冷却水排出管上装有带铃的导电性测量仪，若设备出现渗漏，水中酸性增加，导电性提高，铃响报警。

（2）保险装置。信号装置只能提醒人们注意事故正在形成和即将发生，但不能自动排除故障，而保险装置则能在发生危险时自动消除危险状态，达到安全目的。例如，氨氧化反应是在氨气和空气混合爆炸边缘进行的，在反应过程中，若空气的压力过低或氨的压力过低，都可能使混合气体中氨气的浓度提高而达到爆炸下限，若装有保险装置，则在此时可使电流切断，系统中只允许空气流过，氨气中断。因此可防止爆炸事故的发生。又如，气体燃烧炉在燃料气压力降低时，火焰熄灭，气体扩散到燃烧室，再重新点火时可能发生爆炸。为防止这类事故，可在输气管上安装保险装置。当炉膛熄火时切断气源。

（3）安全联锁。所谓联锁，是利用机械或电气控制依次接通各个相关的仪器及设备，使之彼此发生联系，达到安全生产的目的。在化工生产中，联锁装置常被用于下列情况：

①同时或依次排放两种液体或气体时；

②在反应终止需要惰性气体保护时；

③打开设备前预先解除压力或需降温时；

④多个设备、部件的操作先后顺序不能随意变动时；

⑤当工艺控制参数一旦超出极限值必须立即处理时；

⑥危险部位或区域禁止无关人员入内时，例如在硫酸与水混合的操作中，必须先往设备中注入水后再注入硫酸，否则将会发生喷溅和灼伤事故，为此可将注水阀和注硫酸阀联锁，防止疏忽而颠倒顺序。

五、化工工艺阻火设施

在化工生产中，某些设备与装置由于危险性较大，应采用分区隔离、露天布置和远距离操纵等措施。另外，在一些具体的过程中，应安装安全阻火装置。

阻火设备包括安全液封、阻火器和单向阀等。其作用是防止外部火焰窜入有爆炸危险的设备、管道或阻止火焰在设备和管道内扩展。

1. 安全液封

安全液封一般安装在压力低于 0.2 表压的气体管线与生产设备之间，常用的安全液封有敞开式和封闭式两种，如图 3-1、图 3-2 所示。

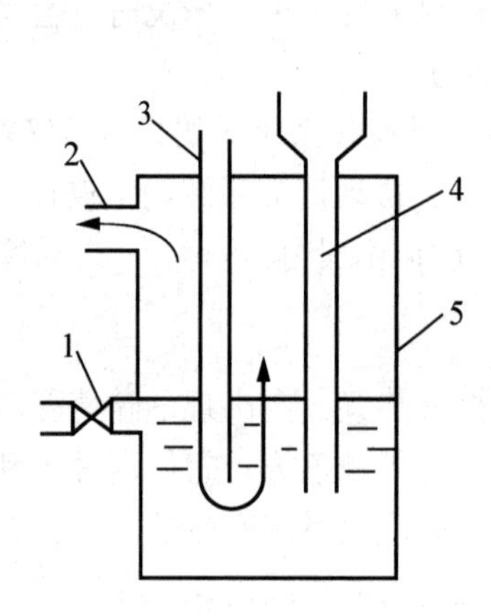

图 3-1　敞开式液封

1—验水栓；2—气体出口；3—进气管；4—安全管；5—外壳

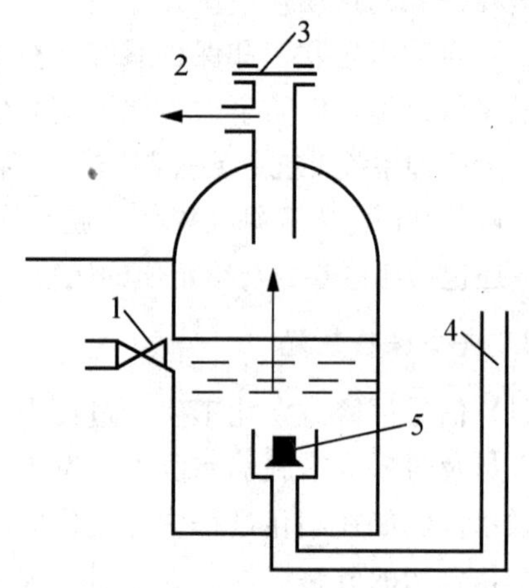

图 3-2　封闭式液封

1—验水栓；2—气体出口；3—防爆膜；4—气体进口；5—单向阀

液封的基本原理是：液封封住气体进出口之间，进出口任何一侧着火，都能在液封中被熄灭。

2. 水封井

水封井（图 3-3）是安全液封的一种，用在散发可燃气体和易燃液体蒸气等油污的污水管网上，可防止燃烧、爆炸沿污水管网蔓延扩展，水封井的水封液柱高度，不宜小于 250mm。

3. 阻火器

在易燃易爆物料生产设备与输送管道之间，或易燃液体、可燃气体容器、管道的排气管上，多采用阻火器阻火。阻火器有金属网、砾石、波纹金属片等形式，分别如图 3-4、图 3-5、图 3-6 所示。

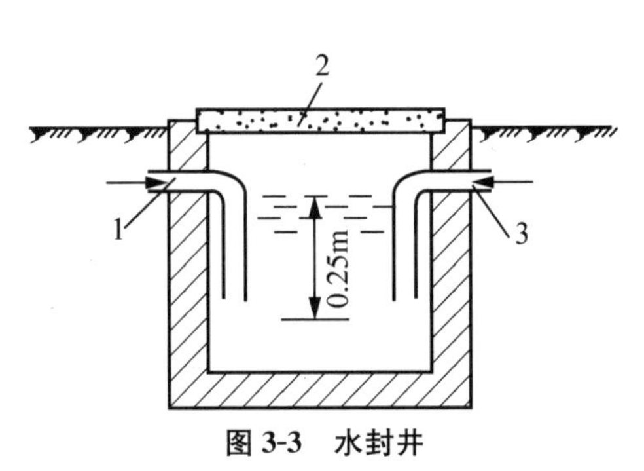

图 3-3　水封井

1—污水进口；2—井盖；3—污水出口

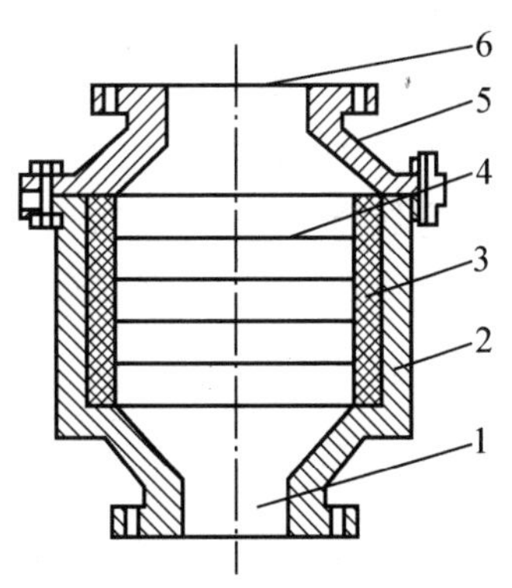

图 3-4　金属网阻火器

1—进口；2—外壳；3—垫圈；
4—金属网；5—上盖；6—出口

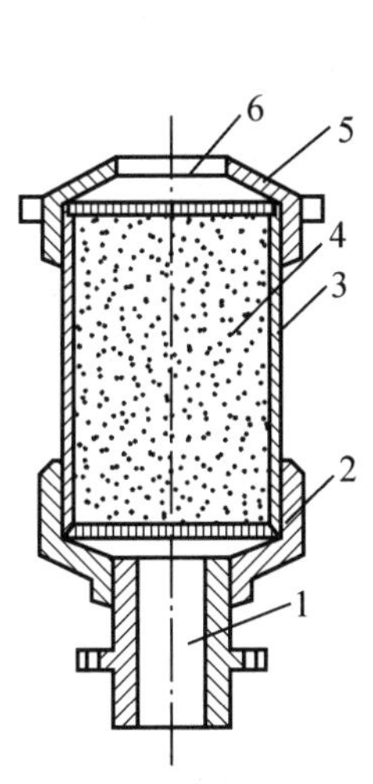

图 3-5　砾石阻火器

1—进口；2—下盖；3—外壳；
4—砂粒；5—上盖；6—出口

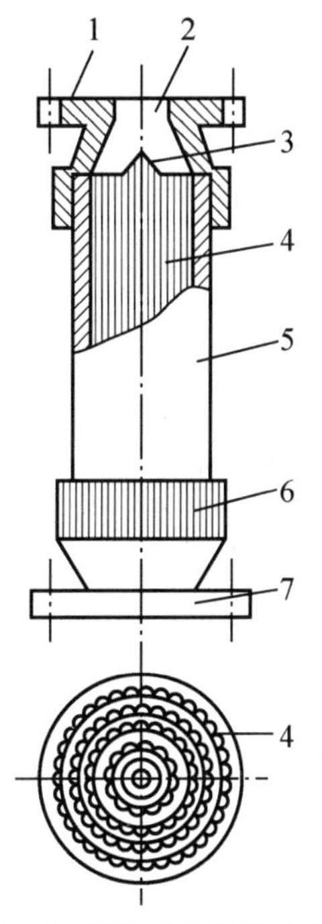

图 3-6　波纹金属片阻火器

1—上盖；2—出口；3—轴芯；4—波纹金属片；
5—外壳；6—下盖；7—进口

4. 单向阀

单向阀亦称止逆阀、止回阀。生产中常用于只允许流体在一定的方向流动、阻止在流体压力下降时返回的生产流程。如向易燃易爆物质生产的设备内通入氮气置换，置换作业中氮气管网故障压力下降，在氮气管道通入设备前设一单向阀，即可防止物料倒入氮气管网。单向阀的用途很广。装置中的辅助管线（水、蒸汽、空气、氮气等）与可燃气体、液体设备、管道连接的生产系统，均可采用单向阀来防止发生窜料危险。

5. 阻火闸门

阻火闸门是为防止火焰沿通风管道或生产管道蔓延而设置的。跌落式自动阻火闸门在正常情况下，受易熔金属元件的控制而处于开启状态，一旦温度升高（火焰），易熔金属被熔断，闸门靠本身重量作用会自动跌落从而关闭管道，如图 3-7 所示。

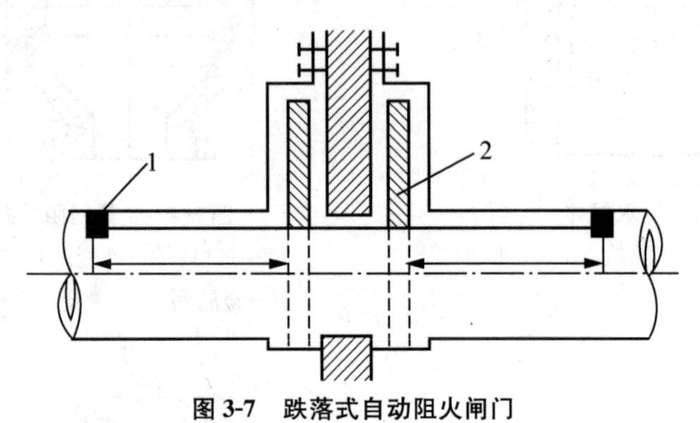

图 3-7　跌落式自动阻火闸门

1—易熔合金元件；2—阻火闸门

6. 火星熄灭器

火星熄灭器也叫防火帽，一般安装在产生火花（星）设备的排空系统上，以防飞出的火星引燃周围的易燃物料。火星熄灭器的种类很多，结构各不相同，大致可分为以下几种形式。

（1）降压减速。使带有火星的烟气由小容积进入大容积，造成压力降低，气流减慢。

（2）改变方向。设置障碍改变气流方向，使火星沉降，如旋风分离器。

（3）网孔过滤。设置网格、叶轮等，将较大的火星挡住或将火星分散开，以加速火星的熄灭。

（4）冷却。用喷水或蒸汽熄灭火星，如锅炉烟囱（使用鼓风机送风的烟囱）常用。

7. 防爆泄压设施

防爆泄压设施包括安全阀、爆破片、防爆门、防爆球阀和放空管等。安全阀主要用于防止物理性爆炸，爆破片主要用于防止化学性爆炸，防爆门和防爆球阀主要用于加热炉，放空管用来紧急排泄有超温、超压、爆聚和分解爆炸的物料。有的化学反应设备除设置紧急放空管（包括火炬）外还宜设置安全阀、爆破片或事故贮槽，有时只设置其中一种。

8. 消防设施和灭火器材

化工生产中，除采用上述几种措施来防止火灾蔓延以外，还应根据各工艺装置危险程度的大小，在现场设置水、水蒸气、氮气等惰性气体的固定或半固定灭火设施，配备一定数量的各种手提式灭火器和其他简易灭火器材。

六、化工厂防火防爆安全设计

1. 化工厂厂内总平面布局

化工设计中应采取的防火防爆措施及总平面布置，主要是根据生产的火灾危险性而制定的。生产的火灾危险性可分为五类，如表 3-13 所示。

表 3-13　生产的火灾危险性分类

生产类别	火灾危险性的特征
甲	使用或产生下类物质的生产 1. 闪点<28℃的液体 2. 爆炸下限<10%的气体 3. 常温下能自行分解或在空气中氧化即能导致自燃或爆炸的物质 4. 常温下受到水或空气中水蒸气的作用，能产生可燃气体并引起燃烧或爆炸的物质 5. 遇酸、受热、撞击、摩擦、催化以及遇有机物或硫黄等易燃的无机物，极易引起燃烧或爆炸的物质 6. 受撞击、摩擦或与氧化剂、有机物接触时能引起燃烧或爆炸的物质 7. 在密闭设备内操作温度等于或超过物质本身自燃点的生产
乙	使用或产生下类物质的生产 1. 闪点>28℃且<60℃的液体 2. 爆炸下限≥10%的气体 3. 不属于甲类的氧化剂 4. 不属于甲类的化学易燃危险固体 5. 助燃气体 6. 能与空气形成爆炸性混合物的浮游状态的粉尘、纤维，闪点≥60℃的液体雾滴
丙	使用或产生下类物质的生产 1. 闪点≥60℃的液体 2. 可燃固体
丁	使用或产生下类物质的生产 1. 对非燃烧物质进行加工，并在高热或融化状态下经常产生强辐射热、火花或火焰的生产 2. 利用气体、液体、固体作为燃料或将气体、液体进行燃烧另作它用的各种生产 3. 常温下使用或加工难燃烧物质的生产
戊	常温下使用或加工非燃烧物质的生产

在化学工业中，对于危险性较大的化工装置，应采取隔离安装和远距离操纵等措施。在厂区总体设计时，应慎重考虑危险车间的位置，与其他车间或装置保持一定的防火间距。防火间距一般是指两座建筑物和构筑物之间留出来的水平距离。在此距离之间，不得再搭建任何建筑物，不得堆放大量可燃易爆材料，不得设置任何有可燃物料的装置和设施。确定防火间距的目的，就是为了防止火灾扩散蔓延。防火间距的计算方法，一般是从两座建筑物或构筑物的外墙（壁）最突出的部分算起。防火间距应充分估计到相邻车间、构筑物的相互影响，采用相应的建筑材料和结构形式等。例如，合成氨生产中，合成车间压缩岗位的设置，焦化、炼焦、副产品回收车间的定位和间隔，都应该统筹考虑。再如染料厂的原料库、生产车间、高压加氢装置的间隔，工艺装置区、管理区和生活区的划分，

都必须合理布局。

对于同一车间的各个工段，应视其生产性质和危险程度适当隔离；各种原料、半成品、成品的存放，应按其性质、贮量不同分隔处理；对个别有危险的过程，应采取隔离操作和设置防护屏的方法；操作人员和生产设备也应适当隔离。

为了便于易燃有害气体的扩散，减少因设备泄漏造成的易燃气体积聚的危险性，这类装置或设备应尽可能露天或半露天设置。例如，石化企业的大多数设备都是露天安装的。对于露天安装的设备，应考虑气象条件对设备、工艺参数、操作人员健康的影响，并应有合理的夜间照明。

对于大多数连续生产的过程，主要是根据反应进程调节各种阀门。对于有些操作人员难以接近、启闭比较吃力或需要迅速启闭的阀门，应该设置远距离操纵。对于多数过程和设备，都提倡操作室隔离操作。人员与危险工作环境隔离，可以消除人为误差，并提高工作效率。

2. 防爆泄压措施

可燃蒸气、气体或粉尘与空气形成的爆炸性混合物，其爆炸最高压力可达 0.4～1.1MPa，而 0.3m 厚的砖墙只能耐受 0.002MPa 的压力。建造能够耐受这样高压力的厂房和库房是不现实的。通常在具有爆炸危险的厂房设置轻质板的屋顶、外墙或泄压窗，发生爆炸时这些薄弱部位首先遭受爆破，卸掉爆炸压力，从而使承重结构免遭倒塌破坏。

3. 阻止火灾爆炸扩大化的措施

对于储存可燃或易燃液体的罐、槽，为防止火灾发生后危险液体流出，使灾害扩大，应在其周围筑起防油堤，缩小燃烧面积。

为了避免爆炸灾害的扩大，在有爆炸危险和无爆炸危险的装置间，以及具有较大爆炸危险的设备周围，要设置防爆墙、壁障等，阻止爆炸飞散物、火焰和冲击波的袭击。

防爆墙一般为钢筋混凝土墙，钢筋交错的地方应捆扎牢固。墙厚通常为 0.3～0.4m，加厚的墙脚埋入地下的深度应大于 1m。防爆墙应能承受一定的冲击压力，防爆墙应无任何孔洞。

4. 建构物防火设计

为了有效地限制火灾蔓延减少损失，化工生产的建筑必须有一定的耐火等级（一级或二级），即要有有效的分隔、有一定的防火间距、有足够的泄压面积和防火灭火设施，厂房必须从设计开始采取防火防爆的综合措施。

（1）耐火设计。建筑厂房按火灾爆炸危险性大小必须达到一定的耐火极限，一旦发生火灾爆炸事故，就可以有充裕的时间实施抢救逃生。我国将耐火等级分为四级。一级耐火等级系指钢筋混凝土结构或砖墙与钢筋混凝土结构组成的混合结构。一般对生产、使用易燃物品的企业均要符合一、二级耐火设计。

（2）防火分隔措施。对一些危险性大的易燃易爆的设备、生产（工艺反应）单元（车间、工段）、贮罐、仓库等建筑内设置耐火极限较高的耐火物进行分隔，能起到阻止火势蔓延的作用。防火分隔方法很多，主要有防火墙、防爆墙、防火门、防火堤、防火带、防火卷帘等。使火灾爆炸控制在一定范围内，阻止火势的蔓延。

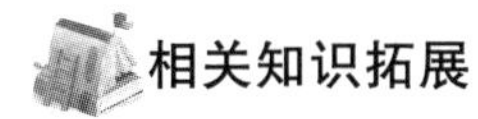
相关知识拓展

研读资料

1.《化工企业工艺安全管理实施导则》(AQ/T 3034)；
2.《石油化工企业安全管理体系实施导则》(AQ/T 3012)；
3.《石油化工企业设计防火规范》(GB 50160)；
4.《易燃易爆性商品储存养护技术条件》(GB 17914)。

学生课外任务 3

作　　业：

1. 化工工艺火灾爆炸危险如何进行识别？
2. 化工生产中火灾爆炸危险物安全处理的要点有哪些？
3. 举例说明化工工艺参数的安全控制。
4. 化工工艺阻火设施有哪些？

项目任务：

结合【案例 3-3】，制定有针对性的安全对策措施。

任务四　消防与灭火

知识目标：熟悉各类灭火剂的应用、选择与保养，掌握化工企业常见火灾的扑救方法，了解化工企业灭火的相关注意事项。
能力目标：具备化工消防与灭火器材及装置的应用能力。
态度目标：培养严谨、细致的作风和团队合作精神。

【案例 3-4】

某单位在检修加氢反应器的催化剂循环泵和催化剂分离器下部排出阀的过程中，打开反应器顶上的手孔，通入约 2MPa 压力的 CO_2，直到吹空为止。然后几名操作工对离反应器底部 1.524m 处的阀门进行检修。就在此时，反应器中发出轰轰的声音，接着反应器下部喷出火来，使环己醇起火。操作工立刻用 CO_2 灭火器将火扑灭。

事故原因：可燃物环己醇置换不彻底，打开阀门后产生可燃性混合气体。

一、灭火剂的应用

1. 水

（1）灭火作用。

水是应用历史最长、范围最广、价格最廉的灭火剂。

（2）灭火形式。

经水泵加压由直流水枪喷出的柱状水流称作直流水；由开花水枪喷出的滴状水流称作开花水；由喷雾水枪喷出，水滴直径小于100μm的水流称作雾状水。直流水、开花水可用于扑救一般固体，如煤炭、木制品、粮食、棉麻、橡胶、纸张等的火灾，也可用于扑救闪点高于120℃、常温下呈半凝固态的重油火灾。雾状水大大提高了水与燃烧物的接触面积，降温快、效率高，常用于扑灭可燃粉尘、纤维状物质、谷物堆囤等固体物质的火灾，也可用于扑灭电气设备的火灾。与直流水相比，开花水和雾状水射程均较近，不适于远距离使用。

（3）注意事项。

禁水性物质如碱金属和一些轻金属，以及电石、熔融状金属的火灾不能用水扑救。非水溶性，特别是密度比水小的可燃、易燃液体的火灾，原则上也不能用水扑救。直流水不能用于扑救电气设备的火灾，也不能用于浓硫酸、浓硝酸场所的火灾以及可燃粉尘的火灾。原油、重油的火灾，浓硫酸、浓硝酸场所的火灾，必要时可用雾状水扑救。

2. 泡沫灭火剂

泡沫灭火剂是重要的灭火物质。多数泡沫灭火装置都是小型手提式的，对于小面积火焰覆盖极为有效。也有少数装置配置固定的管线，在紧急火灾中提供大面积的泡沫覆盖。对于密度比水小的液体火灾，泡沫灭火剂有着明显的长处。

泡沫灭火剂由发泡剂、泡沫稳定剂和其他添加剂组成。发泡剂称为基料，稳定剂或添加剂则称为辅料。

3. 干粉灭火剂

干粉灭火剂是一种干燥易于流动的粉末，又称粉末灭火剂。干粉灭火剂主要成分为碳酸氢钠和少量的防潮剂硬脂酸钠及滑石粉等。干粉灭火剂用干燥的二氧化碳或氮气作动力，将干粉从容器中喷出形成粉雾。常用于可燃气体和固体的灭火。

工作原理：在燃烧区干粉碳酸氢钠受高温作用而反应，在反应过程中放出大量的水蒸气和二氧化碳并吸收大量的显热，起到一定的冷却和稀释可燃气体的作用；同时干粉灭火剂与燃烧区碳氢化合物起作用，夺取燃烧连锁反应的自由基，抑制燃烧过程，使火焰熄灭。

4. 惰性气体灭火剂

惰性气体灭火剂主要有二氧化碳、氮气等。常用的手提式的二氧化碳灭火器可用于扑灭小型火灾，而大规模的火灾则需要固定管输出的二氧化碳系统，释放出足够量的二氧化碳覆盖在燃烧物质之上。

5. 化学液体灭火剂

化学液体灭火剂主要有卤代烃等灭火剂。采用卤代烃灭火时应特别注意，这类物质加热至高温会释放出高毒性的分解产物。例如，应用四氯化碳灭火时，光气（$COCl_2$）就是分解产物之一。目前，由于温室效应，已逐渐禁用氯代烃。

二、灭火器及其应用

1. 灭火器类型

根据其盛装的灭火剂种类有泡沫灭火器、干粉灭火器、二氧化碳灭火器等多种类型。根据其移动方式则有手提式灭火器、背负式灭火器、推车式灭火器等几种类型。

2. 使用与保养

泡沫灭火器使用时需要倒置稍加摇动，而后打开开关对着火焰喷出药剂。二氧化碳灭火器只需一手持喇叭筒对着火源，一手打开开关即可。四氯化碳灭火器只需打开开关，液体即可喷出。而干粉灭火器只需提起圈环，干粉即可喷出。

灭火器应放置在使用方便的地方，并注意有效期限。要防止喷嘴堵塞，压力或质量小于一定值时，应及时加料或充气。

3. 灭火器配置

小型灭火器配置的种类与数量，应根据火险场所险情、消防面积、有无其他消防设施等综合考虑。小型灭火器是指 10L 泡沫、8kg 干粉、5kg 二氧化碳等手提式灭火器。应根据装置所属的类别和所占的面积配置不同数量的灭火器。易发生火灾的高险地点，可适当增设较大的泡沫或干粉等推车式灭火器。

常用灭火器的性能与使用保养见表 3-14。

表 3-14　常用灭火器的性能与使用保养

类型	泡沫灭火器	酸碱灭火器	二氧化碳灭火器	干粉灭火器	1211 灭火器
药剂	桶内装有碳酸氢钠、发泡剂和硫酸铝溶液	碳酸氢钠水溶液，一瓶硫酸	瓶内装有压缩成液体的二氧化碳	钢桶内装有钾盐（或钠盐）干粉并备有盛装压缩气体的小钢瓶	钢桶内充装二氟一氯一溴甲烷，并充填压缩氮气
用途	扑救固体物质或其他易燃液体火灾	扑救木材、纸张等一般火灾，不能扑救电气、油类火灾	扑救电气设备、精密仪器、油类及酸类火灾	扑救石油、石油产品、油漆、有机溶剂、天然气设备火灾	扑救油类、电气设备、化学化纤原料等初起火灾
使用方法	倒置，稍加摇动，打开开关，药剂即可喷出	筒身倒过来即可喷出	一手持喇叭筒对准火源，另一手打开开关，即可喷出	提起圈环，干粉即可喷出	拔下铅封或横销，用力压下手把，即可喷出

续表

类型	泡沫灭火器	酸碱灭火器	二氧化碳灭火器	干粉灭火器	1211灭火器
保养与检查	1. 防止喷嘴堵塞； 2. 防冻防晒； 3. 一年检查一次，泡沫低于25%应换药剂	1. 放在方便处； 2. 注意使用期限； 3. 防止喷嘴堵塞； 4. 定期或不定期检查测量和分析	每月检查一次，当质量减少至原量的10%，应充气	1. 置于干燥通风处，防潮防晒； 2. 一年检查一次气压，若质量减少至原重的10%，应充气	1. 置于干燥处； 2. 勿碰撞； 3. 每年检查一次质量

三、化工企业常见火灾的扑救

1. 生产装置初起火灾的扑救

（1）迅速查清着火部位、着火物质的来源，及时准确地关闭阀门，切断物料来源及各种加热源；开启冷却水、消防蒸汽等，进行有效冷却或有效隔离；关闭通风装置，防止风助火势或沿通风管道蔓延。从而有效地控制火势以利于灭火。

（2）带有压力的设备物料泄漏引起着火时，应切断进料并及时开启泄压阀门，进行紧急放空，同时将物料排入火炬系统或其他安全部位，以利于灭火。

（3）现场当班人员应迅速果断地做出是否停车的决定，并及时向厂调度室报告情况和向消防部门报警。

（4）当班负责人应对装置采取准确的工艺措施，并充分利用现有的消防设施及灭火器材进行灭火。若难以扑灭，则要采取防止火势蔓延的措施，保护要害部位，转移危险物质。

（5）在专业消防人员到达火场时，生产装置的负责人应主动向消防指挥人员介绍情况，说明着火部位、物质情况、设备及工艺状况，以及已采取的措施等。

2. 易燃、可燃液体贮罐初起火灾的扑救

（1）易燃、可燃液体贮罐发生着火、爆炸，特别是罐区某一贮罐发生着火、爆炸是非常危险的。一旦发现火情，应迅速向消防部门报警，并向厂调度室报告。

（2）若着火罐尚在进料，必须采取措施迅速切断进料。如无法关闭进料阀，可在消防水枪的掩护下进行抢关，或通知送料单位停止送料。

（3）若着火罐区有固定泡沫发生站，则应立即启动该装置。开通着火罐的泡沫阀门，利用泡沫灭火。

（4）若着火罐为压力装置，应迅速打开水喷淋设施，对着火罐和邻近贮罐进行冷却保护，以防止升温、升压引起爆炸，打开紧急放空阀门进行安全泄压。

（5）火场指挥员应根据具体情况，组织人员采取有效措施防止物料流散，避免火势扩大，并注意对邻近贮罐的保护以及减少人员伤亡和火势的扩大。

3. 电气火灾的扑救

（1）电气火灾的特点。

电气设备着火时，着火场所的很多电气设备可能是带电的。应注意接触电压和跨步电压；同时还有一些设备着火时是绝缘油在燃烧。

（2）安全措施。

扑救电气火灾时，应首先切断电源。切断电源时应严格按照规程要求操作。

① 火灾发生后，电气设备绝缘已经受损，应用绝缘良好的工具操作。

② 选好电源切断点。切断电源地点要选择适当。夜间切断要考虑临时照明问题。

③ 若需剪断电线时，应避免电线落地造成短路或触电事故。

④ 切断电源时如需电力等部门配合，应迅速联系，报告情况，提出断电要求。

（3）带电扑救时的特殊安全措施。

① 带电体与人体保持必要的安全距离。一般室内应大于 4m，室外不应小于 8m。

② 选用不导电灭火剂对电气设备灭火。机体喷嘴与带电体保持最小距离。用水枪喷射灭火时，水枪喷嘴处应有接地措施。

③ 对架空线路及空中设备灭火时，人体位置与带电体之间的仰角不超过 45°。

（4）充油设备的灭火。

① 充油设备外部着火，可用二氧化碳、1211、干粉等灭火器带电灭火。油坑中及地面上的油火，可用泡沫灭火。

②充油设备灭火时，应先喷射边缘，后喷射中心，以免油火蔓延扩大。

4. 人身着火的扑救

人身着火多数是由于工作场所发生火灾、爆炸事故或扑救火灾引起的。也有因用汽油、苯、酒精、丙酮等易燃油品和溶剂擦洗机械或衣物，遇到明火或静电火花而引起的。当人身着火时，应采取如下措施。

在现场抢救烧伤患者时，应特别注意保护烧伤部位，不要碰破皮肤，以防感染。大面积烧伤患者往往会因为伤势过重而休克，此时伤者的舌头易收缩而堵塞咽喉，发生窒息而死亡。在场人员将伤者的嘴撬开，将舌头拉出，保证呼吸畅通。同时用被褥将伤者轻轻裹起，送往医院治疗。

四、化工厂灭火其他注意事项

（1）发生化学品火灾时，不应单独灭火，出口应始终保持清洁和畅通，保证人员安全。

（2）灭火对策：扑救初期火、对周围设施采取保护措施、火灾扑救。

（3）几种特殊化学品火灾扑救注意事项：

① 扑救液化气体火灾，切忌盲目扑灭火焰，在没有采取堵漏措施的情况下，必须保持稳定燃烧。否则，大量可燃气体泄漏出来与空气混合，遇火源会发生爆炸，后果将不堪设想。

② 扑救爆炸物品火灾，切忌用砂土盖压，以免增强爆炸物品爆炸时的威力；另外，扑救爆炸物品堆垛火灾时，水流应采用吊射，避免强力水流直接冲击堆垛，以免堆垛倒塌引起再次爆炸。

③ 对于遇湿易燃物品火灾，绝对禁止用水、泡沫、酸碱等湿性灭火剂扑救。

④ 氧化剂和有机过氧化物的灭火比较复杂，应针对具体物质做具体分析。

由于大多数氧化剂和有机过氧化物遇酸会发生剧烈反应甚至爆炸，如过氧化钠、过氧化钾、氯酸钾、高锰酸钾、过氧化二苯甲酰等。活泼金属过氧化物等也不能用水、泡沫和二氧化碳扑救，因此现场不要配备酸碱灭火器，对泡沫和二氧化碳也应慎用。

⑤ 扑救毒害品、腐蚀品的火灾时，应尽量使用低压水流或雾状水，避免腐蚀品、毒害品溅出；遇酸类或碱类腐蚀品，最好调制相应的中和剂稀释中和。

⑥ 易燃固体、自燃物品一般都可用水和泡沫扑救，只要控制住燃烧范围，逐步扑灭即可。但也有少数易燃固体、自燃物品的扑救方法比较特殊，如2,4-二硝基苯甲醚、二硝基萘、萘等是易升华的易燃固体，受热放出易燃蒸气，能与空气形成爆炸性混合物；尤其在室内，易发生爆炸，在扑救过程中应不时向燃烧区域上空及周围喷射雾状水，并消除周围一切火源。

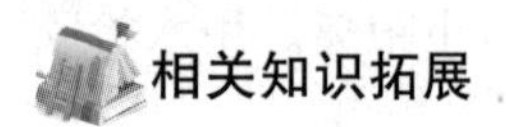
相关知识拓展

灭火原理与消防灭火设施

1. 灭火的原理

根据燃烧三要素，只要消除可燃物或把可燃物浓度充分降低，隔绝或把氧气量充分减少，把可燃物冷却至燃点以下，均可达到灭火的目的。

(1) 窒息法。

抑制可燃物与氧气的接触，可以减少反应热，使之小于移出的热量，把可燃物冷却到燃点以下，起到控制火灾乃至灭火的作用。水蒸气、泡沫、粉末等覆盖在燃烧物表面上，都是使可燃物与氧气脱离接触的窒息灭火方法。

(2) 隔离法。

对于固体可燃物，抑制其与氧气接触的方法除移开可燃物外，还可以将整个仓库密闭起来防止火势蔓延，也可以用挡板阻止火势扩大。

对于可燃液体或蒸气的泄漏，可以关闭总阀门，切断可燃物的来源。

对于可燃蒸气或气体，可以移走或排放，降低压力以抑制喷出量。

(3) 冷却法。

把火灾燃烧热排到燃烧体系之外，降低温度使燃烧速度下降，从而缩小火灾规模，最后将燃烧温度降至燃点以下，起到灭火作用。低于火灾温度的不燃性物质都有降温作用。对于灭火剂，除利用其显热外，还可利用它的蒸发潜热和分解热起降温作用。

冷却剂只有停留在燃烧体系内，才有降温作用。水的蒸发潜热较大，降温效果好。但多数情况下水易流失到燃烧体系之外，利用率不高。

(4) 化学抑制灭火法。

通过某种药剂，抑制燃烧过程中连锁反应自由基的产生。通常用卤代烃类物质。

2. 消防灭火设施

(1) 水灭火装置。

① 喷淋装置。喷淋装置由喷淋头、支管、干管、总管、报警阀、控制盘、水泵、重

力水箱等组成。当防火对象起火后，喷淋头自动打开喷水，具有迅速控制火势或灭火的特点。

喷淋头有易熔合金锁封喷淋头和玻璃球阀喷淋头两种形式。对于前者，防火区温度达到一定值时，易熔合金熔化锁片脱落，喷口打开，水经溅水盘向四周均匀喷洒。对于后者，防火区温度达到释放温度时，玻璃球破裂，水自喷口喷出。可根据防火场所的火险情况设置喷头的释放温度和喷淋头的流量。喷淋头的安装高度为3.0～3.5m，防火面积为7～9m^2。

② 水幕装置。水幕装置是能喷出幕状水流的管网设备。它由水幕头、干支管、自动控制阀等构成，用于隔离冷却防火对象。每组水幕头需在与供水管连接的配管上安装自动控制装置，所控制的水幕头一般不超过8只。供水量应能满足全部水幕头同时开放的流量，水压应能保证最高最远的水幕头有3m以上的压头。

(2) 泡沫灭火装置。

泡沫灭火装置按发泡剂不同分为化学泡沫和空气机械泡沫装置两种类型。按泡沫发泡倍数分为低倍数、中倍数和高倍数三种类型。按设备形式分为固定式、半固定式和移动式三种类型。泡沫灭火装置一般由泡沫液罐、比例混合器、混合液管线、泡沫室、消防水泵等组成。泡沫灭火器主要用于罐区灭火。

(3) 蒸汽灭火装置。

蒸汽灭火装置一般由蒸汽源、蒸汽分配箱、输汽干管、蒸汽支管、配汽管等组成。把蒸汽施放到燃烧区，使氧气浓度降至一定程度，从而终止燃烧。试验得知，对于汽油、煤油、柴油、原油的灭火，燃烧区每立方米空间内水蒸气的量应不少于0.284kg。经验表明，饱和蒸汽的灭火效果优于过热蒸汽。

(4) 二氧化碳灭火装置。

二氧化碳灭火装置一般由储气钢瓶组、配管和喷头组成。按设备形式分为固定和移动两种类型。按灭火用途分为全淹没系统和局部应用系统。二氧化碳灭火用量与可燃物料的物性、防火场所的容积和密闭性等有关。

(5) 氮气灭火装置。

氮气灭火装置的结构与二氧化碳灭火装置类似，适于扑灭高温高压物料的火灾。用钢瓶储存时，1kg氮气的体积为0.8m^3，灭火氮气的储备量不应少于灭火估算用量的3倍。

(6) 干粉灭火装置。

干粉是微细的固体颗粒，有碳酸氢钠、碳酸氢钾、磷酸二氢铵、尿素干粉等。密闭库房、厂房、洞室灭火干粉用量每立方米空间应不少于0.6kg；易燃、可燃液体灭火干粉用量每平方燃烧表面应不少于2.4kg。空间有障碍或垂直向上喷射时，干粉用量应适当增加。

(7) 烟雾灭火装置。

烟雾灭火装置由发烟器和浮漂两部分组成。烟雾剂盘分层装在发烟器筒体内。浮漂是借助液体浮力，使发烟器漂浮在液面上，发烟器头盖上的喷孔要高出液面350～370mm。

烟雾灭火剂由硝酸钾、木炭、硫黄、三聚氰胺和碳酸氢钠组成。硝酸钾是氧化剂，木炭、硫黄和三聚氰胺是还原剂，它们在密闭系统中可维持燃烧而不需要外部供氧。碳酸氢钠作为缓燃剂，使发烟剂燃烧速度维持在适当范围内而不至于引燃或爆炸。烟雾灭火剂燃烧产物85%以上是二氧化碳和氮气等不燃气体。灭火时，烟雾从喷孔向四周喷出，在燃烧液面上布上一层均匀浓厚的云雾状惰性气体层，使液面与空气隔绝，同时降低可燃蒸气浓度，达到灭火目的。

学生课外任务4

作　　业：

1. 简述如何选择与应用各类灭火剂。
2. 生产装置初起火灾如何扑救？电气火灾如何进行扑救？
3. 化工厂消防灭火的注意事项有哪些？

项目任务：

模拟易燃液体贮罐火灾事故，编制消防灭火应急预案，并在老师的指导下分组开展演练。

任务五　电气安全技术

知识目标：掌握触电后的急救方法。

能力目标：能根据生产实际正确选择电气设备安全防范技术措施。

态度目标：提高化工安全用电意识、培养团队合作精神。

【案例3-5】

2011年8月13日，山东沂南某化工公司原北大门传达室西墙外发生一起触电事故，死亡1人。

事故原因：漏电电线是多年前老厂从办公楼引向原编织袋厂办公室的照明线，电线外表及线头之处非常陈旧，该公司整体收购老厂后始终未用过该线路，原企业电工在改造撤线时，线头未清除干净，盘在原北大门传达室窗户上面，6月22夜10时至23日早5时，一直大雨未停并伴有4～5级的大风，将盘挂的电源线刮落地面。死者王某到事故发生地寻找工具，当脚踏平放的铁梯子时不慎摔到，面部触及裸露的电源线头，发生触电事故。

一、触电事故的防护与急救

1. 电气安全保护装置

凡是与电气安全有关的保护装置，均称为电气安全保护装置，如漏电保护装置、熔断器、自动开关、避雷装置、信号报警装置以及连锁控制装置等。

电气安全保护装置的种类较多。按用途分类可分为防触电事故的保护装置；防过电流的保护装置，例如带有过电流脱扣器的自动开关、熔断器、隔离开关等；防过热的保护装置，例如热继电器；防止过电压或欠电压的保护装置，例如在低压系统中主要采用带有过电压脱扣器或欠电压脱扣器的自动开关；防雷装置，主要有避雷针、避雷线、避雷带以及专用的避雷器等；其他保护装置，包括各类电气安全连锁装置和信号报警装置等。

按照结构的不同，电气安全保护装置可分为机械式、电动式、电子式等。

2. 接地和接零保护

（1）接地保护。

接地保护是把在故障情况下可能呈现危险的对地电压的金属部分同大地紧密地连接起来，把设备上的故障电压限制在安全的范围内的安全措施。

（2）接零保护。

接零保护就是把电气设备在正常情况下不带电的金属部分与电网的保护零线紧密连接起来。接零线路的要求有以下几点。

① 速断要求。电流对人体的作用持续时间长，危险性大，设计规定：对于采用继电器保护作过电流保护时，单相短路电流应大于其整定电流的 1.5 倍；对于采用熔断器保护作过电流保护时，单相短路电流应大于其整定电流的 4 倍。

② 限压要求。减小零线电阻，有利于降低外壳电压。

③ 线路要求。零线的线面积不得小于相线的 1/2，不允许装设单相开关或熔断器，所有电气设备的接零线均应以并联的方式连接到零线上或支线上，必须按要求装设零线重复接地。

（3）接零与接地保护的应用范围。

① 在三相四线制低压电网中，应该采取接零保护。将接地设备的外露金属部分同保护零线连接起来，构成 TN 系统，其接地成为重复接地，对安全是有益无害的。

② 在同一构筑物中，如有中性点接地和中性点不接地的两种供电方式，则应分别采取接零和保护接地措施；原则上要求各自的接地系统分开。但有困难时，允许公用一套接地装置。

③ 对于接地的供电系统，各部分应满足保护接零的要求；对于不接地的供电系统，各部分应满足保护接地的要求。

3. 漏电保护装置

漏电保护装置是一种新发展起来的电气安全装置，用来防止人身触电和电气设备的漏电、接地事故及电气火灾等。安装漏电保护装置已成为安全用电的重要技术措施。

4. 电工安全用具

电工安全用具包括：起绝缘作用的绝缘安全用具，如绝缘杆、绝缘手套、绝缘靴、绝缘垫和绝缘站台等；起验电或测量作用的携带式电压和电流指示器；防止坠落的登高作业安全用具，包括梯子、高凳、脚扣、登高板、安全腰带等；保证检修安全的临时接地线、遮栏、标示牌以及起防护作用的护目镜、手套等。

5. 安全电压

安全电压是指使通过人体的电流不超过允许范围的电压，也称安全特低电压。

我国规定工频有效值 42V、36V、24V、12V 和 6V 为安全电压的额定值。

凡特别危险环境使用的携带式电动工具应采用 42V 安全电压；凡有电击危险环境使用的手执照明和局部照明应采用 36V 或 24V 安全电压；凡金属容器内、隧道内、水井内以及周围有大面积接地导体等工作地点狭窄、行动不便的特别危险环境或特别潮湿环境，应使用的手提照明灯采用 12V 安全电压；水下作业等特殊场所应采用 6V 安全电压。

6. 触电急救

(1) 迅速脱离电源。

人体触电后，如果通过人体的电流超过了摆脱电流，人就会产生痉挛或失去知觉，这样，触电者就不能自行摆脱电源。所以发现有人触电后，应迅速使触电者脱离电源，这是触电急救的首要措施。只有在触电者脱离了电源后，才能对触电者施救。触电急救中，使触电者脱离电源的方法有以下几种：

① 触电地点附近有电源开关或插头，可立即拉开开关或拔掉插头，使电源断开；

② 如果远离电源开关，可用有绝缘的电工钳剪断电线，或者带绝缘木把的斧头、刀具砍断电源线；

③ 如果是带电线路断落造成的触电，可利用手边干燥的木棒、竹竿等绝缘物，把电线拨开，或用衣物、绳索、皮带等将触电者拉开，使其脱离电源；如果是高压触电，必须通知电气人员，切断电源后方可进行抢救。

(2) 现场急救措施。

① 触电者伤害不严重。如果只是四肢麻木，全身无力，而神志还清醒，或者虽一度昏迷但没失去知觉者，可使其就地休息 1～2h，并严密观察。

② 触电者伤害较严重。心脏虽跳动，但无知觉无呼吸者，应立即进行人工呼吸；如有呼吸而心脏停止跳动者，应立即采用人工体外挤压法进行救治。

③ 触电者伤害很严重。心脏和呼吸都已停止，两眼瞳孔放大，此时，必须同时采取口对口的人工呼吸和人工体外挤压两种方法救治，而且要有充分耐心坚持下去，尽可能坚持抢救 6h 以上，直到把人救活或确诊已经死亡为止。如果决定送医院救治，在途中切不可中断急救措施。

触电者有外伤时，可采用食盐水或温开水冲洗伤口并用酒精消毒后包扎，防止创伤表面受细菌感染。如伤口出血，要设法止血。

二、雷电防护

雷电是一种自然现象，雷击是一种自然灾害。雷电击中房屋、电力线路、电力设备等设施时，会产生极高的过电压和极大的过电流，在所波及的范围内，可能造成设施或设备的毁坏，可能造成大规模停电，可能造成火灾或爆炸，还可能直接伤及人畜。

1. 防雷装置

避雷针、避雷线、避雷网、避雷带、避雷器都是经常采用的防雷装置，一套完整的防雷装置，包括接闪器、引下线和接地装置。上述针、线、网、带实际上都只是接闪器；而避雷器是一种专门的防雷设备，避雷针主要是用来保护露天变配电设备、保护建构筑物。避雷线主要用来保护电力设备等。

（1）接闪器。

为了保护设备免受直接雷击，通常采用装设避雷针（或避雷线）的措施。避雷针高出被保护物，其作用是将雷电吸引到避雷针本身上来并安全地将雷电流引入大地，从而保护设备。

（2）引下线。

防雷装置的引下线应满足机械强度、腐蚀和热稳定的要求。

引下线一般采用圆钢或扁钢，其尺寸和防腐蚀要求与避雷网和避雷带相同，如用钢绞线作引下线，其截面不应小于 $25mm^2$。

引下线沿建筑物和构筑物外墙敷设，并经最短途径接地；建筑物和构筑物的金属构件（如消防梯等），可用作引下线，但所有金属构件之间均应连成电气通路。

采用多相引下线时，为了便于测量接地电阻和检查引下线，接地线的连接情况，宜在各引下线距地面 1.8m 外设置断接卡。

互相连接的避雷针、避雷网、避雷带或金属屋面的接地引下线，一般不应小于两根，其间距不应大于表 3-15 所列数值。

表 3-15 引下线之间的距离

建筑物与构筑物类别	工业第一类	工业第二类	工业第三类	民用第一类	民用第二类
最大距离/m	18	24	30	24	—

引下线截面锈蚀 30%以上者，应及时予以更换。

（3）接地装置。

接地装置即接地极，是整个避雷针的最底下部分。接地装置的作用不仅是安全地把雷电流由此导入地中，而且还要进一步使雷电流在流入大地时均匀地分散开去。

为了使雷电电流能有效地释放，一般要求接地体的电阻不得大于 10Ω。

（4）避雷器。

根据放电后恢复原态过程熄弧方法的不同，避雷器分为保护间隙避雷器、管型避雷器和阀型避雷器等。

2. 防雷技术措施

（1）建构筑物分类。

对于工业建筑物和构筑物，按照其生产性质，以及按照发生雷电事故的可能性和后果，分为以下三类。

① 第一类工业建筑物和构筑物。这类建筑物和构筑物中，由于使用或储存大量爆炸危险物质（如火药、炸药、起爆炸药等），电火花会引起强烈爆炸，造成巨大破坏和人身伤亡，如火药制造车间、乙炔站、电石库、汽油提炼车间等。

② 第二类工业建筑物和构筑物。这类建筑物和构筑物中，虽然使用和储存爆炸危险

物质，但电火花不易引起爆炸，或不致造成巨大破坏和人身伤亡，如油漆制造车间、氧气站、易燃库等。

③ 第三类工业建筑物和构筑物。这类建筑物和构筑物系指除以上两类外，需要防雷的建筑物和构筑物。

（2）雷电防护。

① 直击雷的防护。建筑物和构筑物的外部防雷主要是防止它们受直击雷的袭击。对于第一类、第二类工业建筑物和构筑物需采取防止直击雷措施；第三类工业建筑物和构筑物易受雷击部位也需采取防止直击雷措施。

装设避雷针、避雷线、避雷网、避雷带都是直击雷防护的重要措施。

避雷针分为独立避雷针和附设避雷针，独立避雷针是离开建筑物单独装设的，一般情况下，其接地装置应当单设，接地电阻一般不超过10Ω，严禁在装有避雷针、避雷线的构筑物上架设通讯线、广播线或其他电气线路，独立避雷针不应装设在人经常通行的地方。

附设避雷针是装设在建筑物或构筑物屋面上的避雷针，如系多支附设避雷针，相互之间应连接起来，并与建筑物和构筑物的金属结构连接起来，其接地装置的接地电阻不宜超过1～2Ω，如利用自然接地体，为了可靠起见，应装设人工接地体，人工接地体的流散电阻不宜超过5Ω。

各类建筑物和构筑物直击雷防护的要求参见表3-16。

表3-16　建筑物和构筑物直击雷防护要求

类　　别	供电线路	金属管道
第一类工业建筑物和构筑物	1. 全部采用直接埋地电缆，入户处电缆金属外皮与防雷电感应的接地装置相连； 2. 采用长度不小于50m的金属装直接埋地电缆，入户处电缆金属外皮与防雷电感应的接地装置相连，电缆与架空线连接处装设阀型避雷器，并将一电缆金属外皮和绝缘子铁脚一起接地，冲击接地电阻不应大于10Ω	入户处与防雷电感应的接进装置相连，邻近100m内，每25m左右接地一次，各冲击接地电阻不应大于20Ω
第二类工业建筑物和构筑物	1. 采用长度不小于50m的金属装直接埋地电缆，与第一类工业建筑物和构筑物第二项相同； 2. 采用架空线、入户处装设阀型避雷器或2～3mm的保护间隙，并与绝缘子铁脚一起接到防雷接地装置上，冲击电阻不应大于5Ω。邻近的三基电杆的绝缘子铁脚应接地，由近至远，第一处冲击接地电阻不应大于10Ω，其他二处均不应大于20Ω	入户处与防雷接地装置相连。邻近25m左右接地一次，冲击接地电阻不应大于10Ω
第三类工业建筑物和构筑物	入户处绝缘子铁脚与防雷及电气设备接地装置相连	入户处与防雷及电气设备接地装置相连

防雷装置承受雷击时，其接闪器、引下线和接地装置都呈现出很高的冲击电压，可能

击穿与邻近导体之间的绝缘，造成反击。

反击可能引起火灾或爆炸，也可能引起人身事故。为了防止反击，必须保证接闪器、引下线、接地装置与邻近导体之间有足够的距离。详细资料，请参阅有关手册。

为了防止防雷装置对带电体的反击事故，在可能发生反击的地方，可加装避雷器或保护间隔，以限制带电体上可能产生的冲击电压，并迅速切断由反击引起的工频续流。

此外，降低防雷装置的接地电阻，也有利于防止反击事故。

② 雷电侵入波的防护。雷击低压线路时，雷电侵入波将沿低压线传向用户进入室内。特别是采用木杆或木横担的低压线路，由于其对地冲击绝缘水平很高，会使很高的电压进入室内，酿成大面积雷害事故，除电气线路外，架空金属管道也有引入雷电侵入波的危险。

条件许可时，第一类工业建筑物和构筑物宜全部采用直接埋地电缆供电，爆炸危险较大或年平均雷暴日 30 日以上的场合，第二类工业建筑物和构筑物应采用长度不小于 50m 的金属装直接埋地电缆供电。

除年平均雷暴日不超过 30 日，或低压线不高于周围的建筑物，或线路接地距入口处不超过 50m，或土壤电阻率低于 200 Ω·m，且采用钢筋混凝土杆及铁横担几种情况外，低压架空线路接户线绝缘子铁脚均应接地，冲击接地电阻不宜超过 30Ω。

③ 雷电感应的防护。雷电感应特别是静电感应也能产生很高的冲击电压，在电力系统中应与其他过电压同样考虑，在建筑物和构筑物中，主要应考虑由反击引起的爆炸和火灾事故，第三类防雷建筑物和构筑物一般不考虑雷电感应的防护。

为了防止静电感应所产生的高电压危害，应将建筑物内的金属设备、金属管道、结构钢筋等予以接地，接地装置可以和其他接地装置共用。

根据建筑物的不同屋顶，应采取相应的防止静电感应的措施。对于金属屋顶，应将屋顶妥善接地，对于钢筋混凝土屋顶。应将屋面钢筋焊成边长 6～12m 的网格，连成通路，并予以接地。对于非金属屋顶，应在屋面上加装边长 6～12m 的金属网格，并予以接地，屋顶或其上金属网格的接地不得小于两处，且其间距离不得超过 18～30m。

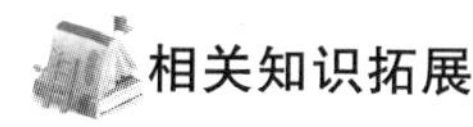
相关知识拓展

电气事故分类与雷电的危害

1. 电气事故分类

(1) 触电事故。

① 电击。电击伤害是指电流通过人体，刺激机体组织，使肌肉非自主地发生痉挛性收缩而造成的伤害，严重时会破坏人的心脏、肺部、神经系统的正常工作，危及生命。

电击对人体的效应是由通过的电流决定的，而电流对人体的伤害程度是与通过人体电流的强度、种类、持续时间、通过途径及人体状况等多种因素有关。

② 电伤。电伤是由于电流的热效应、化学效应、机械效应等对人体所造成的伤害。此伤害多见于机体的外部，往往在机体表面留下伤痕。能够形成电伤的电流通常比较大。

电伤包括电烧伤、电烙印、皮肤金属化、机械损伤、电光眼等多种伤害。

(2) 静电伤害事故。

静电危害事故是由静电电荷或静电场能量引起的。在生产工艺过程中以及操作人员的操作过程中，某些材料的相对运动、接触与分离等原因导致了相对静止的正电荷和负电荷的积累，即产生了静电。由此产生的静电其能量不大，不会直接使人致命。但是，其电压可能高达数十千伏乃至数百千伏，发生放电，产生放电火花。

(3) 雷电灾害事故。

雷电是大气中的一种放电现象。雷电放电具有电流大、电压高的特点。其能量释放出来可能形成极大的破坏力。

(4) 射频电磁场危害事故。

射频指无线电波的频率或者相应的电磁振荡频率，泛指100kHz以上的频率。射频伤害是由电磁场的能量造成的。射频电磁场的危害主要有：

① 在射频电磁场的作用下，人体因吸收辐射能量会受到不同程度的伤害。过量的辐射可引起中枢神经系统的机能障碍，出现神经衰弱症候群等临床症状；可造成自主神经紊乱，出现心率或血压异常，如心动过缓、血压下降或心动过速、高血压等；可引起眼睛损伤，造成晶体浑浊，严重时导致白内障；可使睾丸发生功能失常，造成暂时或永久的不育症，并可能使后代产生疾患；可造成皮肤表层灼伤或深度灼伤等。

② 在高强度的射频电磁场作用下，可能产生感应放电，会造成电引爆器件发生意外引爆。感应放电对具有爆炸、火灾危险的场所来说是一个不容忽视的危险因素。此外，当受电磁场作用感应电压较高时，会给人以明显的电击。

(5) 电气系统故障危害事故。

电气系统故障危害是由于电能在输送、分配、转换过程中失去控制而产生的。断线、短路、异常接地、漏电、误合闸、误掉闸、电气设备或电气元件损坏、电子设备受电磁干扰而发生误动作等都属于电路故障。系统中电气线路或电气设备的故障也会导致人员伤亡及重大财产损失。

2. 雷电的危害

雷电事故在电气事故中占有相当大的比例。凸出地面的高大物体是落雷的主要目标。输配线路因分布很广，雷击的事故很多，雷击除引起输配电设备破坏，造成大规模停电外，还沿架空线路把雷电引入用户，击毁用电设备，击伤或击死用电人员。

(1) 直接雷击。

理论分析表明，当雷电的先导前端到达地面上空10米左右的地方时，由此产生的电场强度达到临界值，此时地面上的垂直导体即能激发出一个短的向上流光，这样雷电就会从头部进入人体，一般再从两脚流入大地。人体发生闪络的情况，有时是在人体与衣服之间，有时在人体和衣服上可能发现有烧的痕迹，在极少数情况下也可能烧起来。人身体和衣服之间发生闪络时，通过身体表面的雷电流可能相当大，可能使皮肤上的水分和汗液变为蒸汽。如果衣服穿得相当紧，则由此而产生的压力可能把衣服（包括鞋子）撕破而裂开。

(2) 接触电压。

雷击地面目标时，强大的电流沿被击物，流到大地，并在这些物体上产生电压降，如果这时人触及这样的物体就会引起伤亡。

(3) 旁侧闪络。

在雷电击听目标旁站着或路过的人，雷电流可能部分地通过他而遭侧击。

(4) 跨步电压触电。

雷击从击中点向四方流散时，在地面产生跨步电压，附近行人易发生跨步电压触电。

(5) 烧伤。

雷电烧伤有两种方式。第一种是由于电流通过人体产生热效应，叫做“焦耳烧伤”，它服从电流的发热定律。回击信道直径约1cm，温度可高达35 000℃，但经历时间仅有几微秒，受害者烧伤一般并不严重，只能在皮肤上找到1cm直径左右的红斑，这可用来确定雷电流进出人体的路径，这种雷电烧伤与高压电力线路产生的电弧烧伤迥然不同。第二种是“热雷”烧伤。“热雷”是几百安的波尾电流持续几十毫秒的放电，所放出热量可使易燃材料着火，或使人畜遭到破坏。

(6) 引发火灾爆炸。

在化工企业中使用、储存的危险化学品大多具有易燃、易爆等特性，因此雷电放电可能会引发火灾爆炸事故。

学生课外任务5

作　　业：

1. 电气事故分为哪些类型？触电事故如何进行防护？
2. 简述化工厂怎样进行雷电防护。

项目任务：

模拟电气火灾事故，桌面演练如何进行应急安全处置，并列出相应的安全措施方案。

第四单元　化工设备安全技术

任务一　压力容器安全技术

知识目标：了解压力容器安全状况等级评定，能掌握压力容器缺陷修复的方法。
能力目标：培养压力容器安全操作与维护以及安全管理的初步能力。
态度目标：培养严谨、细致的作风和团队合作精神。

【案例 4-1】

2012 年 4 月 9 日，江苏某台资化工厂由于聚合反应釜在聚合反应过程中超温超压，釜内压力急剧上升，导致反应釜釜盖法兰严重变形，螺栓弯曲，观察孔视镜炸破，大量可燃料从法兰缝隙处和观察孔喷出，散发在车间空气中，与空气形成爆炸性混合气体，遇明火引起二次爆炸燃烧，造成直接经济损失 160 万元，间接经济损失数近千万元，并致 1 人死亡。

事故原因：①安全阀失灵；②安全装置残缺不齐，致使工人无法操作现有泄压排放设施，不能确保安全，不具备安全生产的基本条件；③工艺操作规程和管理制度不健全，操作工很难正确执行。

一、压力容器安全操作与维护

压力容器设计的承压能力、耐蚀性能和耐高低温性能是有条件、有限度的。操作的任何失误都会使压力容器过早失效甚至酿成事故。国内外压力容器事故统计资料显示，因操作失误引发的事故占 50%以上。特别是化工新产品不断开发、容器日趋大型化、高参数和中高强钢广泛应用的条件下，更应重视因操作失误引起的压力容器事故。

1. 压力容器操作维护

(1) 应从工艺操作上制定措施，保证压力容器的安全经济运行。例如完善平稳操作规定，通过工艺改革，适当降低工作温度和工作压力等。

(2) 应加强防腐蚀措施，如喷涂防腐层、加衬里，添加缓蚀剂，改进净化工艺，控制腐蚀介质含量等。

(3) 根据存在缺陷的部位和性质，采用定期或状态监测手段，查明缺陷有无发展及发展程度，以便采取措施。

2. 异常情况处理

为了确保安全，压力容器在运行中，如发现下列任何一种情况都应停止运行。

（1）容器工作压力、工作壁温、有害物质浓度超过操作规程规定的允许值，经采取紧急措施仍不能下降时；

（2）容器受压元件发生裂纹、鼓包、变形或严重泄漏等，危及安全运行时；

（3）安全附件失灵，无法保证容器安全运行时；

（4）紧固件损坏、接管断裂，难以保证安全运行时；

（5）容器本身、相邻容器或管道发生火灾、爆炸或有毒、有害介质外逸，直接威胁容器安全运行时。

在压力容器异常情况处理时，必须克服侥幸心理和短期行为，应谨慎、全面地考虑事故的潜在性和突发性。

二、压力容器缺陷修复

1. 打磨法

压力容器出现表面缺陷可用打磨法处理。考虑到缺陷底部可能产生裂纹或表面裂纹有超深的可能，打磨时应注意：如点状或小面积缺陷应用指形砂轮打磨；条状缺陷应用角形砂轮沿缺陷走向打磨成条形深槽，边打磨边进行磁粉或着色探伤，直到消除缺陷为止。打磨后不得有棱角或条痕。如打磨缺陷过深需要补焊时，应进行补焊处理。

2. 补焊和堆焊方法

压力容器出现表面超深缺陷和埋藏缺陷，应首先将有缺陷部位按焊接要求打磨成坡口，用补焊方法消除。表面龟裂或大面积腐蚀，需要堆焊处理。如母材和焊缝存在埋藏缺陷，当清除缺陷深度达 2/3 板厚时仍存在缺陷，应停止清除，开始补焊，然后在背面重新清除再补焊；采用碳弧气刨清除缺陷，应用砂轮修整刨槽，并清除渗碳层后补焊。补焊后应进行无损探伤。

3. 局部挖补或部分更换法

若发现压力容器出现局部腐蚀超深、局部材质劣化、局部蠕变或局部鼓胀变形，难以保证安全使用，可采取局部挖补或部分更换筒节或封头的方法处理。挖补就是挖掉一块补上一块，也叫镶块补焊。对厚壁容器的局部挖补，补板中心要加厚，边缘与筒体等厚，焊后应进行热处理或消除应力处理。

如果局部损伤严重、面积较大，可以采用局部更换筒节或封头的方法。更换筒节的长度不得小于 300mm，且不小于 5 倍壁厚。局部更换筒节，施焊时必须保证一端能自由伸缩，防止焊缝产生过高的收缩应力和残余应力。

4. 层板包扎加固法

如果压力容器局部腐蚀严重，材料可焊性较差，缺陷无法用焊接方法消除时，容器受力由环向应力控制，轴向强度有足够安全裕量，在结构允许的条件下，层板包扎加固。层板一般采用可焊性好的材质，防止使用层板与筒体会产生电化学腐蚀的材料。

5. 堵孔

厚壁容器发生穿孔腐蚀、制造时钻孔失误、运行中泄漏时，只要孔径小于设计规定的壳体无补强开孔直径时，可以采用自紧密封焊封堵。

三、压力容器安全状况等级评定

压力容器安全状况等级评定是把压力容器安全监察和安全管理推向按压力容器安全状况进行管理的轨道。这里介绍的是常规安全状况等级评定。

1. 安全状况等级评定原则

应根据对压力容器的材质、结构和缺陷的检验结果，进行材质、结构和缺陷的评定，做出客观、确认的结论。评定时，既承认已多年使用的超标缺陷，又不排除其存在的危险性。对有材质劣化、原有缺陷有扩展、又产生新缺陷的压力容器，应从严评定。评定等级分为 5 级。评定时，以评定项目等级最低项的等级作为压力容器的最终等级。新制压力容器按规定 1、2 级可以投用；在用压力容器按规定 1～3 级可继续使用；4 级应控制使用，但液化气体罐车、槽车不允许继续使用；5 级应报废。

2. 安全状况等级评定内容

（1）材质评定。

压力容器的实际材质与原设计选定材质不符合时，如果实际材质清楚，经材质检验未发现新生缺陷（不包括正常腐蚀），不影响定级。如使用中产生新缺陷，并确认是实际材质选用不当所致，应定为 4 级或 5 级，液化气体罐车、槽车应定为 5 级。

材质如有石墨化、合金元素迁移、回火脆性、应变时效、晶间腐蚀、氢损伤及脱碳、渗碳等，应根据材质劣化程度定为 4 级或 5 级。

（2）结构评定。

封头主要参数不符合现行标准，但经检验未发现新缺陷，可定为 2 级或 3 级，如发现新缺陷应根据有关规定条款评定。封头与筒体连接形式，如采用单面焊对接而未焊透，液化气体罐车、槽车应定为 5 级；其他用途压力容器应定为 3～5 级。如采用不等厚板件对接结构，经检验未查出新缺陷，可定为 3 级；若发现新缺陷，则应定为 4 级或 5 级。

焊缝布置不当或焊缝间距小于规定值，经检验未发现新缺陷，可定为 3 级；若发现新缺陷，则应定为 4 级或 5 级。按规定应采用全焊透结构的角焊缝，但没有采用全焊透结构的主要承压元件，经检验未发现新缺陷，可定为 3 级；若发现新缺陷，应定为 4 级或 5 级。

如果开口不当，经检验未发现新缺陷，对一般压力容器可定为 2 级或 3 级；如果孔径超过规定，其计算和补强结构经过特殊考虑，不影响定级；未做特殊考虑，补强不够，应定为 4 级或 5 级。

错边量和棱角度超标，应根据具体情况评定。

（3）缺陷评定。

表面裂纹按规定是不允许的，应一律消除。如果确有裂纹，其深度在壁厚余量范围内，打磨后不需补焊，不影响定级；其深度超过壁厚余量，打磨后补焊合格，可定为 2 级或3级。

由于工卡具、电弧等因素引起压力容器损伤，如果是焊迹可利用打磨方法消除，在不补焊的情况下能保持原有性能，不影响定级；需要补焊的，补焊合格后可定为2级或3级。变形无需进行处理的，不影响定级；继续使用不能满足强度要求的，可定为5级。使用时出现局部鼓包，如弄清原因并判断不在继续发展时，可定为4级；无法查明原因或发现材质进入屈服状态，可定为5级。

焊缝咬边深度，在内表面不超过0.5mm，在外表面不超过1.0mm；焊缝连续长度在内外表面均不超过100mm；焊缝两侧咬边长度，在内表面不超过焊缝总长的10%，在外表面不超过焊缝总长的15%，对于一般压力容器不影响定级，当咬边超标时应予修复。对罐、槽车和有特殊要求的压力容器，检验时未发现新的缺陷，可定为2级或3级；查出有新缺陷及咬边超标，应予修复。对低温压力容器，焊缝咬边应打磨消除，无需补焊的，不影响评级；若需补焊，补焊合格后可定为2级或3级。

存在腐蚀的压力容器，对于均匀腐蚀，如按最小壁厚余量（扣除至下一个使用周期的腐蚀量的2倍）校核强度合格，不影响评级；若需补焊，补焊合格后可定为2级或3级。

压力容器焊缝存在的埋藏缺陷，应按规定进行局部或全部探伤，根据具体情况评定。压力容器进行耐压试验时，安全性能不能满足要求，属于本身原因的，应定为5级。

3. 检验评定报告

检验评定报告应包括所评定的安全状况等级、允许继续使用的参数、监控使用的限制条件、下次的检验周期、判废的依据及其他事宜。

四、压力容器安全管理

目前，压力容器管理推行的是系统工程管理方法，即把容器的科研、设计、制造、安装、操作、检验、修理、事故、报废和信息反馈各个环节作为一个系统工程加以研究。研究人与容器、容器与环境、环境与人的相互作用、相互依存关系，用信息论和控制论的方法，掌握和控制容器的技术现状，防范事故，确保压力容器安全、经济地运行。

在压力容器的安全管理中，对设计资格、制造资格和安装资格的审核发证实行控制，以保证压力容器的质量。容器在使用前，使用单位应向国家或省级劳动部门办理登记手续，拟定压力容器的安全状况等级，领取压力容器使用证，严防不合格压力容器投入使用。压力容器安装后，安装单位和使用单位进行交接验收时，要有当地劳动部门参加。科学研究、信息反馈和有关人员的技能教育和培训应该贯彻于安全系统管理的始终。

压力容器的综合管理分为前半寿命周期与后半寿命周期两个部分，一般称为前半生管理和后半生管理。容器前半生管理的质量保证是容器投入运行、发挥经济效益的基础，是后半生管理的先决条件和科学依据。前半生管理的任何失控都会给后半生管理带来隐患或导致容器过早失效和发生事故，而后半生管理失控同样也会发生事故。目前，实施驻厂产品安全质量监督检验，监督检查产品质量，审查技术资料和检查质量管理系统的运转情况，以保证压力容器前半生的质量。

对在用压力容器在使用寿命周期内，根据容器安全状况等级确定定期检验周期实施定期检验。根据检验结果和修复情况可重新确定在用压力容器安全状况等级，以决定容器继续使用、监控使用、修复后使用或判废。总之，目前我国压力容器是按在用压力容器安全状况实施安全监察和安全管理的。同时实施检验单位检验资格认可和发证，以及实施在用压力容器检验员、无损检测人员和容器焊工发证，以保证在用压力容器检验质量和施焊质量，确保在用压力容器危及安全的隐患及时发现和处理，达到防患于未然的目的。

安全系统管理的实施将为我国压力容器的技术发展，在用压力容器的设计、制造和安全经济运行提供可靠的保证。

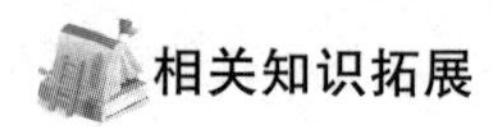

相关知识拓展

压力容器工艺参数原则与压力容器破裂

1. 压力容器工艺参数原则

压力容器的工艺规程、岗位操作法和容器的工艺参数应规定在压力容器结构强度允许的安全范围内。工艺规程和岗位操作法应控制下列内容。

（1）压力容器工艺操作指标及最高工作压力、最低工作壁温；

（2）操作介质的最佳配比和其中有害物质的最高允许浓度，及反应抑制剂、缓蚀剂的加入量；

（3）正常操作法、开停车操作程序，升降温、升降压的顺序及最大允许速度，压力波动允许范围及其他注意事项；

（4）运行中的巡回检查路线，检查内容、方法、周期和记录表格；

（5）运行中可能发生的异常现象和防治措施；

（6）压力容器的岗位责任制、维护要点和方法；

（7）压力容器停用时的封存和保养方法。

使用单位不得任意改变压力容器设计工艺参数，严防在超温、超压、过冷和强腐蚀条件下运行。操作人员必须熟知工艺规程、岗位操作法和安全技术规程，通晓容器结构和工艺流程，经理论和实际考核合格者方可上岗。

2. 压力容器破裂

压力容器最常见的失效形式是破裂失效，有韧性破裂、脆性破裂、疲劳破裂、应力腐蚀破裂、蠕变破裂等几种类型。通过对破裂宏观变形和微观形貌的观察分析，可以判断破裂的类型和致因。

（1）韧性破裂。

韧性破裂是容器壳体承受过高的应力，以致超过或远远超过其屈服极限和强度极限，使壳体产生较大的塑性变形，最终导致破裂。容器的韧性破裂，爆破压力一般超过容器剩余壁厚计算出的爆破压力。如化学反应过载破裂，一般产生粉碎性爆炸；物理性超载破裂，多从容器强度薄弱部分突破，一般无碎片抛出。

韧性破裂的特征主要表现在断口有缩颈，其断面与主应力方向成45°角，有较大剪切唇，断面多成暗灰色纤维状。当严重超载时，爆炸能量大、速度快，金属来不及变形，易产生快速撕裂现象，出现正压力断口。

(2) 脆性破裂。

从压力容器的宏观变形观察，脆性破裂并不表现出明显的塑性变形，而是常发生在截面不连续处，并伴有表面缺陷或内部缺陷，即常发生在严重的应力集中处。因此，把容器未发生明显塑性变形就破坏的破裂形式称为脆性破裂。

化工压力容器常发生低应力脆断，主要原因是热学环境、载荷作用和容器本身结构缺陷所致。所处理的介质易造成容器应力腐蚀、晶间腐蚀、氢损伤、高温腐蚀、热疲劳、腐蚀疲劳、机械疲劳等，使焊缝和母材原发缺陷易于扩展开裂，或在应力集中区易产生新的裂纹并扩展开裂，使容器承受的应力低于设计应力而破坏。

(3) 疲劳破裂。

压力容器长期在交变载荷作用下运行，其承压部件发生破裂或泄漏。与脆性破裂一样，容器外观没有明显的塑性变形，而且也是突发性的。容器的这种破坏形式称为疲劳破裂。疲劳破裂往往发生在应力较高或存在材料缺陷处，加之器壁总体应力不大，所以容器没有明显塑性变形。如果容器材料强度较低而韧性较好，不一定发生破裂，而是疲劳裂纹穿透器壁发生泄漏。如果容器材料强度偏高而韧性较差，则要发生爆破事故。

疲劳破裂一般要经历裂纹的产生、裂纹扩展到临界尺寸、剩余断面的失隐断裂三个阶段，断口也有三个区。由于裂纹始发部分占断口尺寸很小，观察到的较明显的是裂纹扩展区和最终断裂区两个区。前者有一个“磨亮”的平滑表面，能看到贝壳状纹理，汇聚于破裂起源点，即应力集中或原始缺陷处；后者则成放射及人字状花纹。

(4) 应力腐蚀破裂。

应力腐蚀破裂是指容器材料在特定的介质环境中，在拉应力作用下，经一定时间后发生开裂或破裂的现象。

(5) 蠕变破裂。

在高温下运行的压力容器，当操作温度超过一定限度，材料在应力作用下发生缓慢的塑性变形，塑性变形经长期累积，最终会导致材料破裂。蠕变破裂有明显的塑性变形和蠕变小裂纹，断口无金属光泽呈粗糙颗粒状，表面有高温氧化层或腐蚀物。

学生课外任务1

作　　业：

1. 压力容器的修复方式有哪些？

2. 如何对压力容器的安全状况等级进行评定？

项目任务：

针对【案例4-1】，提出聚合反应釜安全操作与维护以及安全管理的方案和措施。

任务二　工业气瓶的安全技术

知识目标： 熟悉不同类别气瓶定期检测的周期，掌握气瓶储运、使用的安全操作要点。
能力目标： 初步具备气瓶安全储存、使用、搬运的基本能力，针对企业实际，制定压力容器使用、运行的安全技术规范。
态度目标： 培养严谨、细致的作风。

【案例 4-2】

2008 年 7 月 17 日，某地正在进行地下管网改造施工，工人气焊时氧气瓶发生爆炸，一人当场被炸死，另一人在离出事地点几十米远的地方，被爆炸炸飞的铁片砸死，另有四人在事故中受伤。

事故原因： 爆炸的氧气瓶是某氧气充装站充装的，该充装站在没有对气瓶进行充装前的预检、确认瓶内介质、做好预检记录的情况下，对气瓶进行了充装。加上没有对充装后、出库前的气瓶进行复检，也没有做复检记录，造成充装和出库的氧气瓶混有可燃气体，埋下了隐患；导致用户在打开瓶阀、点燃焊枪施焊时，发生爆炸。

一、气瓶的定期检验

气瓶使用单位应主动积极地配合充装单位对气瓶进行定期检验，气瓶应在检验有效期内使用。

1. 钢质无缝气瓶

钢质无缝气瓶定期检验的周期为：盛装惰性气体的气瓶，每 5 年检验 1 次；盛装腐蚀性气体的气瓶、潜水气瓶以及常与海水接触的气瓶，每两年检验 1 次；盛装一般性气体的气瓶，每 3 年检验 1 次。使用年限超过 30 年的气瓶应予报废处理。

2. 钢质焊接气瓶

钢质焊接气瓶定期检查的周期为：盛装一般气体的气瓶，每 3 年检验 1 次，使用年限超过 30 年应报废；盛装腐蚀性气体的气瓶，每两年检验 1 次，使用年限超过 12 年应予报废。

3. 铝合金无缝气瓶

铝合金无缝气瓶定期检查的周期为：盛装惰性气体的气瓶，每 5 年检验 1 次；盛装腐蚀性气体的气瓶或在腐蚀性介质（如海水等）环境中使用的气瓶，每 2 年检验 1 次；盛装其他气体的气瓶，每 3 年检验 1 次。

二、气瓶的储存

（1）应置于专用仓库储存，气瓶仓库应符合《建筑设计防火规范》的有关规定。

（2）仓库内不得有地沟、暗道，严禁明火和其他热源，仓库内应通风、干燥，避免阳光直射、雨水淋湿，尤其是当夏季雨水较多时，应谨防仓库内积水，腐蚀钢瓶。

（3）空瓶与实瓶应分开放置，并有明显的标志，毒性气体气瓶和瓶内气体相互接触能引起燃烧、爆炸，产生毒物的气瓶应分室存放并在附近设置防毒用具或灭火器材。

（4）气瓶放置应整齐、佩戴好瓶帽，立放时应妥善固定，横放时头部朝同一方向。

（5）盛装发生聚合反应或分解反应气体的气瓶，必须根据气体的性质控制仓库内的最高温度，规定储存期限，并应避开放射线源。

三、气瓶的安全使用

（1）采购和使用有制造许可证的企业的合格产品，不使用超期未检验的气瓶。

（2）用户应到已办理充装注册的单位或经销注册的单位购气，自备瓶应由充装注册单位委托管理，实行固定充装。

（3）气瓶使用前应进行安全状况检查，对盛装气体进行确认，不符合安全技术要求的气瓶严禁入库和使用，使用时必须严格按照使用说明书的要求使用气瓶。

（4）气瓶的放置点，不得靠近热源和明火，应保证气瓶瓶体干燥，可燃、助燃气体瓶与明火的距离一般不小于 10m。

（5）气瓶立放时，应采取防倾倒的措施。

（6）夏季应防止暴晒。

（7）严禁敲击、碰撞。

（8）严禁在气瓶上进行电焊引弧。

（9）严禁用温度超过 40℃的热源对气瓶加热，瓶阀发生冻结时严禁用火烤。

（10）瓶内气体不得用尽，必须留有剩余压力或重量，永久气体气瓶的剩余压力应不小于 0.5MPa；液化气体气瓶应留有不少于 0.5%～1.0%规定充装量的剩余气体。

（11）在可能造成回流的使用场合，使用设备上必须配置防止倒灌的装置，如单向阀、止回阀、缓冲罐等；气瓶在工地使用或其他场合使用时，应把气瓶放置于专用的车辆上或竖立于平整的地面用铁链等物将其固定牢靠，以避免因气瓶放气倾倒坠地而发生事故。

（12）使用中若出现气瓶故障，例如阀门严重漏气、阀门开关失灵等，应将瓶阀的手轮开关转到关闭的位置，再送气体充装单位或专业气瓶检验单位处理。未经专业训练、不了解其瓶阀结构及修理方法的人员不得修理。

（13）严禁擅自更改气瓶的钢印和颜色标记。

（14）为了避免气瓶在使用中发生气瓶爆炸、气体燃烧、中毒等事故，所有瓶装气体的使用单位，应根据不同气体的性质和国家有关规范标准，制定瓶装气体的使用管理制度以及安全操作规程。

（15）使用单位应做到专瓶专用。严禁用户私自改装、擅自改变气瓶外表颜色、标志，混装气体，造成事故的，必须追究改装者责任。

（16）使用氧气或其他氧化性气体时，凡接触气瓶及瓶阀（尤其是出口接头）的手、手套、减压器、工具等，不得沾染油脂。因为油脂与一定压力的压缩氧或强氧化剂接触后能产生自燃和爆炸。

（17）盛装易起聚合反应的气体气瓶，不得置于有放射线的场所。

（18）当开启气瓶阀门时，操作者应特别注意要缓慢开启，如果操之过急，有可能引起因气瓶排气而倾倒坠地（卧放时起跳）及可燃、助燃气体气瓶出现燃烧甚至爆炸的事故。

由于瓶阀开启过急过猛，压力高达15MPa的气体瞬间从瓶内排至有限的胶质气带内，因速度快，形成“绝热压缩”，导致高温，引起胶质气带的燃烧甚至爆炸。此外，由于猛开瓶阀，气流速度快，因摩擦静电能引发可燃物及助燃物的燃烧（助燃气体的燃烧往往是因有可燃物的存在而发生的）。

四、气瓶的短途搬运安全

（1）气瓶搬运以前，操作人员必须了解瓶内气体的名称、性质和安全搬运注意事项，并备齐相应的工具和防护用品。

（2）三凹心底气瓶在车间、仓库、工地、装卸场地内搬运时，可用徒手滚动，即用一只手托住瓶帽，使瓶身倾斜，另一只手推动瓶身沿地面旋转，用瓶底边走边滚，但不准拖拽、随地平滚、顺坡竖滑或用脚蹬踢。

（3）气瓶最好是使用稳妥、省力的专用小车（衬有软垫的手推车），单瓶或双瓶放置，并用铁链固牢。严禁用肩扛、背驮、怀抱、臂挟、托举或二人抬运的方式搬运，以避免损伤身体和摔坏气瓶酿成事故。

（4）气瓶应戴瓶帽，最好是戴固定式瓶帽，以避免在搬运距离较远时或搬运过程中瓶阀因受力而损坏，甚至瓶阀飞出等事故的发生。

（5）气瓶运到目的地后，放置气瓶的地面必须平整，放置时将气瓶竖直放稳并固定牢，方可松手脱身，以防止气瓶摔倒酿成事故。

（6）当需要用人工将气瓶向高处举放或需把气瓶从高处放回地面时，必须两人同时操作，并要求提升与降落的动作协调一致，姿势正确，轻举轻放，严禁在举放时抛、扔，在放落时滑、摔。

（7）装卸气瓶时应轻装轻卸，严禁用抛、滑、摔、滚、碰等方式装卸气瓶，以避免因野蛮装卸而发生爆炸事故。

（8）气瓶搬运中如需吊装时，严禁使用电磁起重设备。用机械起重设备吊运散装气瓶时，必须将气瓶装入集装箱、坚固的吊笼或吊筐内，并妥善加以固定。严禁使用链绳、钢丝绳捆绑或钩吊瓶帽等方式吊运气瓶，以避免吊运过程中气瓶脱落而造成事故。

（9）严禁使用叉车、翻斗车或铲车搬运气瓶。

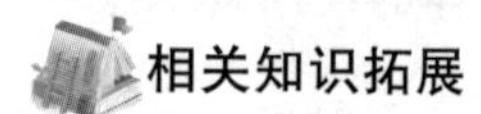

气瓶的颜色标志

气瓶的颜色标志是指气瓶外表面的颜色、字样、字色和色环，其作用一是识别气瓶的种类，二是防止气瓶锈蚀。气瓶的颜色标志如表4-1所示。

表 4-1　气瓶的颜色标志

序号	充装气瓶的名称	瓶色	字样	字色
1	氧	淡（酞）蓝	氧	黑
2	氩	银灰	氩	深绿
3	氮	黑	氮	淡黄
4	二氧化碳	铝白	液化二氧化碳	黑
5	乙炔	白色	乙炔不可近火	大红

学生课外任务 2

作　　业：

1. 简述不同类型的气瓶定期检验的周期。
2. 气瓶储存中的注意事项有哪些？
3. 如何做好气瓶的短途运输与装卸？

项目任务：

根据【案例 4-2】，制定事故防范措施，并提出气瓶使用中应注意的安全要点。

任务三　压力管道的安全技术

知识目标：了解压力管道的设计、制造和安装的要求或条件，熟悉压力管道技术检验的内容。

能力目标：具备压力管道的安全检查的初步能力。

态度目标：培养“安全第一，预防为主”的理念。

【案例 4-3】

2004 年 5 月 29 日 19 时 45 分，四川省泸州市纳溪区安富镇丙灵路 15 号居民楼底层泸州天然气公司安富治理所发生一起压力管道爆炸重大事故，造成 5 人死亡，35 人轻伤。

事故原因：直径为 108 毫米的天然气管线上有一椭圆形管孔，天然气由此发生泄漏，进入居民楼负一楼与道路护坡形成的夹缝，与空气形成爆炸性混合气体，从人行道的盖板缝隙扩散到人行道上，遇不明火种引起爆炸。

一、压力管道的设计、制造和安装

1. 压力管道的设计

压力管道的设计应由取得与压力管道工作压力等级相应的、有三类压力容器设计资格的单位承担。压力管道的设计必须严格遵守工艺管道有关的国家标准和规范。设计单位应向施工单位提供完整的设计文件、施工图和计算书，并由设计单位总工程师签发方为有效。

2. 压力管道的制造

压力管道、阀门管件和紧固件的制造必须经过省级以上主管部门鉴定和批准的有资格的单位承担。制造单位应具备下列条件：

（1）有与制造压力管道、阀门管件相适应的技术力量、安装设备和检验手段。

（2）有健全的制造质量保证体系和质量管理制度，并能严格执行有关规范标准，确保制造质量。制造厂对出厂的阀门、管件和紧固件应出具产品质量合格证，并对产品质量负责。

3. 压力管道的安装

压力管道的安装单位必须由取得与压力管道操作压力相应的三类压力容器现场安装资格的单位承担。

压力管道交付使用时，安装单位必须提交下列技术文件：

（1）压力管道安装竣工图；

（2）压力钢管检查验收记录；

（3）压力阀门试验记录；

（4）安全阀调整试验记录；

（5）压力管件检查验收记录；

（6）压力管道焊缝焊接工作记录；

（7）压力管道焊缝热处理及着色检验记录；

（8）压力管道系统试验记录。

试车期间，如发现压力管道振动超过标准，由设计单位与安装单位共同研究，采取消振措施，消振合格后方可交工。

二、压力管道安全检查与维护

压力管道是连接机械和设备的工艺管线，应列入相应的机械和设备的操作岗位，由机械和设备操作人员统一操作和维护。操作人员必须熟悉压力管道的工艺流程、工艺参数和结构。操作人员培训教育考核必须有高压工艺管道内容，考核合格者方可操作。

压力管道的巡回检查应和机械设备一并进行。

（1）压力管道检查、维护时应注意以下事项：

① 机械和设备出口的工艺参数不得超过压力管道设计或缺陷评定后的许用工艺参数，压力管道严禁在超温、超压、强腐蚀和强振动条件下运行；

② 检查管道、管件、阀门和紧固件有无严重腐蚀、泄漏、变形、移位和破裂，以及保温层的完好程度；

③ 检查管道有无强烈振动，管与管、管与相邻件有无摩擦，管卡、吊架和支承有无松动或断裂；

④ 检查管内有无异物撞击或摩擦的声响；

⑤ 安全附件、指示仪表有无异常，发现缺陷及时报告，妥善处理，必要时停机处理。

（2）压力管道严禁下列作业：

① 严禁利用压力管道作为电焊机的接地线或吊装重物受力点；

② 压力管道运行中严禁带压紧固或拆卸螺栓。开停车有热紧要求者，应按设计规定进行热紧处理；

③ 严禁带压补焊作业；

④ 严禁热管线裸露运行；

⑤ 严禁借用热管线做饭或烘干物品。

三、压力管道技术检验

压力管道的技术检验是掌握管道技术现状、消除缺陷、防范事故的主要手段。技术检验工作由企业锅炉压力容器检验部门或外委有检验资格的单位进行，并对其检验结论负责。压力管道技术检验分外部检查、探查检验和全面检验。

1. 外部检查

车间每季至少检查一次，企业每年至少检查一次。检查项目包括以下几项：

（1）管道、管件、紧固件及阀门的防腐层、保温层是否完好，可见管表面有无缺陷；

（2）管道振动情况，管与管、管与相邻物件有无摩擦；

（3）吊卡、管卡、支承的紧固和防腐情况；

（4）管道的连接法兰、接头、阀门填料、焊缝有无泄漏；

（5）检查管道内有无异物撞击或摩擦声。

2. 探查检验

探查检验是针对压力管道不同管系可能存在的薄弱环节，实施对症性的定点测厚及连接部位或管段的解体检查。

（1）定点测厚。

测点应有足够的代表性，找出管内壁的易腐蚀部位，流体转向的易冲刷部位，制造时易拉薄的部位，使用时受力大的部位，以及根据实践经验选点。并充分考虑流体流动方式，如三通，有侧向汇流、对向汇流、侧向分流和背向分流等流动方式，流体对三通的冲刷、腐蚀部位是有区别的，应对症选点。

将确定的测定位置标记在绘制的主体管段简图上，按图进行定点测厚并记录。定期分析对比测定数据并根据分析结果决定扩大或缩小测定范围和调整测定周期。根据已获得的实测数据，研究分析压力管段在特定条件下的腐蚀、磨蚀规律，判断管道的结构强度，制定防范和改进措施。

压力管道定点测厚周期应根据腐蚀、磨蚀年速率确定。小于 0.10mm/a，每四年测厚一次；腐蚀、磨蚀速率为 0.10～0.25mm/a，每两年测厚一次；腐蚀、磨蚀速率大于 0.25mm/a，每半年测厚一次。

（2）解体抽查。

解体抽查主要是根据管道输送的工作介质的腐蚀性能、热学环境、流体流动方式，以及管道的结构特性和振动状况等，选择可拆部位进行解体检查，并把选定部位标记在主体管道简图上。

一般应重点查明：法兰、三通、弯头、螺栓以及管口、管口壁、密封面、垫圈的腐蚀和损伤情况。同时还要抽查部件附近的支承有无松动、变形或断裂。对于全焊接压力管道只能靠无损探伤抽查或修理阀门时用内窥镜扩大检查。

解体抽查可以结合机械和设备单体检修时或企业年度大修时进行，每年选检一部分。

3. 全面检验

全面检验是结合机械和设备单体大修或年度停车大修时对压力管道进行鉴定性的停机检验，以决定管道系统是否继续使用、限制使用、局部更换或判废。全面检验的周期为 10～12 年至少一次，但不得超过设计寿命之末。

（1）遇下列情况时全面检验周期应适当缩短。

① 工作温度大于 180℃的碳钢和工作温度大于 250℃的合金钢的临氢管道或探查检验发现氢腐蚀倾向的管段；

② 通过探查检验发现腐蚀、磨蚀速率大于 0.25mm/a，剩余腐蚀余量低于预计全面检验时间的管道和管件，或发现有疲劳裂纹的管道和管件；

③ 使用年限超过设计寿命的管道；

④ 运行时出现超温、超压或鼓胀变形，有可能引起金属性能劣化的管段。

（2）全面检验主要包括以下一些项目。

① 表面检查。表面检查是指宏观检查和表面无损探伤。

② 解体检查和壁厚测定。管道、管件、阀门、丝扣和螺栓、螺纹的检查，应按解体要求进行。按定点测厚选点的原则对管道、管件进行壁厚测定。

③ 焊缝埋藏缺陷探伤。对制造和安装时探伤等级低的、宏观检查成型不良的、有不同表面缺陷的或在运行中承受较高压力的焊缝，应用超声波探伤或射线探伤检查埋藏缺陷，抽查比例不小于待检管道焊缝总数的 10%。但与机械和设备连接的第一道、口径不小于 50mm 的或主管口径比不小于 0.6 的焊接三通的焊缝，抽查比例应不小于待检件焊缝总数的 50%。

④ 破坏性取样检验。对于使用过程中出现超温、超压有可能影响金属材料性能的或以蠕变率控制使用寿命、蠕变率接近或超过 1%的，或有可能引起高温氢腐蚀或氮化的管道、管件、阀门，应进行破坏性取样检验。

压力管道全面检验还包括耐压试验和气密性试验及出具评定报告。

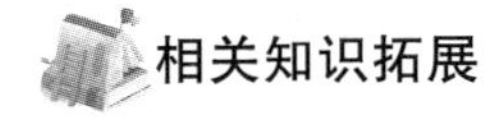
相关知识拓展

压力管道的定义与分级

1. 压力管道的定义

《特种设备安全监察条例》（中华人民共和国国务院令第549号）中，将压力管道进一步明确为“利用一定的压力，用于输送气体或者液体的管状设备，其范围规定为最高工作压力大于或者等于0.1MPa（表压）的气体、液化气体、蒸汽介质或者可燃、易爆、有毒、有腐蚀性、最高工作温度高于或者等于标准沸点的液体介质，且公称直径大于25mm的管道”。这就是说，所说的“压力管道”，不但要求其管内或管外承受压力，而且其内部输送的介质是“气体、液化气体和蒸汽”或“可能引起燃爆、中毒或腐蚀的液体”物质。

2. 压力管道的分级

(1) 按压力级别分级。

低压管道：公称压力不超过1.6MPa；

中压管道：公称压力为1.6～6.4MPa；

高压管道：公称压力为6.4～10MPa；

超高压管道：公称压力为10～20MPa。

(2) 按管道级别分级。

① 长输管道为GA类，又可细分为GA1级和GA2级。

符合下列条件之一的长输管道为GA1级：

a. 输送有毒、可燃、易爆气体介质，设计压力 $p>1.6$MPa的管道；

b. 输送有毒、可燃、易爆液体介质，输送距离≥200km且管道公称直径DN≥300mm的管道；

c. 输送浆体介质，输送距离≥50km且管道公称直径DN≥150mm的管道。

符合下列条件之一的长输管道为GA2级：

a. 输送有毒、可燃、易爆气体介质，设计压力 $p\leqslant1.6$MPa的管道；

b. GA1中b范围以外的长输管道；

c. GA1中c范围以外的长输管道。

② 公用管道为GB类，又可细分为GB1级和GB2级。

a. GB1：燃气管道；

b. GB2：热力管道。

③ 工业管道为GC类，又可细分为GC1级和GC2级。

符合下列条件之一的工业管道为GC1级：

a. 输送《职业性接触毒物危害程度分级》（GB Z230）中，毒性程度为极度危害介质的管道；

b. 输送《石油化工企业设计防火规范》（GB 50160）及《建筑设计防火规范》（GB 50016）中规定的火灾危险性为甲、乙类可燃气体或甲类可燃液体介质且设计压力 $p\geqslant$ 4.0MPa的管道；

c. 输送可燃流体介质、有毒流体介质，设计压力 $p \geq 4.0$MPa 且设计温度大于等于 400℃的管道；

d. 输送流体介质且设计压力 $p \geq 10.0$MPa 的管道。

符合下列条件之一的工业管道为 GC2 级：

a. 输送《石油化工企业设计防火规范》（GB50160）及《建筑设计防火规范》（GB 50016）中规定的火灾危险性为甲、乙类可燃气体或甲类可燃液体介质且设计压力 $p<4.0$MPa 的管道；

b. 输送可燃流体介质、有毒流体介质，设计压力 $p<4.0$MPa 且设计温度≥400℃的管道；

c. 输送非可燃流体介质、无毒流体介质，设计压力 $p<10.0$MPa 且设计温度≥400℃的管道；

d. 输送流体介质，设计压力 $p<10.0$MPa 且设计温度 <400℃的管道。

学生课外任务 3

作　　业：

1. 简述高压管道技术检验的内容。
2. 简述高压管道的设计、制造和安装的要求。

项目任务：

以化工氯气输送管道为对象，有针对性地编制安全检查与维护的方案。

任务四　锅炉安全技术

知识目标： 了解蒸汽锅炉结构的安全要求；熟悉蒸汽锅炉的安全运行；掌握蒸汽锅炉常见事故及处理；掌握锅炉安全给水；熟悉导热油锅炉的安全操作；掌握导热油锅炉的安全对策措施；熟悉导热油锅炉火灾及预防。

能力目标： 初步具备蒸汽锅炉、导热油锅炉安全操作、事故处理的基本能力。

态度目标： 培养严谨、细致的作风，树立安全生产意识。

【案例 4-4】

2005 年 11 月 14 日，某塑料厂一台热水供暖锅炉发生爆炸。因无证司炉误操作，造成锅炉房倒塌，两名司炉工人死亡，爆炸波及面积约 100 平方米。

事故原因： 操作该锅炉的三名司炉工都是未经培训的无证司炉。事故发生时，锅炉出水口总阀门关闭（但未关到底），锅炉进水管阀门打开且装有逆止阀。锅炉安全阀等安全附件不全，该锅炉是将别厂报废的锅炉用低价买来后私自进行改装而启用的，锅炉本体上未装安全阀等安全附件。缺乏法制观念，厂有关领导不懂锅炉安全法规，购置和使用报废锅炉，并未办理任何手续，同意使用未经培训的司炉工，也未制定任何管理制度。

一、蒸汽锅炉安全技术

1. 蒸汽锅炉结构的安全要求

对蒸汽、热水锅炉结构总的要求是安全可靠、高效低耗。具体要求如下：

（1）各部分在运行时应能按设计预定方向自由膨胀；

（2）保证各循环回路的水循环正常，所有受热面都应得到可靠的冷却；

（3）各受压部件应有足够的强度和稳定性；

（4）受压元、部件结构的形式，开孔和焊缝的布置应尽量避免或减少复合应力和应力集中；

（5）水冷壁炉膛的结构应有足够的承载能力；

（6）炉墙应具有良好的密封性和耐热性；

（7）锅炉钢架等承重结构在承受设计载荷时，应具有足够的强度、刚度、稳定性及防腐蚀性。

2. 蒸汽锅炉的安全运行

运用蒸汽锅炉的单位，应建立以岗位责任制为主的各项规章制度。锅炉上水、点火、升压、运行和停炉要严格按照有关操作规程进行。

（1）点火和升压。

燃用不同燃料的蒸汽锅炉，其点火安全要求也不同，如表 4-2 所示。

表 4-2 燃用不同燃料蒸汽锅炉的点火安全要求

燃料种类	点火安全要求
燃油锅炉	1. 点火前必须对烟道和炉膛系统采用强制通风的方式进行置换，务必将可能积存的油气或可燃气彻底排净； 2. 点火时应保持炉膛负压（30～50Pa）或所需数值； 3. 点火时人不能正对点火孔，应从侧面引燃； 4. 严禁先喷油，后插入火把。用蒸汽雾化燃烧器，还应先排除冷凝水； 5. 若一次点火不着或运行中突然灭火，必须先关闭油阀，按 1 通风换气后，重新点火
燃气锅炉	1. 点火前必须强制通风置换，保持炉膛负压（50～100Pa）不少于 5min； 2. 通风置换前，严禁明火带入炉膛和烟道中，点火时炉膛负压维持在（30～50Pa）； 3. 若一次点火不着，必须立即关闭燃气阀，停止进气，待通风换气后重新点火，严禁用炉膛余火二次点火
燃煤锅炉	1. 点火前一般采用自然通风，彻底通风 10～15min； 2. 点火时如自然通风不足，可启动引风机； 3. 点火有困难时，可在靠近烟囱底部堆烧木柴，保持通风
燃煤粉锅炉	1. 点火前应对一次风管逐根吹扫，每根吹扫两三分钟，以清除管内可能积存的煤粉； 2. 点火前必须强制通风置换，保持炉膛负压（50～100Pa）不少于 5min； 3. 若一次点火不着或发生熄火，应立即停止送粉，并对炉进行充分通风换气后，再次点火

锅炉点火后，受热面被加热，水冷壁和对流管束中不断产生蒸汽，由于主蒸汽阀门关闭，压力不断升高，此即为升压过程。为使锅炉各部件冷热均匀，胀缩一致，进水、点火、升压都要缓慢进行。新装或检修后的锅炉，点火升压后气压在 0.1～0.2MPa 间允许对拆动过的螺栓紧一次。紧固螺栓时应保持气压稳定，要用力均匀、逐只对称上紧；站位得当，防止蒸汽外泄烫伤。在升压过程中，应注意炉墙及各部件的热膨胀情况，不得有异常变形和裂纹。

（2）并炉和送气。

当两台或两台以上锅炉共用一条蒸汽母管或接入同一分汽缸时，点火升压锅炉与母管或分汽缸联通称为并炉。并炉前要进行暖管，即用蒸汽将冷的蒸汽管道、阀门等均匀加热，并把蒸汽凝成的水排掉。并炉应在锅炉气压与蒸汽母管气压相差 0.05～0.10MPa 时进行。

送汽时应该先缓开主气门（有旁路的应先开旁通门），等汽管中听不到汽流声时，才能打开主气门。主气门全开后回旋一圈，再关旁通门。并炉时应注意水位、气压变动，若管道内有水击现象应疏水后再并炉。

（3）正常运行维护。

锅炉正常运行时，主要是对锅炉的水位、气压、气水质量和燃烧情况进行监视和控制。锅炉水位波动应在正常水位范围内。水位过高，蒸汽带水，蒸汽品质恶化，易造成过热器结垢，影响汽机的安全；水位过低，下降管易产生气柱或气塞，恶化自然循环，易造成水冷壁管过热变形或爆破。

在锅炉运行中要保持气压的稳定。对蒸汽加热设备，如气压过低，则汽温也低，会影响传热效果；如气压过高，轻者会使安全阀动作，浪费能源，并带来噪声；重者则易超压爆炸。此外，气压变化应力求平缓，气压陡升、陡降都会恶化自然循环，造成水冷壁管损坏。

为了保证锅炉传热面的传热效能，锅炉在运行时必须对易积灰面进行吹灰。吹灰时应增大燃烧室的负压，以免炉内火焰喷出烧伤人。为了保持良好的蒸汽品质和受热面内部的清洁，防止发生气水共腾和减少水垢的产生，保证锅炉安全运行，必须排污，给水也应预先处理。

（4）停炉保养。

停炉步骤如下：首先停止供给燃料、停止送风、减少引风。接着熄灭和清除炉膛内的燃料，然后打开炉门、灰门、烟风道闸门等以冷却锅炉，最后切断锅炉同蒸汽总管的连接。为了加速锅炉冷却，除严重缺水事故外，可向锅炉进水、放水。

锅炉停炉后，为防止腐蚀必须进行保养。常用的保养方法有干法、湿法和热法三种。

① 干法保养。干法保养只用于长期停用的锅炉。正常停炉后，水放净，清除锅炉受热面及锅筒内外的水垢、铁锈和烟灰，用微火将锅炉烘干，放入干燥剂。而后关闭所有的门、孔，保持严密。一个月之后打开人孔、手孔检查，若干燥剂成粉状、失去吸潮能力，则更换新干燥剂。视检查情况决定缩短或延长下次检查时间。若停用时间超过三个月，则在内外部清扫后，受热面内部涂以防锈漆，锅炉附件也应维修检查，涂油保护，再按上述方法保养。

② 湿法保养。湿法保养也适用于长期停用的锅炉。停用后清扫内外表面，然后进水（最好是软水），将适量氢氧化钠或磷酸钠溶于水后加入锅炉，生小火加热使锅炉外壁面干燥，内部由于对流使各部位碱浓度均匀，锅内水温达 80～100℃时即可熄火。每隔 5 天对锅内水化验一次，控制其碱度在 5～12mg・L^{-1}范围。

③ 热法保养。停用时间在 10 天左右的锅炉宜用热法保养。停炉后关闭所有风、烟道闸门，使炉温缓慢下降，保持锅炉气压在大气压以上（即水温在 100℃以上）即可。若气压保持不住，可生小火或用运行锅炉的蒸汽加热。

3. 蒸汽锅炉常见事故及处理

（1）水位异常。

① 缺水。缺水事故是最常见的锅炉事故。当锅炉水位低于最低许可水位时称作缺水。在缺水后锅筒和锅管被烧红的情况下，若大量上水，水接触到烧红的锅筒和锅管会产生大量蒸汽，气压剧增会导致锅炉烧坏、甚至爆炸。

预防措施：严密监视水位，定期校对水位计和水位警报器，发现缺陷及时消除；注意缺水现象的观察，缺水时水位计玻璃管（板）呈白色；严重缺水时严禁向锅炉内给水；注意监视和调整给水压力和给水流量，与蒸汽流量相适应；排污应按规程规定，每开一次排污阀，时间不超过 30s，排污后关紧阀门，并检查排污是否泄漏；监视气水品质，控制炉水含量。

② 满水。满水事故是锅炉水位超过了最高许可水位，也是常见事故之一。满水事故会引起蒸汽管道发生水击，易把锅炉本体、蒸汽管道和阀门震坏；此外，满水时蒸汽携带大量炉水，使蒸汽品质恶化。

处理措施：如果是轻微满水，应先关小鼓风机和引风机的调节门，使燃烧减弱，然后停止给水，开启排污阀门放水，直到水位正常，关闭所有放水阀，恢复正常运行。如果是严重满水，首先应按紧急停炉程序停炉，然后停止给水，开启排污阀门放水，再开启蒸汽母管及过热器疏水阀门，迅速疏水。水位正常后，关闭排污阀门和疏水阀门，再生火运行。

（2）汽水共腾。

汽水共腾是锅炉内水位波动幅度超出正常情况、水面翻腾程度异常剧烈的一种现象。其后果是蒸汽大量带水，使蒸汽品质下降，易发生水冲击，使过热器管壁上积附盐垢，影响传热而使过热器超温，严重时会烧坏过热器而引发爆管事故。

处理措施：降低负荷，减少蒸发量；开启表面连续排污阀，降低锅水含盐量；适当增加下部排污量，增加给水，使锅水不断调换新水。

（3）燃烧异常。

燃烧异常主要表现在烟道尾部发生二次燃烧和烟气爆炸。多发生在燃油锅炉和煤粉锅炉内。这是由于没有燃尽的可燃物附着在受热面上，在一定的条件下，重新着火燃烧。尾部燃烧常将省煤器、空气预热器、甚至引风机烧坏。

处理措施：立即停止供给燃料，实行紧急停炉，严密关闭烟道、风挡板及各门孔，防止漏风，严禁开引风机；尾部投入灭火装置或用蒸汽吹灭器进行灭火；加强锅炉的给水和排水，保证省煤器不被烧坏；待灭火后方可打开门孔进行检查。确认可以继续运行，先开启引风机10～15min后再重新点火。

（4）承压部件损坏。

① 锅管爆破。锅炉运行中，水冷壁管和对流管爆破是较常见的事故，性质严重，甚至可能造成伤亡，需停炉检修。爆破时有显著声响，爆破后有喷汽声，水位迅速下降，气压、给水压力、排烟温度均下降，火焰发暗，燃烧不稳定或被熄灭。发生此项事故时，如仍能维持正常水位，可紧急通知有关部门后再停炉，如水位、气压均不能保持正常，必须按程序紧急停炉。

发生这类事故的原因一般是水质不符合要求，管壁结垢或管壁受腐蚀或受飞灰磨损变薄；或升火过猛，停炉过快，使锅管受热不均匀，造成焊口破裂；或下集箱积泥垢未排除，阻塞锅管水循环，锅管得不到冷却而过热爆破。应采取的预防措施是：加强水质监督，定期检查锅管，按规定升火、停炉及防止超负荷运行。

② 过热器管道损坏。这类损坏表现为：过热器附近有蒸汽喷出的响声；蒸汽流量不正常，给水量明显增加；炉膛负压降低或产生正压，严重时从炉膛喷出蒸汽或火焰；排烟温度显著下降。发生这类事故的原因一般是水质不良，或水位经常偏高，或汽水共腾，以致过热器结垢；也可能是引风量过大，使炉膛出口烟温升高，过热器长期超温使用；还可能是烟气偏流使过热器局部超温，检修不良，使焊口损坏或水压试验后，管内积水。

事故发生后，如损坏不严重，又有生产需要，可待备用炉启用后再停炉，但必须密切注意，不能使损坏恶化；如损坏严重，则必须立即停炉。使用中注意控制水、汽品质，防止热偏差，注意疏水，注意安全检修质量，即可预防这类事故。

③ 省煤器管道损坏。沸腾式省煤器出现裂纹和非沸腾式省煤器弯头法兰处泄漏是常见的损害事故，最易造成锅炉缺水。事故发生后的表象是，水位不正常下降；省煤器有泄漏声；省煤器下部灰斗有湿灰，严重者有水流出；省煤器出口处烟温下降。

处理办法是，对于沸腾式省煤器，要加大给水，降低负荷，待备用炉启用后再停炉。若不能维持正常水位则紧急停炉，并利用旁路给水系统，尽力维持水位，但不允许打开省煤器再循环系统阀门。对于非沸腾式省煤器，要开启旁路阀门，关闭出入口的风门，使省煤器与高温烟气隔绝，并打开省煤器旁路给水阀门。

4．锅炉给水安全

（1）水中杂质的危害及水处理。

天然水中含有大量杂质，未经处理的水应用于锅炉，就容易形成水垢、腐蚀锅炉、恶化蒸汽质量等。各种杂质的危害主要有以下一些方面。

① 氧。存在于水中的氧对金属具有腐蚀作用，水温在60～80℃之间时，不足以把氧从水中驱出，而氧腐蚀速率却大大增加。水的pH值对氧腐蚀有很大影响，$pH<7$时，促进溶解氧的腐蚀；$pH>10$时，氧腐蚀基本停止。水中的溶解氧是锅炉腐蚀的主要原因。

② 二氧化碳。水中的二氧化碳含量较高时则呈酸性反应，对金属有强烈的腐蚀作用。水中的二氧化碳还是使氧腐蚀加剧的催化剂。

③ 硫化氢。水中的硫化氢会引起锅炉的严重腐蚀。

④ 钙、镁。水中的钙、镁一般以碳酸氢盐、盐酸盐、硫酸盐的形式存在，是造成锅炉受热面结垢的主要原因。

⑤ 氯离子。水中氯离子可造成锅炉腐蚀。

⑥ 二氧化硅。二氧化硅能和钙、镁离子形成非常坚硬、不易清除的水垢。

⑦ 硫酸根。水中的硫酸根进入锅炉后与钙、镁结合，在受热面上生成石膏质水垢。

⑧ 其他杂质。碳酸钠、碳酸氢钠（重碳酸钠）进入锅炉后，受热分解，产生氢氧化钠，从而使炉水碱度增加，分解产物中的二氧化碳又是一种腐蚀性气体。炉水碱度过高会引起汽水共腾，也可能在高应力部位发生苛性脆化。有机介质进入锅炉，受热分解会造成汽水共腾，并产生腐蚀。

水处理包括锅炉外水处理和锅炉内水处理两个步骤。

① 锅炉外水处理。天然水中的悬浮物质、胶体物质以及溶解的高分子物质，可通过凝聚、沉淀、过滤处理；水中溶解的气体可通过脱气的方法去除；水中溶解的盐类常用离子交换法和加药法等进行处理。

② 锅炉内水处理。向锅炉用水中投入软水药剂，把水中杂质变成可以在排污时排掉的泥垢，防止水中杂质引起结垢。此法对低压锅炉，防垢效率可达80%以上；但对压力稍高的锅炉，效果不大，仅可作为辅助处理方法。

（2）水垢的危害及清除。

锅炉水垢按其主要组分可分为碳酸盐水垢、硫酸盐水垢、硅酸盐水垢和混合水垢。碳酸盐水垢主要沉积在温度和蒸发率不高的部位及省煤器、给水加热器、给水管道中；硫酸盐水垢（又称石膏质水垢）主要积结在温度和蒸发率最高的受热面上；硅酸盐水垢主要沉积在受热强度较大的受热面上，硅酸盐水垢十分坚硬，难清除，导热系数很小，对锅炉危害最大；由硫酸钙、碳酸钙、硅酸钙和碳酸镁、硅酸镁、铁的氧化物等组成的水垢称混合水垢，根据其组分不同，性质差异很大。

无论采用哪种水处理方法，都不能绝对清除水中的杂质，因此锅炉在运行中不可避免地有一个水垢生成过程。因此，除采用合理的水处理方法外，还要及时清除锅炉内产生的水垢。目前，清除水垢有手工除垢、机械除垢、化学除垢三种方法。

① 手工除垢。采用特制的刮刀、铲刀及钢丝刷等专用工具清除水垢。这种方法只适用于清除面积小、结构不紧凑的锅炉结垢，对于水管锅炉和结构紧凑的火管锅炉管束上的结垢，则不易清除。

② 机械除垢。主要采用电动洗管器和风动除垢器。电动洗管器主要用于清除管内水垢，风动除垢器常用的是空气锤和压缩空气枪。

③ 化学除垢。化学除垢常称为水垢的“化学清洗”，是目前比较经济、有效、迅速的除垢方法。化学清洗是利用化学反应将水垢溶解除去的方法。清洗过程是水垢与化学清洗剂反应，不断溶解、不断用水带走的过程。由于所加的化学清洗剂及其反应性质不同，故有不同的化学清洗方法，主要有盐法、酸法、碱法、螯合剂法、氧化法、还原法、转化法等。目前用得较多的是酸法和碱法。

二、导热油锅炉安全技术要求

1. 导热油锅炉使用注意事项

（1）导热油投入使用时，在开始运行阶段，先启动循环油泵，运行半小时后，再点火升温，初次使用时应缓慢升温，每小时升温约 20℃，当升温至 180～200℃时，再保温一段时间，方可投入正常使用。

（2）在使用中应认真检查，严防水、酸、碱及低沸点物漏入使用系统，系统应装过滤装置，防止各种杂物进入，保证油品纯度。

（3）经使用半年后，应进行一次油品分析；长期使用后，若发现传热效果差，或其他异常情况，应对油品进行分析；根据分析结果决定添加或更换，判断标准量为：碱碳不大于 1.0%，酸值不大于 0.5mgKOH/g，燃点变化不小于 20%，黏度变化不大于 10%，其中一项超标应更换新油。

（4）为确保导热油的正常使用寿命和导热效果，严禁超温使用。

2. 导热油锅炉的安全操作

（1）启动前的检查。

① 检查加热炉及其周围是否清洁无杂物，炉体、燃烧器、控制器、看火孔、烟（囱）道等是否正常；

② 倒通工艺设备及流程，检查膨胀槽油位是否在 1/4～1/2 液位以上位置，温度计、压力表等是否正常；

③ 接通加热炉控制柜电源，检查电压是否正常，检查指示灯及各显示仪表是否正常；

④ 调整好燃气主减压阀、次减压阀，使压力控制为 0.005MPa。

（2）启动。

① 启动导热油循环泵（运一备一，参照水泵操作规程执行），启泵后正常循环 0.5 小时左右使压力平稳；

② 按燃烧器启动按钮，观察炉膛火焰是否正常燃烧，若不点火，应在排除故障后，再次启动燃烧器。

（3）停炉操作。

① 正常停炉。正常停炉的步骤如下：

a. 逐步降低温度，关闭燃烧器，停止燃烧；

b. 待热油温度降至 70℃以下，停止热油循环泵的运行（参照水泵操作规程执行）；

c. 关闭总电源，做好交接班记录。

② 紧急停炉。因紧急情况紧急停炉时，应迅速关闭燃烧器，同时沿燃烧器铰轴将燃烧器移开，让炉膛与烟囱之间形成自然通风状态，将炉膛内的蓄热散发，以便导热油自然冷却，防止过热。

3. 导热油锅炉的安全对策措施

（1）保证设备安全。

导热油加热系统应作为压力设备来管理，要确保加热设备完好不漏，否则后果十分严重。使用中要定期检测设备壁厚和耐压强度，并在设备和管道上加装压力计、安全阀和放空管。

（2）严格安全操作。

使用导热油炉时，要严格控制温度不超过350℃，以防温升超压，造成危险。为了避免导热油受热面管壁超温，导热油的流动应呈紊流状态，即雷诺数 $Re>10000$，并具有一定的流速，以减薄其在流过受热面时的边界层厚度。加热操作过程中载热体的循环泵不允许停止。在热负荷降低或暂时停用时，应打开旁路回流调节阀，调节系统流量，使管内的导热油具有足够的流量和流速。

加热炉在启动时要对受热面管和系统管道空管预热。开始点火升温时，因导热油温度低，黏度大，流速低，膜层厚，必须严格控制升温速度，一般应在40～50℃/h以下，以避免局部受热超温。当出现循环导热油温度高但用热设备温度上不去的情况时，不能盲目提高导热油出口温度，而应从用热设备方面查找原因，如积垢、堵塞等。使用导热油加热，开车初期应注意温度与压力的关系。如压力偏高、温度偏低，表示有水，应及时排气；如果压力偏低、温度偏高，表示导热油油量不足，应补加导热油。系统停止运行时，导热油的循环泵要继续运转一段时间，待载热体冷却后，将系统内导热油全部放回储槽，尤其是受热面内不能有遗留。

（3）防止导热油内混入水或其他杂质。

导热油内严禁混入水或其他低沸点杂质和易燃易爆物质。开车时应先排净系统内的水分，然后打开进气阀和回止阀，按规定升温排除载热体中的水分；新换或添加的导热油必须经预热脱水处理方可加入；排除水分时一般应先开放空阀，再用小火以5℃/h的升温速度将导热油温度升到150℃，使水分蒸发逸出。然后关小放空阀，以10℃/h的升温速度将其升温至250℃。升温过程中，如有水击声或压力偏高，应立即开大放空阀，驱逐水蒸气，然后关闭放空阀开车。停炉时，应放出被加热物料后关闭导热油炉蒸气阀，避免物料漏入系统。

（4）清除结焦、结垢。

生产实践中结焦厚度在2mm以下是安全的，炉管内结焦层在0～1.5mm之间，此时焦层的继续积存量同被载热体冲刷的溶化量大致平衡。可用超声波测厚仪测定炉管内的焦层厚度。

在循环泵入口处应装过滤器，滤去因化学变化而产生的呈悬浮状态的聚合物以及局部过热析出的碳粒。过滤器应便于拆卸、更换，以便定期清理存渣及杂质，保证过滤效果。

（5）加强安全管理。

要重视导热油加热设备运行的技术规范以及管理规定的制定和执行情况，严格遵守相关法律法规和安全操作规程。导热油加热操作应有完善的应急处置方案，尤其要防止出现溢料、喷料、漏料、超负荷带病运转。一旦发生泄漏点，要立即堵漏，并更换保温棉。

(6) 设置安全装置和灭火设施。

设置温度、压力、流量、液位自动调节系统、报警系统和安全泄放装置，要保证仪器、仪表灵敏好用。加热操作中，如发生压力突升情况，应立即打开放空阀泄压，并关闭通向加热设备的载热体管道阀门。

4. 导热油锅炉火灾及预防

(1) 鼓包、爆管引起的火灾及预防。

出现这类火灾的原因有以下两种。

① 油质不佳，油中残炭指标超标。导热油在储存、运输或运行维护时，由于不慎使水分、杂质或其他油污等混入油中，当导热油工作升温到1000℃时，会引起喷油并着火，或者水分受热汽化产生高压，引起设备的超压爆炸。另外油中残炭指标超标，导热油在加热运行过程中会发生一些化学变化而生成少量高聚合物，同时也会因局部过热生成焦炭，这些高聚合物和残炭不溶于油而悬浮在油中，运行中这些物质会沉积在锅筒底部而过热鼓包，沉积在管壁而过热爆管。因此，应定期对导热油取样分析，及时掌握油的品质变化情况，分析变化原因，定期补充新导热油量，使其残炭量基本保持稳定，加入锅炉中的导热油必须预先脱水，发现问题应及时采取相应措施。

② 出口温度超温，流速过低。有时因油温高而热机温度却上不去，不能满足生产需要。有的单位采取提高出口温度的办法保证供热量，结果使出口温度接近甚至超过热载体的最高允许使用温度，从而加重了结焦、结垢程度，使用热机的散热器传热效率更低，形成了恶性循环，直到炉管爆破。另外，过低流速会造成受热面中的大部或局部管内壁温度高于允许油膜温度，而缩短导热油的正常使用寿命，导致过热引起鼓包、爆管。因此，锅炉的最高出口油温度应比热载体的工作温度低约30℃，防止油在使用过程中过热分解变质。在运行中，辐射受热面管子内的导热油流速不低于2m/s，对流受热管子内不低于1.5m/s，防止产生残炭、堵塞管径、造成管壁过热等事故。

(2) 泄漏引起的火灾及预防。

由于焊接质量问题，热媒输送主管焊缝部分脱落或超温情况下大量汽化，引起管道振动甚至损坏，从而导致大量导热油外漏，而导热油渗透性较强，特别是法兰垫片处较为严重，泄漏后遇火源引起火灾时有发生。因此，安装时，要选有资质的安装公司安装，管道连接以焊接为好，适当辅以法兰连接，不得采用螺丝连接，法兰连接时应采用耐油、耐压、耐高温的高强石墨制品做密封垫片。所有与热载体接触的附件不得采用有色金属和铸铁制造。钢管应采用20号钢无缝管，紧固件尤其主回路上的连接螺栓采用35号钢鼓较为妥当。锅炉点火前，应由锅监所与安装公司对所有管道、阀门等进行一次耐压试验，直到不渗漏为止，导热油在系统管路中循环应不少于60min，确认一切正常之后，方可点火。

(3) 停电时处理不当引起的火灾及预防。

导热油锅炉在正常使用时，单位偶尔发生突然停电，此时循环油泵停止工作，炉膛内燃煤继续燃烧，使锅炉油温度继续升高，如果油温上升太快降不下来，就会造成短时间内油温局部超高而结焦，致使超温过热爆管引起火灾。因此，遇上停电等故障，应打开所有炉门，立即消除炉内剩余的燃煤，让大量冷风窜进炉膛内，迅速降低炉温，消除热源；同步打开锅炉放油阀门，将高温油缓缓放入储油槽，并让膨胀油槽中的冷油慢慢流入锅炉，及时带走热量。有条件的单位可设置双路电源，如设置小型汽油发电机，其电路与循环油泵电路互为切换，从而防止停电后短时间内油温超高而造成结焦，以致酿成事故。

此外，司炉工必须经技监部门培训合格，统发“司炉工操作证”，只有持证司炉工才准独立操作，以保证出现异常情况能及时排除。还要保持循环油泵、储油槽的清洁，随时清除表面上积聚的油垢和灰尘，严防其被外部飞火引燃成灾。

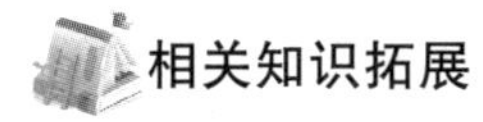

相关知识拓展

锅炉的定义与分类

1. 锅炉的定义

锅炉是指利用各种燃料、电或者其他能源，将所盛装的液体加热到一定的参数，并对外输出热能的设备。其范围包括容积大于或者等于30L的承压蒸汽锅炉，出口水压大于或者等于0.1MPa（表压）且额定功率大于或者等于0.1MW的承压热水锅炉，以及有机热载体锅炉。锅炉分为“锅”与“炉”两部分。

2. 锅炉的分类

锅炉按照功能分为开水锅炉、热水锅炉、蒸汽锅炉、导热油锅炉、热风锅炉等。

按照燃料分为电加热锅炉、燃油锅炉、燃气锅炉、燃煤锅炉、沼气锅炉、太阳能锅炉等。

按照工质循环原理可分为强制循环锅炉、直流循环锅炉、层燃锅炉（火床燃烧锅炉）。

按燃烧方式可分为室燃炉、旋风炉、流化床炉。

锅炉按压力可分为低压锅炉（$p \leqslant 2.5$MPa）、中压锅炉（2.5MPa$< p \leqslant$3.9MPa）、高压锅炉（3.9MPa$< p \leqslant$10.0MPa）、超高压锅炉（10.0MPa$< p \leqslant$14.0MPa）等。

学生课外任务 4

作　　业：

1. 简述如何保证蒸汽锅炉的安全运行？
2. 简述导热油锅炉的安全操作程序。

项目任务：

以【案例 4-4】为例，提出相应的安全对策措施方案。

任务五　化工机械安全防护

知识目标： 了解化工机械操作中对人的不安全行为的防范，熟悉提高化工机械安全可靠性的途径，掌握化工机械伤害的安全装置、设施。

能力目标： 具备化工机械的安全防护的基本能力。

态度目标： 培养严谨的工作态度、树立本质安全化意识。

【案例 4-5】

2011 年 6 月 14 日 15 时，某焦化厂备煤车间 3 号皮带输送机岗位操作工郝某从操作室进入 3 号皮带输送机进行交接班前检查清理，约 15 时 10 分，捅煤工刘某发现 3 号皮带断煤，于是到受煤斗处检查，捅煤后发现皮带机皮带跑偏，就地调整无效，即向 3 号皮带机尾轮部位走去，离机尾约 5～6m 处，看到有折断的铁锹把在尾轮北侧，未见郝某本人，意识到情况严重，随即将皮带机停下，并报告有关人员。有关人员到现场后，发现郝某面朝下趴在 3 号皮带机尾轮下，头部伤势严重。郝某被立即送往医院，后抢救无效死亡。

事故原因：皮带机没有紧急停车装置，在机尾没有防护栏杆。操作工郝某在未停车的情况下处理机尾轮沾煤，违反了“运行中的机器设备不许擦拭、检修或进行故障处理”的安全规程。

化工机械安全防护的重要环节是防止出现人的不安全行为和化工机械的不安全状态。在化工机械运行系统中，要有预防人身伤害的防护装置。

一、防止人的不安全行为

人在操作化工机械的整个过程中，从信息输入、储存、分析、判断、处理到操作动作的完成，每个环节都有可能产生不安全行为而造成伤害事故。因此，必须采取各种措施避免人的不安全行为，提高人操作的安全可靠性。

要做到这一点，应该建立健全化工机械的安全操作规程。安全操作规程应包括下述内容：

(1) 化工机械的工作原理、结构特点、各项性能指标；

(2) 化工机械主要零部件的规格、材质及使用条件；

(3) 工艺流程和工艺指标；开停车方法及注意事项；

(4) 安全操作法及有关规章制度；

(5) 安全设施、冷却和润滑方法；

(6) 危区及危区范围；事故处理方法；

(7) 合理的操作程序和操作动作。

化工机械操作规程应针对不同类型的化工机械的特点，详细准确地编制。安全操作规程一经确立，就是化工机械的操作法规，不得随意违反。

应经常开展安全教育和安全技术培训，不断提高操作者的安全意识和安全防护技能，教育操作者熟练掌握并严格遵守安全操作规程。应结合同类型化工机械事故案例进行教育，使操作者对操作过程中可能发生的事故进行预测和预防。

应不断改善操作环境，如室温、尘毒、振动、噪声等的处理和控制；加强劳动纪律，防止操作者过度疲劳；优化人机匹配，防止或减少失误。

二、提高化工机械的安全可靠性

1. 零部件安全

化工机械的各种受力零部件及其连接，必须合理选择结构、材料、工艺和安全系数，在规定的使用寿命期内，不得产生断裂和破碎。化工机械零部件应选用耐老化或抗疲劳的材料制造，并应规定更换期限，其安全使用期限应小于材料老化或疲劳期限。易被腐蚀的零部件，应选用耐腐蚀材料制造或采取防腐措施。

2. 控制系统安全

化工机械应配有符合安全要求的控制系统，控制装置必须保证当能源发生异常变化时，也不会造成危险。控制装置应安装在使操作者能看到整个机械动作的位置上，否则应配置开车报警声光信号装置。化工机械的调节部分，应采用自动联锁装置，以防止误操作和自动调节、自动操纵等失误。

3. 操纵器安全

操纵器应有电气或机械方面的联锁装置，易出现误动作的操纵器，应采取保护措施。操纵器应明晰可辨，必要时可辅以易理解的形象化符号或文字说明。

4. 操作人员安全防护

化工机械需要操作人员经常变换工作位置者，应配置安全走板，走板宽度应不小于0.5m；操作位置高于2m以上者，应配置供站立的平台和防护栏杆。走板、梯子、平台均应有良好的防滑功能。

三、预防人身伤害的防护装置或设施

人员易触及的可动零部件，应尽可能密封，以免在运转时与其接触。化工机械运行时，操作者需要接近的可动零部件，必须有安全防护装置。为防止化工机械运行中运动的零部件超过极限位置，应配置可靠的限位装置。若可动零部件所具有的动能或势能会引起危险时，则应配置限速、防坠落或防逆转装置。化工机械运行过程中，为避免工具、工件、连接件、紧固件等甩出伤人，应有防松脱措施和配置防护罩或防护网等措施。

相关知识拓展

化工机械事故的原因

从人机工程学的角度看，人和机械是一个统一的整体，人和机械间要有合理的匹配。化工机械的伤害事故是由人的不安全行为和机械本身的不安全状态造成的。

1. 人的不安全行为

人的不安全行为表现是多方面的，大致可以分为操作失误和误入危区两种情况。

（1）操作失误。

机械具有复杂性和自动化程度较高的特点，要求操作者具有良好的素质。但人的素质是有差异的，不同的人在体力、智力、分析判断能力及灵活性、熟练性等方面，有很大不同。特别是人的情绪易受环境因素、社会因素和家庭因素的影响，易导致操作失误。操作失误主要包括以下几种情况。

① 化工机械产生的噪声危害比较严重，操作者的知觉和听觉会发生麻痹，当化工机

械发出异声时，操作者不易发现或判断错误。

② 化工机械的控制或操纵系统的排列和布置与操作者习惯不一致，化工机械的显示器或指示信号标准化不良或识别性差，而使操作者误动作。

③ 操作规程不完善、作业程序不当、监督检查不力都易造成操作者操作失误，导致事故。

④ 操作者本身的因素如技术不熟练、准备不充分、情绪不良等，也易导致失误。

⑤ 化工机械突然发生异常，时间紧迫，造成操作者过度紧张而导致失误。

⑥ 操作者缺乏对化工机械危险性的认识，不知道化工机械的危险部位和范围，进行不安全作业而产生失误。

⑦ 取下安全罩、切断连锁装置等人为地使化工机械处于不安全状态，从而导致事故。

(2) 误入危区。

所谓危区是指化工机械在一定的条件下，有可能发生能量逆流或旁流，从而造成人员伤害的部位或区域。如压缩机主轴联结部位、副轴、活塞杆、十字头、填料函、油泵皮带轮或传动轮、风机叶轮、电机转子等；机床的变速箱、轴、轴孔、卡盘、进刀架、固定支架、工件等；冲压机械的模具、传动系统、锤头等；剪切机械的刀口、传动系统等；传送机械的皮带、链条、滚筒、电机等均属危区部位。危区部位一般都有一定的危区范围，如果人的某个部位进入化工机械危区范围，就有可能发生人身伤害事故。

2. 化工机械的不安全状态

人的失误是化工机械事故的主要因素，但机械处在不良的安全状态或防护设施不完善，也会导致事故。

(1) 化工机械危险源。

化工机械是运动的机械，当机械能逸散施于人体时，就会发生伤害事故。机械能逸散施于人体的主要原因是由于机械设计不合理、强度计算误差、安装调试存在问题、安全装置缺陷以及人的不安全行为。化工机械伤害事故的危险源常存在于下列部位。

① 旋转的机件有将人体或物体从外部卷入的危险；旋转轴的突出部分有钩挂衣袖、裤腿、长发等而将人卷入的危险；机床的卡盘、钻头、铣刀等也存在着与旋转轴同样的危险。

② 传动部件如传动齿轮、传动皮带、传动对轮、传动链条等有钩挂衣袖、裤腿、长发等将人卷入的危险；风翅、叶轮等有绞伤或咬伤的危险。

③ 相互接触而旋转的滚筒，如轧机、压辊、卷板机、干燥滚筒等都有把人卷入的危险。

④ 作直线往复运动的部位，如往复泵和压缩机的十字头、活塞，龙门刨床、牛头刨床、平面铣床、平面磨床的运动机构等，都存在着撞伤和挤伤的危险。

⑤ 冲压、剪切、锻压等机械的模具、锤头、刀口等部位存在着撞压、剪切的危险。化工机械的摇摆部位存在着撞击的危险。

⑥ 化工机械的操纵点、控制点、检查点、取样点及送料过程，都存在不同的潜在危险因素。

(2) 化工机械不安全状态原因。

化工机械的设计、制造、安装、调试、使用、维修直至报废，都有可能产生不安全状态。

① 设计阶段的原因。化工机械的类型、结构和材质是在设计阶段决定的，所以设计阶段的有些不安全状态是先天的，将始终伴随化工机械，终生难以消除。因此，控制设计时的不安全状态是极为重要的。

化工机械设计时产生不安全状态的原因有：设计时对安全装置和设施考虑不周；对使用条件的预想与实际差距太大；选用材质不符合工艺要求；强度或工艺计算有误；结构设计不合理；设计审核失误等。这些大都是设计者缺乏经验或疏忽所致。

② 制造、安装阶段的原因。制造、安装是化工机械的成型阶段，在这个阶段产生不安全状态的原因有：没按设计要求装设安全装置或设施；没按设计要求选材；所用的材料没有按要求严格检查，材料存在的原始缺陷没有被发现；制造工艺、安装工艺不合理；制造、安装技术不熟练，质量不合标准；随意更改图纸，不按设计要求施工等。

③ 使用、维修阶段的原因。使用、维修阶段是化工机械成熟并工作的阶段。这个阶段产生不安全状态的原因有：使用方法不当；使用条件恶劣；冷却与润滑不良，造成机械磨损和腐蚀；超负荷运行；维护保养差；操作技术不熟练；人为造成机械不安全状态，如取下防护罩、切断联锁、摘除信号指示等；超期不检修；检修质量差等。

学生课外任务 5

作　　业：

1. 简述化工机械事故的原因。
2. 如何提高化工机械的安全可靠性？

项目任务：

以甲醇输送泵为例，编制安全操作规程。

任务六　化工设备检修安全技术

知识目标： 熟悉化工设备检修和维护的危险因素，掌握化工检修安全管理的内容。

能力目标： 具备化工设备检修和维护危险因素分析的基本常识，掌握各类化工检修的安全技术。

态度目标： 培养严谨、细致的作风和团队合作精神。

【案例 4-6】

2008 年某日下午，某公司企业员工张某、王某、刘某 3 人跟随车辆从公司装货回到公司铁场空地处。当车辆停稳后，王某和刘某下车做卸货接应，张某从车厢前端的上落架爬上车顶解开绳子、翻开挡雨帆布后开始卸货。当他把货物推出车后门时，突然重心失稳，不慎连同货物一同坠落至地面，头部着地。送至医院后，经医院诊断张某为特重型颅脑损伤，因伤势过重，抢救无效后死亡。

【案例 4-7】

某市化工原料厂碳酸钙车间计划对碳化塔塔内进行清理作业，车间办公室主任安排 3 名操作人员进行清理，只强调等他本人到现场后方准作业（车间主任在该公司工作时间较长，以往此种作业都凭其经验处理）。其中 1 人先到碳化塔旁，为提前完成任务，冒险进入碳化塔进行清理，窒息昏倒，待其余 2 人与车间主任到时，佩戴呼吸器将其救出，但因窒息时间过长已死亡。经检查发现，该公司未制定有关受限空间作业的安全制度。

一、化工检修安全管理

1. 组织领导

大修、中修应成立检修指挥系统，负责检修工作的筹划、调度，安排人力、物力、运输及安全工作。在各级检修指挥机构中要设立安全组，各车间的安全负责人及安全员与厂指挥部安全组构成安全联络网。各级安全机构负责安全规章制度的宣传、教育、监督、检查，并办理动火、动土及检修许可证。化工检修的安全管理工作要贯穿检修的全过程，包括检修前的准备，装置的停车、检修，直至开车的全过程。

2. 制订检修计划

在化工生产中，各个生产装置之间，或厂与厂之间，是一个有机整体，它们相互制约，紧密联系。一个装置的不正常状态必然会影响到其他装置的正常操作，因此大检修必须要有一个全盘的计划。在检修计划中，根据生产工艺过程及公用工程之间的相互关系，确定各装置先后开车的顺序，停水、停气、停电的具体时间，灭火炬、点火炬的具体时间。还要明确规定各个装置的检修时间，检修项目的进度，以及开车顺序。一般都要画出检修计划图（鱼翅图）。在计划图中标明检修期间的各项作业内容，便于对检修工作的管理。

3. 安全教育

化工装置的检修不但有化工操作人员参加，还有大量的检修人员参加，同时有多个专业施工单位进行检修作业，有时还有临时工人进厂作业。安全教育不仅包括对本单位参加检修人员的教育，也包括对其他单位参加检修人员的教育。对各类参加检修的人员都必须进行安全教育，并经考试合格后才能准许参加检修。安全教育的内容包括化工厂检修的安全制度和检修现场必须遵守的有关规定。

4. 安全检查

安全检查包括对检修项目的检查、检修机具的检查和检修现场的巡回检查。

（1）检修项目，特别是重要的检修项目，在制订检修方案时，需同时制定安全技术措施。没有安全技术措施的项目，不准检修。

（2）检修所用的机具，检查合格后由安全主管部门审查并发给合格证。贴在设备醒目处，以便安全检查人员现场检查。没有检查合格证的设备、机具不准进入检修现场和使用。

（3）在检修过程中，要组织安全检查人员到现场巡回检查，检查各检修现场是否认真执行安全检修的各项规定，发现问题及时纠正、解决。如有严重违章者，安全检查员有权令其停止作业。

二、设备检修和维护的危险因素

1. 动火作业的危险性

（1）系统安全措施不到位。如废料处理不干净、容器内存在死角、盲板插加不合理、相连物料管线未隔开、阀门内漏等，动火时易发生火灾爆炸事故。

（2）可燃、易爆介质吸附在设备、管道内壁表面的积垢或外表面的保温材料中，如处理不干净，动火时会释放出来，易发生火灾爆炸事故。

（3）化工生产动火点周围及下方存在易燃易爆物品，如未清除干净，易发生火灾爆炸事故。

（4）管理方面不按规定办理动火证、不执行动火证规定的安全措施时，易造成火灾爆炸事故。

2. 设备内作业的危险性

（1）有毒有害气体未经清洗置换、分析合格，可能造成中毒。

（2）容器中氧含量不符合要求，可能造成窒息。

（3）作业时间长，容器通风不好，有造成窒息的危险。

（4）容器内照明和电动工具使用的电源不是安全电压或存在电源线破损、工具设备漏电现象，都可能造成触电事故。

（5）未戴防毒器材进入有毒区，或进入设备内作业时防毒器材存在缺陷、氧气气源不足、药剂失效等，可能造成中毒事故。

（6）进入高深容器（如造粒塔）作业，安全措施不完善，可能造成物体打击事故。

3. 高处作业的危险性

（1）脚手架搭设不规范、稳定性差，造成高处坠落事故。

（2）周围环境变化，有毒气体突然散发时，易造成中毒及高处坠落事故。

（3）未落实安全（未办登高作业证、未系安全带、未戴安全帽），易造成高处坠落事故和物体打击事故。

(4) 检修时将围栏、楼板等移开后未采取相应的措施而发生坠落。

在检修过程中，人员还可能被灼伤、烧伤；在狭小场所碰撞摔倒、跌打损伤；被卷入运转的机器设备里，断伤肢体等危险。同时，施工用的起重机械、卷扬机、手动砂轮未经检查而发生事故等情况，也应引起高度重视。

三、设备检修的安全技术

1. 动火作业

加强火种管理是化工企业防火防爆的一个重要环节。化工生产设备和管道中的介质大多是易燃易爆的物质，设备检修时又离不开切割、焊接等作业，而助燃物——空气中的氧，又是检修人员作业场所不可缺少的。对检修动火来说，燃烧三要素可能随时具备，因此，检修动火具有很大危险性。

在禁火区动火的程序和要点如下。

(1) 审证。

禁火区内动火应办理“动火许可证”的申请、审核和批准手续，明确动火的地点、时间、范围、动火方案、安全措施、现场监护人。没有动火许可证或动火许可证手续不齐、动火证已过期的不准动火；在动火许可证上要求采取的安全措施没有落实之前，也不准动火；动火地点或内容更改时应重办审证手续，否则也不准动火。

(2) 联系。

动火前应和有关的生产车间、工段联系，明确动火的设备、位置，由生产部门指定专人负责动火设备的置换、扫线、清洗或清扫工作，并做书面记录；由审证的消防安全管理部门通知邻近车间、工段或部门，提出动火期间关闭门窗，不要进行放料、进料操作，不要进行放空作业等要求，以防逸出可燃气体或泄漏可燃液体。

(3) 拆迁。

凡能拆迁到固定动火区或其他安全地方进行动火的作业，不应在生产现场（禁火区）内进行，以尽量减少禁火区的动火工作量。

(4) 隔离。

如动火检修的设备无法拆迁，则动火设备应与其他生产系统用加堵盲板等方法进行可靠隔离，防止运行中的设备、管道内的物料泄漏到动火设备中来；将动火区与其他区域采取临时隔火墙等措施加以屏隔，防止火星飞溅而引起着火事故。特别要注意搞好动火设备附近电缆地沟的隔离措施。

(5) 移去可燃物。

将动火地点周围 10m 以内的一切可燃物，例如溶剂、润滑油、未清洗的盛放过易燃液体的空桶、木框等移到安全地点。

(6) 落实应急灭火措施。

动火期间，动火地点附近的水源要保证充足，不可中断；在动火现场准备好适用且数量足够的灭火器具；对于火灾危险性大的重要地段的动火，应有消防车和消防队员到现场保护。

（7）检查和监护。

上述工作就绪后，根据动火制度的规定，厂、车间或消防安全部门负责人应到现场进行检查，对照动火方案中提出的安全措施检查是否已落实，并再次明确落实动火监护人和动火项目负责人，交代安全注意事项。

（8）动火操作。

动火操作及监护人员应由经安全考试合格的人员担任，压力容器的焊补工作应由经考试合格的锅炉压力容器焊工担任，无合格证者不得独自从事焊补工作。动火作业时要注意火星的飞溅方向，可采用不燃或难燃材料做成的挡板控制火星的飞溅，防止火星落入有火灾危险的区域。在动火作业中遇到生产装置紧急排空或设备、管道突然破裂、可燃物质外泄时，监护人应立即下指令停止动火，待恢复正常，重新分析合格，并经原批准部门批准，才可重新动火。高处动火应遵守高处作业的安全规定，5 级以上大风不准安排室外动火，已进行时，动火作业应停止。进行气焊作业时，氧气瓶和乙炔瓶不得有泄漏，放置地点应距明火地点 10m 以上，氧气瓶和乙炔瓶的间距不应小于 5m。在进行电焊作业时，电焊机应放于指定地点，火线和接地线应完整无损，禁止用铁棒等物品代替接地线和固定接地点，电焊机的接地线应接在被焊设备上，接地点应靠近焊接处，不准采用远距离接地回路。

（9）善后处理。

动火结束后应清理现场，熄灭余火，不遗漏任何火种，切断动火作业所用的电源。

原化学工业部颁布安全生产禁令中关于动火作业的六大禁令为：①动火证未经批准，禁止动火；②不与生产系统可靠隔绝，禁止动火；③不清洗或置换不合格，禁止动火；④不清除周围易燃物，禁止动火；⑤不按时做动火分析，禁止动火；⑥没有消防措施，禁止动火。

2. 动土作业

化工企业内外的地下有动力、通信和仪表等不同用途、不同规格的电缆，有上水、下水、循环水、冷却水、软水（较少可溶性钙、镁化合物的水）、除盐水（含很少或不含矿物质）和消防用水等口径不一、材料各异的生产、生活用水管，还有煤气管、蒸汽管、各种化学物料管。电缆、管道纵横交错，编织成网。以往由于动土没有一套完善的安全管理制度，在不明地下设施的情况就进行动土作业，结果曾挖断了电缆，击穿了管道，土石塌方，人员坠落，造成人员伤亡或全厂停电等重大事故。因此，动土作业应该是化工检修安全技术管理的一个重要内容。

（1）审批。

根据企业地下设施的具体情况，划定各区域动土作业级别，按分级审批的规定办理审批手续。申请动土作业时，需写明作业的时间、地点、内容、范围、施工方法、挖土堆放场所和参加作业人员、安全负责人及安全措施。一般由基建、设备动力、仪表和工厂资料室的有关人员，根据地下设施布置总图对照申请书中的作业情况仔细核对，逐一提出意见，然后按动土作业规定交有关部门或厂领导批准，根据基建等部门的意见，提出补充安全要求。办妥上述手续的动土作业许可证方才有效。

（2）安全注意事项。

动土作业时要防止损坏地下设施和地面建筑，施工时必须小心。防止坍塌，挖掘时应自上而下进行，禁止采用挖空底角的方法挖掘，同时应根据挖掘深度装设支撑。在铁塔、电杆、地下埋设物及铁道附近挖土时，必须在周围加固后，方可进行施工。夜间作业必须有足够的照明，防止机器工具造成伤害。挖掘的沟、坑、池等应在周围设置围栏和警告标志，夜间设红灯警示，以防止坠落。

此外，在可能出现煤气等有毒有害气体的地点工作时，应预先告知工作人员，并做好防毒准备。在挖土作业时如突然发现煤气等有毒气体或可疑现象，应立即停止工作，撤离全部工作人员报告有关部门处理，在有毒有害气体未彻底清除前不准恢复工作。在禁火区内进行动土作业还应遵守禁火的有关安全规定。动土作业完成后，现场的沟、坑应及时填平。

3. 高处作业

凡在坠落高度基准面 2m 以上（含 2m）有可能坠落的高处进行作业，均称为高处作业。作业高度在 2～5m 时，称为一级高处作业；作业高度在 5～15m 时，称为二级高处作业；作业高度在 15～30m 时，称为三级高处作业；作业高度在 30m 以上时，称为特级高处作业。

石油化工装置多数为多层布局，高处作业的情况比较多。例如，设备、管线拆装，阀门检修更换，防腐刷漆保温，仪表调校，电缆架空敷设等。

发生高处坠落事故的原因主要包括：洞、坑无盖板或检修中移去盖板；平台、扶梯的栏杆不符合安全要求，临时拆除栏杆后没有防护措施，不设警告标志；高处作业不挂安全带、不戴安全帽、不挂安全网；梯子使用不当或梯子不符合安全要求；在不采取任何安全措施的情况下，在石棉瓦之类不坚固的结构上作业；脚手架有缺陷；高处作业用力不当、重心失稳；器具失灵，配合不好，危险物料伤害坠落；作业处附近对电网设防不妥，触电坠落等。一名体重为 60kg 的工人，从 5m 高处滑下坠落地面，经计算可产生相当于 300kg 的冲击力，这种巨大的冲击力会致人死亡。

高处作业的一般安全要求有以下几点。

（1）作业人员。

患有精神病等职业禁忌证的人员禁止参加高处作业。检修人员饮酒、精神不振时禁止登高作业。作业人员必须持有作业票。

（2）作业条件。

高处作业必须戴安全帽、系安全带。作业高度 2m 以上应设置安全网，并根据位置的升高随时调整。高度超过 15m 时，应在作业位置垂直下方 4m 处，架设一层安全网，且安全网数不得少于 3 层。

（3）现场管理。

高处作业现场应设有围栏或其他明显的安全界标，除有关人员外，不允许其他人员在作业点的下方通行或逗留。

（4）防止工具材料坠落。

高处作业应一律使用工具袋。较粗、较重工具应用绳牢牢拴在坚固的构件上，不允许随便乱放；在格栅式平台上工作，为防止物件坠落，应铺设木板；递送工具、材料不准上下投掷，应用绳系牢后上下吊送；上下层同时进行作业时，中间必须搭设严密牢固的防护隔板、罩棚或其他隔离设施；工作过程中除指定的、已采取防护的围栏或落料管槽可以倾倒废料外，任何作业人员严禁向下抛掷物料。

（5）防止触电和中毒。

脚手架搭设时应避开高压电线，无法避开时，作业人员在脚手架上的活动范围及其所携带的工具、材料等与带电导线的最短距离，应大于安全距离（电压等级≤110kV 时，安全距离为 2m；220kV 时，为 3m；330kV 时，为 4m）。高处作业地点靠近放空管时，应事先与生产车间联系，保证高处作业期间生产装置不向外排放有毒有害物质，并事先向高处作业的全体人员交代清楚安全防护措施，例如，万一有毒有害物质排放时，应迅速撤离现场。

（6）气象条件。

六级以上大风、暴雨、打雷、大雾等恶劣天气，应停止露天高处作业。

（7）注意结构的牢固性和可靠性。

在槽顶、罐顶、屋顶等设备或建筑物、构筑物上作业时，临空一面应装安全网或栏杆等防护措施。事先应检查其牢固可靠程度，防止失稳或破裂等可能出现的危险。严禁直接站在油毛毡、石棉瓦等易碎裂材料的结构上作业，为防止误登，应在这类结构的醒目处挂上警告牌。登高作业人员不准穿塑料底等易滑的或硬质厚底的鞋子。冬季严寒作业应采取防冻防滑措施或轮流进行作业。

4. 限定空间作业

进入化工生产区域内的各类塔、釜、槽、罐、炉膛、锅筒、管道、容器以及地下室、阴井、地坑、下水道或其他封闭场所内进行的作业，均为进入设备作业，也称限定空间作业。

设备内作业必须满足以下九项安全要求。

（1）安全隔离。

设备上所有与外界连通的管道、孔洞均应与外界进行有效隔绝；设备上与外界连接的电源应进行有效切断。管道安全隔绝可采用插入盲板或拆除一段管道的方式，不能用水封或阀门等代替盲板或拆除管道。电源有效切断可采用取下电源保险熔丝或将电源开关拉下后上锁等措施，并加挂警示牌。

（2）空气置换。

用惰性气体置换过的设备，在进入之前必须用空气置换惰性气体，并对设备内空气中的氧含量进行测定。设备内动火作业除了要保证限定空间内空气中的可燃物含量符合动火规定外，氧含量也应在 18%～21%的范围。若设备内介质有毒的话，还应测定设备内空气中有毒物质的浓度。有毒气体和可燃气体浓度应符合《化工企业安全管理制度》的规定。

（3）通风。

要采取措施，保持设备内空气流通良好。打开所有人孔、手孔、料孔等进行自然通风。必要时，可采取机械通风。采用管道空气送风时，通风前必须对管道内介质和风源进行分析确认。不准向设备内充氧气或富氧空气。

（4）定时检测。

作业前30min内，必须对设备内气体采样分析，分析合格后办理《设备内安全作业证》，方可进入设备。采样点要有代表性。作业中要加强定时检测，若情况异常应立即停止作业，并撤离人员。作业现场经处理后，取样分析合格方可继续作业。涂刷具有挥发性溶剂的涂料时，应作连续分析，并采取可靠的通风措施。

（5）用电安全。

设备内作业照明，使用的电动工具必须使用安全电压，在干燥的设备内电压≤36V，在潮湿环境或密闭性好的金属容器内电压≤12V。若有可燃物质存在时，还应符合防爆要求。悬吊行灯时不能使导线承受张力，必须用附属的吊具来悬吊。行灯的防护装置和电动工具的机架等金属部分应该预先可靠接地。设备内焊接应准备橡胶板，穿戴其他电气防护用具，焊机托架应采用绝缘的托架，最好在电焊机上装上防止电击的装置后使用。

（6）设备外监护。

设备内作业一般应指派两人以上进行设备外监护。监护人应了解介质的理化性能、毒性、中毒症状和火灾、爆炸性；监护人应位于能经常看见设备内部操作人员的位置，眼光不能离开操作人员；监护人除了向设备内作业人员递送工具、材料外，不得从事其他工作，更不准撤离岗位，发现设备内有异常时，应立即召集急救人员，设法将设备内受害人员救出，监护人员应从事设备外的急救工作；如果没有代理监护人，即使在非常时候，监护人也不得自己进入设备内；凡进入设备内抢救的人员，必须根据现场的情况穿戴防毒面具或氧气呼吸器、安全带等防护器具，绝不允许不采取任何个人防护而冒险进入设备救人。

（7）个人防护。

设备内作业应使设备内及周围环境符合安全卫生的要求。在不得已的情况下才戴防毒面具进入设备作业，这时防毒面具务必事先做严格检查，确保完好，并规定在设备的停留时间内作业，同时需严密监护，轮换作业。在设备内空气中氧含量和有毒有害物质均符合安全规定时进行作业，还应该正确使用劳动保护用品。设备内作业人员必须穿戴好工作帽、工作服、工作鞋；衣袖、裤子不得卷起，作业人员的皮肤不要露在外面；不得穿戴沾附着油脂的工作服；在有可能落下工具、材料及其他物体或漏滴液体等的场合，应戴安全帽；在有可能接触酸、碱、苯酚之类腐蚀性液体的场合，应戴防护眼镜、面罩、毛巾等护具保护整个面部和颈部；设备内作业一般穿中筒或高筒橡皮靴，为了防止脚部伤害也可以穿牛皮靴等工作鞋。

（8）急救措施。

根据设备的容积和形状、作业危险性大小和介质性质，提前做好相应的急救准备工作。对直径较小、通道狭窄、一旦发生事故要进入设备内抢救时进入困难的设备，进入设备前作业人员就应系好安全带。操作人员在设备内作业时，监护人应握住安全带的一端，随时准备把操作人员拉上来；设备外至少准备好一组急救防护用具，以便在缺氧或有毒的环境中使用。在设备内从事清扫作业，有可能接触酸、碱等物质时，设备外应预先准备好大量的清水，以供应急救时使用。

（9）升降机具。

设备内作业所用升降机具必须安全可靠；所用吊车或卷扬机应严格检查，安全装置齐全、完好，并指定有经验的人员负责操作。在设备内使用梯子时，最好将其上端固定在设备壁上，下端应有防滑措施，根据情况也可采用吊梯。

四、化工仪表检修和维护安全技术

为了提高仪表设备的可靠性，应做好仪表的检修工作。在线仪表与生产设备一样，检修时都会接触到一些化工物料以及电能，因此危险性很大。

1. 化工仪表检修过程中可能出现的危险因素

化工仪表检修过程中可造成的事故主要有电气事故和有害物质伤害两种。

（1）电气事故。带电仪表在检修时未断电或断电后静电积聚，若未及时放电则会导致触电事故。

（2）有害物质伤害。直接使用生产中的物料进行对比测量的仪表，可能会造成有害物质对人体的伤害。

2. 化工仪表检修维护的安全措施

仪表工作前，需仔细检查所使用的工具和各种仪器设备性能是否良好。仪表检修维护时，仪表工应熟知所管辖仪表有关电气和有毒有害物质的安全知识，在一般情况下不允许带电作业。在尘毒作业场所进行仪表检修维护时，需了解尘毒的性质和对人体的危害，采取有效预防措施。作业人员应会使用防毒防尘用具并应穿戴必要的防毒防尘个人防护用品。

检修仪表时，事前要检查各类安全设施是否良好，否则不能开始检修。仪表检修时，应将设备余压、余料泄尽，切断水、电、气及物料来源，使仪表降至常温，并悬挂“禁止合闸”及“现在检修”标志，必要时要有专人监护。任何仪表和设备，在未证实有无电之前均应按有电对待；尚未弄清接线端的接线情况时，都应以高压电源对待。严禁带电拆装仪表，需带电作业时，要在现场工作人员与有关部门或人员联系，并确认安全可靠后方可开始送电。

现场作业需要停表或停电时，必须与操作人员联系，在得到允许后，方可进行。电气操作需由电气专业人员按制度执行。仪表及其电气设备均需有良好的接地装置。

仪表电源开关与照明或动力电源开关不得共用，在防爆场所必须选用防爆开关。仪表及其附属设备，送电前应检查电源、电压的等级是否与仪表要求相符合，然后检查绝缘情况，确认接线正确，接触良好后，方可送电。

仪表不经车间设备员同意，不得任意改变其工作条件。工作条件改变后，需告知设备员备案，并在技术档案中明确记载。

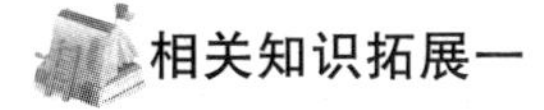

化工检修和化工检修的特点

1. 化工检修

化工生产具有高温、高压、腐蚀性强等特点，因此化工设备、管道、阀件、仪表等在运行中易受到腐蚀和磨损。为了维持正常生产，尽量减少非正常停车给生产造成的损失，必须加强对化工设备的维护、保养、检测和维修。化工检修分为计划检修与计划外检修。

2. 化工检修的特点

化工检修具有频繁、复杂、危险性大的特点。

（1）化工检修的频繁性。

所谓频繁是指计划检修、计划外检修次数多。化工生产的复杂性决定了化工设备及管道的故障和事故的频繁性，因而也决定了检修的频繁性。

（2）化工检修的复杂性。

生产中使用的设备、机械、仪表、管道、阀门等，种类多，数量大，结构和性能各异，要求从事检修的人员具有丰富的知识和熟练的技术，熟悉和掌握不同设备的结构、性能和特点。检修中由于受到环境、气候、场地的限制，有些要在露天作业，有些要在地坑或井下作业，有时还要上、中、下立体交叉作业，这些因素都增加了化工检修的复杂性。

（3）化工检修的危险性。

化工生产的危险性决定了化工检修的危险性。化工设备和管道中有很多残存的易燃易爆、有毒有害、有腐蚀性的物质，而检修又离不开动火、进罐作业，稍有疏忽就会发生火灾、爆炸、中毒和灼伤等事故。

**相关知识拓展二**

研读资料

《化学品生产单位八项作业安全规范》（AQ 3021～3028—2008）。

学生课外任务 6

作　　业：

1. 化工机械安全防护的方法有哪些？
2. 化工检修中怎样进行安全管理？
3. 简述如何保证设备检修中动火作业、动土作业、高处作业、限定空间作业的安全。

项目任务：

针对【案例 4-6】【案例 4-7】，编制安全对策措施方案。

任务七　化工设备防腐技术措施

知识目标： 熟悉化工设备防腐的一般技术类型。
能力目标： 掌握化工设备的常用防腐技术能力。
态度目标： 培养严谨、细致的作风。

【案例 4-8】

2004 年 4 月 15 日 21 时，重庆天原化工总厂氯氢分厂 1 号氯冷凝器列管腐蚀穿孔，造成含铵盐水泄漏到液氯系统，生成大量易燃的三氯化氮。造成 5 号、6 号液氯储罐内的三氯化氮发生了爆炸，爆炸使 5 号、6 号液氯储罐罐体破裂解体，并将地面炸出 1 个长 9m、宽 4m、深 2m 的坑。以坑为中心、半径 200m 范围内的地面与建筑物上散落着大量爆炸碎片。此次事故造成 9 人死亡，3 人受伤，15 万名群众疏散，直接经济损失 277 万元。

事故原因：设备腐蚀穿孔导致盐水泄漏是造成三氯化氮形成和富集的原因。根据技术鉴定和专家分析，氯气泄漏和含铵盐水流失的原因是 1 号氯冷凝器列管的腐蚀穿孔。列管腐蚀穿孔的主要原因是：①氯气、液氯、氯化钙冷却盐水对氯气冷凝器存在的腐蚀作用；②列管内氯气中的水分对碳钢的腐蚀；③列管外盐水中由于离子电位差对管材产生电化学腐蚀和点腐蚀；④列管和管板焊接处的应力腐蚀；⑤使用时间较长，并未进行耐压实验，对腐蚀现象未能在腐蚀和穿孔前及时发现。

腐蚀是指材料在周围介质作用下产生的破坏。腐蚀的原因是多方面的，可以是化学的、物理的、生物的、机械的等。腐蚀广泛存在于石油、化工类企业。石油、化工设备不仅要承受温度和压力的作用，还要在腐蚀环境中极为苛刻的介质条件下运行，所以腐蚀状况最为严重，由腐蚀造成的损失也最大。因此，化工防腐是化工企业的一项重要工作，其技术措施主要有以下几种。

一、正确选材

防止或减缓腐蚀的重要途径是正确地选择工程材料。除考虑一般技术经济指标外，还需考虑工艺条件及其在生产过程中的变化。要根据介质性质、浓度、杂质、腐蚀产物，物料化学反应、温度、压力、流速等工艺条件，以及材料的耐腐蚀性能，综合选择材料。

二、阴极保护

对被腐蚀金属可以进行阴极保护。阴极保护有外加电流法和牺牲阳极法两种。外加电流法是把直流电源负极与被保护金属连接，正极与外加辅助电极连接，电源将阴极电流通入被保护金属，使腐蚀受到抑制。牺牲阳极法又称作护屏保护，它是将电极电位较负的金属与被保护金属连接构成腐蚀电池，电位较负的金属（阳极）在腐蚀过程中流出的电流抑制了被保护金属的腐蚀。它可以同涂料或缓蚀剂联合使用。

三、阳极保护

在腐蚀介质中，将被腐蚀金属通以阳极电流，在其表面形成有很强耐腐蚀性的钝化膜，借以保护金属，称为阳极保护。可以以电偶式阳极保护的形式使用，也可以与涂料或缓蚀剂联合使用。

四、添加防腐缓蚀剂

防腐缓蚀剂可分为无机缓蚀剂和有机缓蚀剂两大类型。无机缓蚀剂有氧化性缓蚀剂，例如硝酸钠、亚硝酸钠、铬酸盐、重铬酸盐等；有机缓蚀剂有胺类、醛类、杂环化合物、咪唑啉、有机硫等。常用防腐缓蚀剂见表 4-3。

表 4-3　常用防腐缓蚀剂

酸洗用缓蚀剂	缓释材料	添加用缓蚀剂	缓释材料
乌洛托品	钢铁	亚硝酸盐	钢铁
粗吡啶	钢铁	铬酸盐	钢铁、铝、镁、铜及其合金
四甲基粗吡啶釜残（1901）	钢铁	重铬酸盐	同上
负氨	钢铁	硅酸钠（模数 2～4）	钢、铜、铅、铝
负氨＋KI	钢铁	高模数硅酸钠	黄铜、镀锌
粗喹啉＋KI	钢铁	磷酸盐	钢铁

防腐缓蚀效率随缓蚀剂浓度增大而增大，但当浓度达到一定值后，缓蚀剂浓度增加，缓蚀效率反而下降。如铬酸盐、重铬酸盐、过氧化氢等氧化性缓蚀剂就属于这种类型。在较低温度下，缓蚀效率较高。升高温度，吸附作用下降，腐蚀加重。在某一温度范围内，缓蚀作用是稳定的。有时升高温度会提高缓蚀效率，这是因为形成的反应产物膜或钝化膜质量好。腐蚀性介质的流速增大一般会降低缓蚀效率。但有时腐蚀性介质的流动会使缓蚀剂分布均匀，反而会提高缓蚀效率。

五、增加防腐保护层

防腐保护层分为金属保护层和非金属保护层。金属保护层是指用较强耐腐蚀性的金属或合金，覆于较差耐腐蚀性金属表面，防止腐蚀的金属层。非金属保护层是指用非金属材料覆盖于金属或非金属设备或设施表面，防止腐蚀的保护层。

1. 金属保护层

金属保护层有衬里金属层、表面合金化金属层、化学镀金属层、离子镀金属层、喷镀金属层、热浸镀金属层、电镀金属层等多种类型。

（1）衬里金属层是将较强耐腐蚀性的金属，如铅、钛、铝等衬覆于设备内部。这是化工防腐中广泛应用的一种方法，具有安全可靠的特点。衬里金属层主要有衬不锈钢和耐酸钢，如 0Cr13、0Cr17Ti、1Cr18Ni9Ti、Cr18Ni12Mo2Ti 等；衬钛，如 TA1、TA2 等；衬铝，如各号纯铝；以及衬铅或搪铅等。

（2）表面合金化金属层是采用渗透、扩散等工艺，使金属表面生成某种合金表面层，以防腐蚀或摩擦。

（3）化学镀金属层是采用化学反应，在金属表面镀镍、锡、铜、银等以防腐蚀。

（4）离子镀金属层是在减压条件下，使金属或合金蒸气部分离子化，在高能作用下，对被保护金属表面进行溅射、沉积以获得镀层。

（5）喷镀金属层是将金属、合金或金属陶瓷喷射于被保护金属表面的防腐方法。

（6）热浸镀金属层是在钢铁构件表面热浸上铝、锌、铅、锡及其合金的防腐方法。

(7) 电镀金属层是应用电化学原理，以金属表面为阴极，获得电沉积表面层以保护金属的方法。

2. 非金属保护层

非金属保护层分为衬里和涂层两类。非金属衬里多用于液态介质对设备内部腐蚀的防护；非金属涂层多用于腐蚀性气体对环境腐蚀的防护。

防腐非金属衬里常用的有玻璃钢衬里、橡胶衬里、塑料衬里等。这些衬里都需要使用相应的胶接剂与设备内表面黏接在一起。如玻璃钢衬里要用玻璃钢胶液，把玻璃布黏接在设备内表面上。橡胶衬里胶接剂，是把溶于汽油或其他溶剂中制成，用以在设备内壁胶接硬质或半硬质橡胶。塑料衬里是把聚氯乙烯、聚丙烯板材衬在钢或混凝土设备内表面上。

非金属涂层是以涂料涂刷于物体表面后，形成的一种坚韧、耐磨、耐腐蚀的保护层。当涂料是由两种或两种以上成膜物质组成时，起决定作用的一种称为主料，其余物质称为辅料。涂料是按成膜物质，即涂料，进行分类。如酚醛及改性酚醛树脂涂料、环氧及改性环氧树脂涂料、呋喃及改性呋喃树脂涂料、乙烯类涂料、聚氨酯涂料等。上述涂料常用于涂刷设备内壁，起防腐作用。

六、合理的防腐设计

合理的防腐设计能在很大程度上减少腐蚀的程度。结构上应尽量避免缝隙、死角、坑洼、液体停滞、应力集中、局部过热等不均匀因素；设计时，设备的结构应尽可能简单，减少腐蚀电池形成的机会；从防腐蚀角度看，整体结构比分段结构好；设计选材时，应注意材料的相容性和设备之间的相互腐蚀性影响；设备的表面状态应当均匀、平滑、清洁，突出的紧固件的数目愈少愈好；采用覆盖层保护的设备（如衬里设备）要有足够的强度和刚度，使用中不能变形；设备设计的几何结构应方便设备清洗、维修和防腐蚀施工；还应尽量集中附件、简化主体设计等。

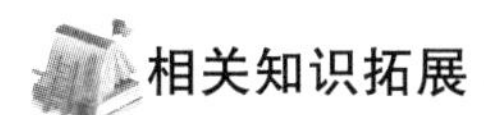

腐蚀的机理与类型

1. 腐蚀机理

(1) 化学腐蚀。

化学腐蚀是指周围介质对金属发生化学作用而造成的破坏。工业中常见的化学腐蚀有金属氧化、高温硫化、渗碳、脱碳、氢腐蚀等。

金属在干燥或高温气体中可与氧反应造成腐蚀。氧化过程可表示为：

$$2Me+O_2 \longrightarrow 2MeO$$

式中 Me 表示金属。

(2) 电化学腐蚀。

金属材料与电解质溶液接触时，由于不同组分或组成的金属材料之间形成原电池，其阴、阳两极之间发生的氧化还原反应会使某一组分或组成的金属材料溶解，造成材料失效。这一过程称为电化学腐蚀。

两种不同金属在溶液中直接接触，因其电极电位不同而构成腐蚀电池，使电极电位较负的金属发生溶解腐蚀，则称之为电偶腐蚀，或接触腐蚀。工程上不乏不同金属材料间的接触，电偶腐蚀这类电化学腐蚀屡屡发生。

2. 腐蚀的类型

(1) 全面腐蚀。

全面腐蚀是指金属结构的整个表面或大面积的程度相同的腐蚀，也称作均匀腐蚀。在全面腐蚀中，金属以一定的速度被腐蚀介质所溶解，金属结构逐渐变薄。而局部腐蚀是指金属结构特定区域或部位上的腐蚀。

全面腐蚀的速度，以金属结构在单位时间内单位面积的质量损失来表示，如 $mg/(dm^2 \cdot d)$，$g/(m^2 \cdot h)$；也可用金属每年腐蚀的深度，即金属构件每年变薄的程度来表示，如 mm/a。

金属材料的耐腐蚀性，依其腐蚀速度可分为四个等级，如表 4-4 所示。

表 4-4 金属材料的耐腐蚀等级

等级	腐蚀程度/(mm/a)	耐腐蚀性	等级	腐蚀速度/(mm/a)	耐腐蚀性
1	<0.05	优良	3	0.5～1.5	可用，腐蚀较重
2	0.05～0.5	良好	4	>1.5	不宜作用，腐蚀严重

(2) 缝隙腐蚀。

缝隙腐蚀是在电解质溶液中，金属与金属、金属与非金属之间的狭缝内发生的腐蚀。在管道连接处，衬板、垫片处，设备污泥沉积处，微生物附着处，以及设备外部尘埃、腐蚀产物附着处，金属涂层破损处，均易产生缝隙腐蚀。

① 缝隙腐蚀机理。由于缝隙中积液流动不畅，逐渐使缝内外构成浓差电池，发生阳极溶解和阴极还原反应。阳极、阴极反应可分别表示为：

$$Me \longrightarrow Me^+ + e$$

$$O_2 + 2H_2O + 4e \longrightarrow 4OH^-$$

上述反应使氧逐渐被消耗，由于积液流动不畅，氧很难补充，且腐蚀产物对缝隙起了进一步阻塞作用，但缝内阳极溶解借助缝外阴极反应仍可进行。反应会生成过多的 Me^+ 使缝内外的电平衡被破坏，促进溶液内 Cl^- 离子等迁入缝内形成金属盐。金属盐水解会生成游离酸，从而加快金属的溶解速度。Me^+ 逐渐增多，由于自催化作用使上述过程更加活跃，造成腐蚀更加严重。

② 缝隙腐蚀的影响因素。缝隙可以使溶液侵入，也可使其流动受阻。缝宽在 0.10～0.12mm 间的缝隙最易腐蚀，一般腐蚀的缝隙宽度约为 0.025～3.125mm。缝内外面积比越大，提供阴极反应的场所就越多，缝内的阳极反应就会越快，从而加速腐蚀。

溶液中溶氧量越大，有利于缝外金属去极化的阴极反应，因而，溶氧量增大会使缝隙反应加剧。溶液中 Cl^- 的增加，会使金属电位向负方向移动，使缝隙腐蚀加重。腐蚀溶液的 pH 值如果处在能使缝外金属钝化的状态下，则 pH 值的降低会使缝内腐蚀加剧。腐蚀溶液流速对缝隙腐蚀有着双向影响，要视具体情况而定。

(3) 孔腐蚀。

孔腐蚀是金属表面个别小点上深度较大的腐蚀，简称孔蚀，也称作小点腐蚀。金属表面由于露头、错位、介质不均匀等缺陷，使其表面膜的完整性遭到破坏，成为点蚀源。点蚀源在某段时间内呈活性状态，电极电位较负，与表面其他部位构成局部腐蚀微电池。在大阴极、小阳极的条件下，点蚀源的金属迅速被溶解形成孔洞。孔蚀同缝隙腐蚀一样，也存在金属离子的自催化作用，从而使腐蚀不断加深，甚至穿透，造成严重后果。

介质是影响孔蚀的重要因素之一。氯化物、溴化物、次氯酸盐等溶液，以及含氯离子天然水的存在，最易产生孔蚀。氯化亚铜、氯化亚铁或卤素离子与氧化剂同时存在，则能加剧孔蚀。当介质中 OH^-、NO_3^-、SO_4^{2-}、ClO_4^- 等阴离子与溶液中的 Cl^- 比值达一定值时，对孔蚀有抑制作用，否则会起反作用。

增加溶液流速，能消除金属表面滞流状态，有降低孔蚀作用的倾向。奥氏体不锈钢比其他合金钢的孔蚀敏感性更大。不锈钢的敏化处理、冷加工会加速孔腐蚀破坏。

(4) 氢损伤。

氢损伤包括氢腐蚀与氢脆，是由于氢的作用引起材料性能下降的一种现象。

① 氢腐蚀。在高温高压下，氢引起钢组织结构变化，使其机械性能恶化，称为氢腐蚀。氢腐蚀是指氢分子在高温高压下在钢表面分解为氢原子。氢原子经化学吸附透过金属表面固溶体，向钢内部扩散。氢原子在夹杂物与金属交界处形成氢原子，或与碳化合生成甲烷（CH_4）。氢原子和 CH_4 不能重溶或扩散，封闭聚集形成高压造成应力集中，引起微裂纹生成。

化学工业用钢常见的氢腐蚀有以下特征：软钢或钢表面可见鼓泡，微观组织沿晶界可见许多微裂纹。被腐蚀的钢强度、塑性下降，容易脆断。氢腐蚀与氢脆不同，不能用脱氢的方法使钢材恢复其机械性能。

② 氢脆。氢脆是指氢扩散到金属内部，使金属材料发生脆化的现象。一般认为氢溶于钢后残留在位错处，当氢达饱和状态后，对位错起钉孔的作用，使滑移难以进行，从而使钢呈现出脆性。

氢脆具有可逆性，未脆断前在100～150℃间适当热处理，保温24h可消除脆性。氢脆不同于应力腐蚀，不需要腐蚀环境即可发生，而且在常温下更容易发生。

合金钢碳化物组织状况对氢脆有直接影响，氢脆开裂容易程度的顺序为：马氏体＞500℃回火马氏体＞粗层状珠光体＞细层状珠光体＞球状珠光体。合金钢强度级别越高，其氢脆敏感性越大。

(5) 应力腐蚀。

应力腐蚀是指金属在应力（特别是拉伸应力）的作用下和特定的腐蚀环境共同起作用，产生了破裂的现象。受应力腐蚀材料虽然在外观上没有多大变化，但却产生了应力腐蚀裂纹。

应力腐蚀与单纯的应力破坏不一样，在极低的应力作用下也会发生腐蚀破坏；与单纯由于腐蚀引起的破坏也不同，腐蚀性很弱的介质，也能发生应力腐蚀破坏。应力与腐蚀二者相互促进，材料往往在没有变形预兆的情况下而迅速断裂，很容易造成严重的事故。

材料的应力腐蚀有如下特征：

① 主要是合金发生应力腐蚀，纯金属极少发生。

② 对环境的选择性形成了所谓“应力腐蚀的材料——环境组合”。

③ 只有拉应力才引起应力腐蚀，压应力反而会阻止或延缓应力腐蚀的发生。

④ 裂缝方向宏观上和拉引力垂直，其形态有晶间型、穿晶型以及混合型。

⑤ 应力腐蚀有孕育期，因此应力腐蚀的破断时间可分为孕育期、发展期和快断期三部分。

⑥ 发生应力腐蚀的合金表面往往存在钝化膜或其他保护膜，在大多数情况下合金发生应力腐蚀时均匀腐蚀速度很小，因此金属失重甚微。表 4-5 列出了常用合金与易于产生应力腐蚀的介质。

表 4-5 常用合金与易于产生应力腐蚀的介质

金属或合金	腐蚀介质
碳钢和低合金钢	42% $MgCl_2$ 溶液，HCN
奥氏体不锈钢	NaClO 溶液，海水，H_2S 水溶液
铜和铜合金	氯化物溶液，高温高压蒸馏水
镍和镍合金	氨蒸气，汞盐溶液，含 SO_2 大气
蒙乃尔合金	NaOH 水溶液
铝合金	HF 酸，氟硅酸溶液

（6）电偶腐蚀。

异种金属在同一电解质中接触，由于金属各自的电势不等构成腐蚀电池，使电势较低的金属首先被腐蚀破坏的过程，称接触腐蚀或双金属腐蚀。例如，某一铁制容器以镀锡保护，表层的锡被擦伤后造成 Sn-Fe 原电池的破坏，其中 Fe^{2+} 和 Fe^{3+} 含量较低，铁为阳极受到损坏，以致穿孔，使整个设备损坏。因此，在这种条件下材料表面一旦损坏必须立即采取措施（修补涂层）以防造成严重后果。

学生课外任务 7

作　　业：

1. 腐蚀的类型有哪些?

2. 简述化工设备防腐技术措施。

项目任务：

以某盐酸生产过程为例，提出防腐技术措施方案。

第五单元　化工过程安全技术

任务一　典型化工工艺安全技术

知识目标： 掌握典型化工反应过程的安全技术要点。
能力目标： 针对具体的反应岗位制定合理的安全技术措施。
态度目标： 建立安全第一、预防为主的理念，严谨细致的工作态度和团队合作精神。

【案例 5-1】

1995 年 5 月 18 日下午 3 点左右，江阴市某化工厂在生产对硝基苯甲酸过程中发生爆炸火灾事故，当场烧死 2 人，重伤 5 人，至 19 日上午又有 2 名伤员因抢救无效死亡。该厂 320m^2 生产车间厂房屋顶和 280m^2 的玻璃钢棚以及部分设备、原料被烧毁，直接经济损失为 10.6 万元。

【案例 5-2】

1996 年 8 月 12 日，山东省某化学工业集团总公司制药厂在生产山梨醇过程中发生爆炸事故。山梨醇车间氢化岗位的氢化釜在加氢反应过程中，液糖和二次沉降蒸发工段突然出现一道闪光，随着一声巨响，发生空间化学爆炸。1 号、2 号液糖高位槽封头被掀裂，3 号液糖高位槽被炸裂，封头飞向房顶，4 台互次沉降槽封头被炸挤压入槽内，6 台尾气分离器、3 台缓冲罐被防爆墙掀翻砸坏，室内外的工艺管线、电气线路被严重破坏。

【案例 5-3】

2007 年 10 月 25 日上午 10 时 30 分，某化工厂氯乙酸工段 C1 氯化釜系统玻璃冷却器突然发生爆炸。其中 C1 氯化釜三楼九节玻璃冷却器全部炸坏，炸坏后的碎片造成附近 D2、E1、E2 等三台氯化釜共七节玻璃冷却器不同程度的损坏。爆炸发生后，当班人员迅速关闭氯化系统相关阀门，氯化岗位做紧急停车处理，氯乙酸其他结晶、离心包装等岗位未受到影响，生产保持正常运行。但事故造成直接经济损失 20 万余元，并且爆炸后形成的酸雾向周围弥散，对环境造成极大污染。

事故原因： 由于该氯化釜几处通氯阀门内漏，造成氯气进入氯化釜系统内。由于釜换热夹套进水阀内漏，水与夹套内的料液经穿孔部位进入氯化釜，并形成酸性溶液，同时酸性溶液与脱瓷部位碳钢材质发生化学反应，生成氢气。氯气与氢气混合，达到爆炸极限，形成潜在的爆炸性气体混合物，经日光照射后发生爆炸。

【案例 5-4】

2008 年 4 月 12 时，江苏省某厂三硝基甲苯（TNT）生产线硝化车间发生特大爆炸事故，事故中死亡 17 人、重伤 13 人、轻伤 94 人；报废建筑物约 50 000m^2，严重破坏的 5 800m^2，一般破坏的 176 000m^2；设备损坏 951 台（套），直接经济损失2 266.6 万元。此外由于停产和重建，间接损失更加巨大。这次特大爆炸事故就是从三段 2 号机（代号为 III—2＋）开始的，凡距爆炸中心 600m 范围内的建筑物均遭严重破坏，1 200m 范围内的建筑物局部破坏，门窗玻璃全被震碎，3 000m 范围内门窗玻璃部分破碎。这次事故爆炸的药量约为 40t TNT 当量。

【案例 5-5】

2010 年 10 月 5 日 23 时，某医药化工有限公司对氨基苯酚车间的催化加氢还原装置的 1 号反应釜在压料过程中视镜爆裂，釜内约 2.5t 的成品对氨基苯酚、7t 的溶剂乙醇和少量氢气的混合物从爆裂的视镜口喷出，并将沉降在反应釜底部的催化剂雷尼镍带出。23 时 21 分 16 秒发生爆炸，导致装置东侧和北侧墙体损坏、南侧防爆墙倒塌，爆炸产生的气浪将位于车间逃生通道上的吊装孔上的铁板掀起，4 名职工在撤离时从吊装孔坠落。事故造成该车间 5 人及相邻车间 2 人不同程度受伤。

事故原因：该医药化工有限公司在对氨基苯酚加氢还原装置压料管道上不当采用视镜，该公司变更设计后未进行风险评估。

【案例 5-6】

某化工厂聚氯乙烯车间聚合工段因氯乙烯单体外泄，发生空间爆炸，死亡 12 人，重伤 2 人，轻伤 3 人。现场勘查发现：3＃聚合釜两个冷却水阀门均处于关闭状态（据了解，该车间有这类“习惯性”操作）。虽然当时 3＃釜已经反应了 8 个小时，处于聚合反应的中后期（该厂聚合反应一般为 11 小时左右），但反应还是处于较激烈阶段，关闭冷却水阀门必然使大量反应热不能及时导出，造成釜内超温超压，由于聚合釜人孔垫未按照设计图纸的要求选用，所以人孔垫被冲开，使大量氯乙烯单体外泄，引发爆炸。

事故原因：工艺不合理，操作不当，应急处理措施不当。

【案例 5-7】

1997 年，美国加利福尼亚州托斯科埃文炼油厂加氢裂解单元发生爆炸事故，造成 1 人死亡，46 人受伤（其中 13 人重伤），以及周围居民的预防性疏散、避护。该装置加氢裂解 2 段 3 号反应器 4 触媒床产生一个热点，发生温度偏离；并通过下一触媒床 5 床扩散，5 床产生的过热升高了反应器出口温度。由于操作人员没有按照操作规程规定的“反应器温度超过 426.7℃即泄压停车”来执行。2 段 3 号反应器的温度偏离没有得到控制，致使该反应器出口管因极度高温（可能超过 760℃）而发生破裂。轻质气体（主要是从甲烷到丁烷的混合物、轻质汽油、重汽油、汽油和氢气）从管道泄出，遇到空气立即自燃，发生爆炸及火灾事故。

事故原因：监督管理不力，操作人员违反规程；在设计和运行反应器的温度监控系统过程中考虑人的因素不够；生产运行和维护工作不充分；工艺危险分析存在错误；操作规程过时且不完善。

【案例 5-8】

某公司烧碱装置生产能力为年产 4 万吨，配备两台复极式自然循环电解槽，单台电解槽设计 146 对单元槽。开车运行不到半年，一次氯压机系统意外停车，本该两台电解槽连锁停车，但其中一台电解槽没有跳停，继续供电 20 分钟后才发现并按紧急按钮停车。由于误认为整个系统全部停车，中控室操作工没有仔细观察停车后氯气、氢气压力变化，造成氯气、氢气压力和压差失控，离子膜撕裂，氯气、氢气混合电解槽爆炸，一台电解槽的离子膜全部破损，两台电解槽的阳极网发生严重变形，公司为此停产一个月，造成重大财产损失。

事故原因：没有对操作工人员进行必要的培训，操作工遇到紧急情况没有应对能力；开车前联锁试验不认真或中间检修后没有进行必要的试验。

化工生产中最常见的化学反应有氧化反应、还原反应、氯化反应、硝化反应、磺化反应、催化反应、聚合反应、裂解反应、电解反应、烷基化反应、重氮化反应，等等。各类反应都有其自身的工艺条件、操作规程、危险性及其安全技术要求。

一、氧化反应

氧化为有电子转移的化学反应中失电子的过程，即氧化数升高的过程。多数有机化合物的氧化反应表现为反应原料得到氧或失去氢。涉及氧化反应的工艺过程为氧化工艺。常用的氧化剂有空气、氧气、过氧化氢（双氧水）、氯酸钾、高锰酸钾、硝酸盐等。氧化反应在化学工业中有广泛的应用，如氨氧化制硝酸、甲苯氧化制苯甲酸、乙烯氧化制环氧乙烷等。

1. 氧化反应的危险性分析

氧化反应的危险性主要表现在火灾爆炸危险性方面。

（1）氧化反应需要加热，但反应过程又是放热反应，特别是催化气相反应，一般都是在 250～600℃的高温下进行，这些反应的反应热如不及时移去，将会使温度迅速升高甚至发生爆炸。

（2）有些氧化，例如氨、乙烯和甲醇蒸气在空气中的氧化，其反应物料配比接近于爆炸下限，倘若物料配比失调，温度控制不当，极易爆炸起火。

（3）被氧化的物质大部分是易燃易爆物质。如乙烯氧化制取环氧乙烷中，乙烯是易燃气体，爆炸极限为 2.7%～34%，自燃点为 450℃；甲苯氧化制取苯甲酸中，甲苯是易燃液体，其蒸气易与空气形成爆炸性混合物，爆炸极限为 1.2%～7%；甲醇氧化制取甲醛中，甲醇是易燃液体，其蒸气与空气的爆炸极限是 6%～36.5%。

（4）氧化剂具有很大的危险性。例如氯酸钾、高锰酸钾、铬酸酐等，如遇高温或受撞击、摩擦以及与有机物、酸类接触，皆能引起着火爆炸。有机过氧化物不仅具有很强的氧化性，而且大部分是易燃物质，有的对温度特别敏感，遇高温则爆炸。

（5）氧化产品有些也具有危险性。如环氧乙烷是可燃气体；硝酸虽是腐蚀性物品，但也是强氧化剂；含36.7%的甲醛水溶液是易燃液体，其蒸气的爆炸极限为7.7%～73%。另外，某些氧化反应过程中还可能生成危险性较大的过氧化物，如乙醛氧化生产醋酸的过程中有过氧乙酸（过醋酸）生成，过醋酸是有机过氧化物，性质极度不稳定，受高温、摩擦或撞击便会分解或燃烧。

2. 氧化反应重点监控工艺参数和基本要求

氧化反应应重点监控的工艺参数包括：氧化反应釜内温度和压力、氧化反应釜内搅拌速率、氧化剂流量、反应物料的配比、气相氧含量、过氧化物含量等。

安全控制的基本要求包括：反应釜温度和压力的报警和联锁，反应物料的比例控制和联锁及紧急切断动力系统，设置紧急断料系统，设置紧急冷却系统，设置紧急送入惰性气体的系统，气相氧含量监测、报警和联锁，设置安全泄放系统，设置可燃和有毒气体检测报警装置等。

3. 氧化反应采用的控制方式

（1）氧化过程中如以空气或氧气作氧化剂，反应物料的配比（可燃气体和空气的混合比例）应严格控制在爆炸范围之外。空气进入反应器之前，应经过气体净化装置，消除空气中的灰尘、水气、油污以及可使催化剂活性降低或中毒的杂质，以保持催化剂的活性，减少着火和爆炸的危险。

（2）氧化反应接触器有卧式和立式两种，内部填装有催化剂。一般多采用立式，因为这种形式催化剂装卸方便，而且安全。在催化氧化过程中，对于放热反应，应控制适宜的温度、流量，防止超温、超压以及混合气处于爆炸范围之内。

（3）为了防止接触器在发生爆炸或着火时危及人身和设备安全，在反应器前和管道上应安装阻火器，以阻止火焰蔓延，防止回火，使着火不致影响其他系统。为了防止接触器发生爆炸，接触器应有泄压装置，并尽可能采用自动控制或调节以及报警联锁装置。

（4）使用硝酸、高锰酸钾等氧化剂时，要严格控制加料速度，防止多加、错加，固体氧化剂应粉碎后使用，最好呈溶液状态时使用，反应中要不间断搅拌，严格控制反应温度，绝不允许超过被氧化物质的自燃点。

（5）使用氧化剂氧化无机物时，例如使用氯酸钾氧化生成铁蓝颜料，应控制产品烘干温度不超过其着火点，在烘干之前应用清水洗涤产品，将氧化剂彻底除净，以防止未完全反应的氯酸钾引起已烘干的物料起火。有些有机化合物的氧化，特别是在高温下的氧化，在设备及管道内可能产生焦状物，应及时清除，以防自燃。

（6）氧化反应使用的原料及产品，应按有关危险品的管理规定，采取相应的防火措施，如隔离存放、远离火源、避免高温和日晒、防止摩擦和撞击等。如是电介质的易燃液体或气体，应安装导除静电的接地装置。

（7）在设备系统中宜设置氮气、水蒸气灭火装置，以便能及时扑灭。

4. 过氧化物的危险性及其控制技术

（1）过氧化物的危险特性分析。

① 分解爆炸性。过氧化物都含有过氧基（—O—O—），由于过氧键结合力弱，断裂时所需的能量不大，所以是极不稳定的结构，对热、振动、冲击或摩擦都极为敏感，当受到轻微外力作用时即分解。如果反应放热速度超过了周围环境的散热速度，在分解反应热的作用下温度升高，反应会加速并发展到爆炸。

② 易燃性。大多数过氧化物很容易燃烧，而且燃烧迅速而猛烈。有机过氧化物 O—O 键的活化能低于一般爆炸物质，约在 80～160kJ/mol 范围内，这就决定了有机过氧化物的自燃温度较低。当过氧化物封闭受热时，极易由迅速的爆燃而转为爆轰。

③ 人身伤害性。有机过氧化物的人身伤害性主要表现为容易伤害眼睛，如过氧化环乙酮、叔丁基过氧化氢、过氧化二乙酰等，都对眼睛有伤害作用，有些即使与眼睛短暂地接触，也会对角膜造成严重的伤害。

（2）防火防爆安全措施。

① 钝化处理。为了降低爆炸危险性，过氧化物应该进行钝化处理，固体过氧化物可采用磨碎，并与白垩、固体有机酸、氧化铝、硫酸钙等混合的方法进行钝化。

② 添加填充物或稀释剂。干过氧化物很敏感，不稳定，在其中添加不燃或燃烧性不如过氧化物的溶剂或填充物，是减少爆炸危险最常用的方法。例如邻苯二甲酸二烷酯可作为最不稳定的过氧化物的稀释剂，对过氧化物衍生物的分解过程能起有效的抑制作用。

③ 过氧化物的生产厂房应符合防爆安全设计。最危险的过氧化物反应釜应单独设置，其周围做成钢筋混凝土掩体，以利于防爆。反应釜上部设钢盘混凝土盖，顶部部分敞开，以利于泄压。

④ 严格遵守工艺规程，控制物料浓度，防止超温运行，尽量避免工艺过程中停车和长期储存化学稳定性差的中间产物。由于设备故障或违反工艺条件，过程中被迫停车时，必须将有关设备中的物料完全排入专用的备用容器，或者使反应设备中的温度下降到指定温度，以防过氧化物自发分解。浓过氧化物的工艺过程应该最大限度地实现自动化，并装备在紧急情况下或违反正常工艺规程时能确保生产安全停车的可靠的联锁装置。

⑤ 过氧化物的储存位置，储存量，离车间、道路和其他设施的距离，要根据具体产品的性质确定，均应符合《建筑设计防火规范》的要求。采用单独的仓库，避免混入重金属化合物、酸、碱、胺类杂物。储存过氧化物仓库中的温度应比其自加速分解温度低得多，制冷系统应自备发电供电系统和备用制冷压缩机组，确保仓库温控安全可靠，库内温度报警系统要可靠，应具备不少于两级的报警系统。

⑥ 输送过氧化物溶液应尽量采用直径小的管道。必须采用直径大的管道时，该管道应有冷却措施，可以用水冷却工艺管线、泵和压缩机。

⑦ 必须经常吹净和清洗设备，防止过氧化物和其他不稳定沉淀物的积聚。

⑧ 在过氧化物区域应严格控制和消除引火源，过氧化物区域为爆炸危险场所，电气设备均应达到整体防爆级别，并应采用防雷和防静电接地等安全措施。

二、还原反应

化学反应中使有机物分子中碳原子总的氧化态降低的反应称为还原反应。即在还原剂的作用下，能使有机分子得到电子或使参加反应的碳原子上的电子密度增高的反应。还原反应一般分为催化氢化反应、化学还原反应、生物还原反应、电解还原反应，其中大多数还原反应会产生氢气或使用氢气，有些还原剂和催化剂有较大的燃烧、爆炸危险性。常用的还原剂有铁粉、锌粉、硫化钠、亚硫酸盐（亚硫酸钠、亚硫酸氢钠）、硼氢化钠、氢化铝锂、保险粉等。

1. 金属还原反应的危险性及其安全控制技术

金属和酸作用生成盐和氢，是还原反应。例如，铁粉和锌粉与稀硫酸、盐酸反应生成初生态氢，在潮湿空气中遇酸性气体时可能引起自燃，在储存时应特别注意。硝基苯在盐酸溶液中被铁粉还原成苯胺，反应时酸的浓度要控制适当，浓度过高或过低均会使产生的初生态氢的量不稳定。反应温度不宜过高，防止产生大量氢气而造成冲料。反应过程中应注意搅拌效果，以防止金属（铁粉、锌粉）下沉，反应结束后，反应器内残渣中仍有铁粉、锌粉在继续作用，不断放出氢气，很不安全，应将残渣放入室外储槽中，加冷水稀释，槽上加盖并设排气管以导出氢气。待金属粉消耗殆尽，再加碱中和。若急于中和，则容易产生大量氢气和反应热，可能出现燃烧、爆炸等危险。

2. 催化加氢还原的危险性及其安全控制技术

催化加氢反应常用雷尼镍（Raney-Ni）、钯炭等作为催化剂和有机物质进行还原反应，绝大多数反应需在加热加压条件下进行，增加了生产过程的危险性。例如，苯加氢生成环己烷的过程，不仅需要氧化铝为载体的 Ni-Mo 催化剂，还需要压力和温度分别达到 2MP 和 573K。

催化剂雷尼镍、钯炭在空气中吸潮后有自燃的危险，钯炭更易自燃，即使没有火源存在，也能使氢气和空气的混合物发生燃烧、爆炸。因此，用催化剂来活化氢气进行还原反应时，必须先用氮气置换反应器内的空气，经分析反应器内含氧量符合要求后，方可通入氢气。反应结束后，应先用氮气把反应器内的氢气置换干净，方能开阀出料，防止外界空气与氢气混合，在存在催化剂的情况下发生燃烧、爆炸。催化剂雷尼镍、钯炭要浸在酒精中储存，禁止暴露于空气中，钯炭回收时要用酒精及清水充分洗涤，过滤抽真空时不得抽得太干，以免氧化着火。

无论是金属还原反应，还是催化加氢还原反应，都有氢气存在。氢气的爆炸极限为4%～74.2%，如果操作失误或设备泄漏，都极易引起爆炸。高温高压下的氢对金属有渗碳作用，易造成氢腐蚀，所以，设备和管道的选材要合理，并需定期检测，以防发生事故。生产操作过程要稳定温度、压力、流量等工艺参数，配备安全阀、防爆膜、阻火器等安全设备，采用轻质屋面、高空排放、泄漏窗，车间内的电气设备需符合防爆要求，还可在车间内安装氢气检测和报警器装置等安全措施。

工艺中，宜将加氢反应釜内温度、压力与釜内搅拌电流、氢气流量、加氢反应釜夹套冷却水进水阀形成联锁关系，设紧急停车系统，以及加入急冷氮气或氢气的系统。当加氢反应釜内温度或压力超标或搅拌系统发生故障时应能自动停止加氢、泄压，并进入紧急状态。

3. 其他还原反应的危险性及其安全控制技术

还原反应中火灾危险性大的常用还原剂有硼氢化钾、硼氢化钠、氢化锂铝、氢化钠、保险粉（连二亚硫酸钠）、异丙醇铝等。

硼氢化钾和硼氢化钠都是遇水燃烧物质，在潮湿的空气中能自燃，遇水和酸会分解产生大量的氢，并有大量的反应热，会发生燃烧、爆炸，要储存于密闭容器中，置于干燥处。硼氢化钾通常溶解在液碱中比较安全。在化工生产中，调节酸碱度时要防止加酸过多、过快。

氢化锂铝有良好的还原性，但遇潮湿空气、水和酸极易燃烧，应浸没在煤油中储存。使用时应先将反应器中的空气用氮气置换干净，并在氮气保护下投料和反应。反应热由油类冷却剂移走，禁止用水冷却，以防止水漏入反应器内发生爆炸。

用氢化钠作还原剂时，其与水、酸的反应与氢化锂铝相似，它与甲醇、乙醇的反应相当剧烈，有燃烧、爆炸的危险。

保险粉是一种还原效果较好且安全性较强的还原剂，在潮湿的空气中能分解析出黄色的硫黄蒸气。硫黄蒸气自燃点低，易自燃。且保险粉本身受热达到 190℃时也有分解爆炸的危险。化工生产过程中，在预制釜内加入定量冷水，在搅拌下缓慢加入保险粉，待溶解后再投入反应器与物料反应。

异丙醇铝常用于高级醇的还原，反应较温和。但在异丙醇铝制备时通常采用加热回流反应，会产生大量氢气和异丙醇蒸气，如果铝片或催化剂三氯化铝的质量不佳，反应就不正常，往往先是不反应，温度升高后又突然反应，引起冲料，增加了燃烧、爆炸的危险性。

还原反应的中间体，特别是硝基化合物还原反应的中间体，亦有一定的火灾危险。例如，在邻硝基苯甲醚还原为邻氨基苯甲醚的过程中，产生氧化偶氮苯甲醚，该中间体受热达到 150℃时能自燃。苯胺在生产中如果反应条件控制不好，可生成爆炸危险性很大的环己胺。所以在反应操作中一定要严格控制各种反应参数和反应条件。

在还原过程中采用危险性小而还原性强的新型还原剂对安全生产有重要意义。例如，用硫化钠代替铁粉还原，可以避免氢气产生，同时也消除了铁泥堆积的问题。

三、氯化反应

氯化是化合物的分子中引入氯原子的反应，主要包括取代氯化、加成氯化、氧氯化等。在氯化过程中，不仅原料与氯化剂发生反应，而且所生成的氯化衍生物与氯化剂也发生反应。因此，在反应产物中除一氯取代物外，总是含有二氯及三氯取代物，所以氯化反应的产物是各种不同浓度的氯化产物的混合物。氯化过程往往伴有氯化氢气体的生成。

1. 氯化反应的安全技术要点

（1）氯气的安全使用。

在化工生产中，氯气是最常用的氯化剂，储运的基本形态是液氯，通常灌装于钢瓶和槽车中，要密切注意外界温度和压力的变化。一般情况下不能把储存氯气的钢瓶或槽车当储罐使用，否则被氯化的有机物质可能倒流进入钢瓶或槽车，引起爆炸。一般氯化器应设置氯气缓冲罐，防止氯气断流或压力减小时形成倒流。

（2）氯化反应过程的安全技术。

氯气本身的毒性较大，储存压力较高，一旦泄漏非常危险。反应过程所用的原料大多是有机物，易燃易爆，所以生产过程同样有燃烧爆炸危险，应严格控制各种火源，电气设备应符合防火防爆的要求。

氯化反应是一个放热过程，若高温下进行氯化，反应更为剧烈。一般氯化反应设备有良好的冷却系统，并严格控制氯气的流量，以避免因氯流量过快，温度剧升而引起事故。例如环氧氯丙烷生产中，丙烯预热至300℃左右进行氯化，反应温度可升至500℃，在这样高的温度下，如果物料泄漏就会造成燃烧或引起爆炸。液氯的蒸发气化装置，一般采用气水混合物，其流量可以采用自动调节装置，加热温度不超过50℃。在氯气的入口处，应当备有氯气的计量装置，从钢瓶中放出氯气时可以用阀门来调节流量。

氯化反应大多有氯化氢气体生成，设备、管路等应合理选择防腐蚀材料。氯化氢气体极易溶于水，可以通过采用吸收和冷却装置回收氯化氢气体制取盐酸，除去尾气中绝大部分氯化氢。

2. 安全控制的基本要求和控制方式

安全控制的基本要求包括：宜将反应釜温度和压力的报警和联锁，将反应物料的比例控制和联锁，设搅拌的稳定控制器、进料缓冲器、紧急进料切断系统，设紧急冷却系统、安全泄放系统、事故状态下氯气吸收中和系统，设可燃和有毒气体检测报警装置等。

可将氯化反应釜内温度、压力与釜内搅拌、氯化剂流量、氯化反应釜夹套冷却水进水阀形成联锁关系，设立紧急停车系统。

设置包括安全阀、高压阀、紧急放空阀、液位计、单向阀及紧急切断装置等安全设施。

四、硝化反应

1. 硝化反应的危险性分析

硝化剂是强氧化剂，硝化反应是放热反应，温度越高，硝化反应速率越快，放出的热量越多，极易造成温度失控而爆炸。

硝基化合物一般都具有爆炸危险性，特别是多硝基化合物，受热、摩擦、撞击都可能引起爆炸。所用的原料甲苯、苯酚等都是易燃易爆物质，硝化剂具有强烈的氧化性和腐蚀性。

硝酸蒸气对呼吸道有强烈的刺激作用。硝酸易分解出氧化氮（特别是二氧化氮）。二氧化氮除对呼吸道有刺激作用外，还能使血压下降，血管扩张。一氧化氮对神经系统有麻醉作用。硝基化合物的蒸气和粉尘毒性都很大，不仅在吸入时能渗入人的机体，还能透过皮肤进入人体内。硝基化合物严重中毒时，会使人失去知觉。

2. 混酸配制的安全技术

硝化反应多采用混酸，混酸中硫酸与水的比例应当正确计算，硝酸不应少于理论需要量，实际过量控制在1%～10%。

混酸操作时应注意以下事项：

（1）酸类化合物混合时，放出大量的稀释热，温度可达到90℃或更高，在这个温度下，硝酸部分分解为二氧化氮和水，如果有部分硝基物生成，高温下就可能引起爆炸，所以必须进行冷却。一般要求控制温度在40℃以下，以减少硝酸的挥发和分解。机器搅拌或循环搅拌可以起到一定的冷却作用。

（2）混酸配制过程中，应严格控制温度和酸的配比，直至充分搅拌均匀为止。配酸时要严防因温度猛升而冲料或爆炸。

（3）不能把未经稀释的浓硫酸与硝酸混合，因为浓硫酸猛烈吸收浓硝酸中的水分而产生高热，将使硝酸分解产生多种氮氧化物（NO_2、NO、N_2O_3），引起突沸冲料或爆炸。

（4）配制成的混酸具有强烈的氧化性和腐蚀性，必须严格防止触及棉、纸、布、稻草等有机物，以免发生燃烧爆炸。

（5）硝化反应的腐蚀性很强，要注意设备及管道的防腐性能，以防渗漏。

（6）硝化反应器应设有泄漏管和紧急排放系统，一旦温度失控，物料等可以紧急排放到安全地点。

3. 硝化器的安全技术

搅拌式反应器是常用的硝化设备，这种设备由釜体、搅拌器、传动装置、夹套和蛇管组成，一般是间歇操作。物料由上部加入釜体，在搅拌下迅速与原料混合并进行硝化反应。如果需要加热，可在夹套或蛇管内通入蒸汽；如果需要冷却，可通入冷却水或冷冻剂。为了扩大冷却面，通常是将侧面的器壁做成波浪形，并在设备的盖上装设附加的冷却装置。这种硝化器里面常有推进式搅拌器并附有扩散圈，设备底部制成一个凹形并装有压出管，以保证压料时能将物料全部泄出。

采用多段式硝化器可使硝化过程达到连续化。连续硝化不仅可以显著地减少能量消耗，而且由于每次投料少，减少了爆炸中毒的危险，为硝化过程的自动化和机械化创造了条件。

在硝化器夹套和蛇管进出水管上安装压力计和温度计，严格监控并防止冷却水因夹套焊缝腐蚀而渗入硝化器中。硝化器中的硝化物一旦遇水后，温度会急剧上升，反应进行很快，可分解产生气体物质而发生爆炸。

4. 硝化过程的安全技术

（1）硝化反应温度控制。

为了严格控制硝化反应温度，应控制好加料速度，硝化剂加料应采用双阀控制。温度控制是硝化反应安全的基础，应当安装温度自动调节装置，防止超温，发生爆炸。反应中应持续搅拌，保持物料混合良好。设置必要的冷却水源备用系统，并备有保护性气体搅拌和人工搅拌的辅助设施。搅拌机应有自动启动的备用电源，以防止机器搅拌在突然断电时停止而引起事故。

（2）防氧化控制操作。

硝化过程中最危险的是有机物的氧化，其特点是放出大量氧化氮气体的褐色蒸气并使混合物的温度迅速升高，造成硝化混合物从设备喷出而引起爆炸事故。仔细地配制反应所需的混合物并除去其中易氧化的组分、调节温度及连续混合是防止硝化过程中发生氧化的主要措施。

（3）硝化反应过程控制技术。

由于硝基化合物具有爆炸性，因此，必须特别注意处理此类物质反应过程中的危险性。例如，二硝基苯酚甚至在高温下也无危险，但当形成二硝基苯酚盐时，则变为危险物质。三硝基苯酚盐（特别是铅盐）的爆炸力是很大的。在蒸馏硝基化合物（如硝基甲苯）时必须特别小心。因蒸馏在真空下进行，硝基甲苯蒸馏后余下的热残渣能发生爆炸，这是热残渣与空气中氧相互作用的结果。

（4）进料操作控制技术。

向硝化器加入固体物质，必须采用漏斗使加料工作机械化，或采用自动进料器将物料沿专用的管路加入硝化器中。为了防止外界杂质进入硝化器中，应仔细检查并密闭进料。对于特别危险的硝化物，则需将其放入装有大量水的事故处理槽中。硝化器上的加料口关闭时，为了排出设备中的气体，应该安装可以移动的排气罩。设备应当采用抽气法或利用带有铝制透平的防爆型通风机进行通风。

（5）出料操作控制技术。

进行硝化过程时，不需要压力，但在卸出物料时，需采用一定压力出料，因此，硝化器应符合加压操作容器的要求。加压卸料时可能造成有害蒸气泄入操作厂房空气中，为了防止此类情况的发生，应改用真空卸料。硝化器应附设相当容积的紧急放料槽，准备在万一发生事故时，立即将料放出。放料阀可采用自动控制的气动阀和手动阀并用。

（6）取样分析安全操作。

取样口应安装特制的真空仪器，使取样操作机械化，此外最好安装酸度自动记录仪，防止未完全硝化的产物突然着火，引起烧伤事故。例如，当搅拌器下面的硝化物被放出时，未反应的硝酸与被硝化物可能发生反应。

（7）设备使用与维护技术。

搅拌轴采用硫酸作润滑剂，温度套管用硫酸作导热剂，不可使用普通机械油或甘油，防止机油或甘油被硝化而形成爆炸性物质。由填料函落入硝化器中的油能引起爆炸事故，因此，在硝化器盖上不得放置用油浸过的填料。在搅拌器的轴上，应备有小槽，以防止齿轮上的油落入硝化器中。由于设备易腐蚀，必须经常检修更换零部件。硝化设备应确保严密不漏，防止硝化物料溅到蒸气管道等高温表面上而引起爆炸或燃烧。车间内严禁带入火种，电气设备要防爆。

五、催化反应

通常所说的催化剂是指正催化剂，能加快反应速度。常用的催化剂主要有金属、金属氧化物和无机酸等。

1. 催化反应的危险性分析及安全技术

催化反应分为单相反应和多相反应两种。单相反应在气态下或液态下进行，反应过程中的温度、压力及其他条件较易调节，危险性较小。在多相反应中，催化作用发生于相界面及催化剂的表面上，这时温度、压力较难控制，危险性较大。催化反应应正确选择催化剂，催化剂加量适当，保证散热良好，防止局部反应剧烈，并注意严格控制温度。如果催化反应过程能够连续进行，采用温度自动调节系统，就可以减少其危险性。

在催化反应中，当原料气中杂质和催化剂发生反应时，可能会生成爆炸性危险物，这是非常危险的。例如，在乙烯催化氧化合成乙醛的反应中，由于在催化剂体系中含有大量的亚铜盐，若原料气中含有乙炔过高，则乙炔与亚铜反应生成乙炔铜，乙炔铜自燃点在260～270℃，在干燥状态下极易爆炸，在空气作用下易氧化并燃烧。烃与催化剂中的金属盐作用生成难溶性的钯块，不仅使催化剂组成发生变化，钯块也极易引起爆炸。

在催化反应过程中有的产生氯化氢，有腐蚀和中毒危险；有的产生硫化氢，则中毒危险性更大。另外，硫化氢在空气中的爆炸极限较宽（4.3%～45.5%），生产过程还有爆炸危险性。在产生氢气的催化反应中，有更大的爆炸危险性，尤其在高压下，氢的腐蚀作用使金属高压容器脆化，从而造成破坏性事故。

2. 催化重整过程的安全技术

在加热、加压和催化作用下进行汽油馏分重整，叫催化重整。所用的催化剂有钼铝催化剂、铬铝催化剂、铂催化剂、镍催化剂等。主要反应有脱氢、加氢、芳香化、异构化、脱烷基化和重烷基化等。粗汽油等馏分的催化重整，主要使原料油中脂肪烃脱氢、芳香化和异构化，同时伴有轻度的热裂化，可以提高辛烷值。其他烃类的催化重整，主要用于制取芳香烃。催化重整时应注意如下问题。

（1）催化剂在装卸时，要防破碎和污染，未再生的含碳催化剂卸出时，要预防催化剂自燃超温而烧坏。

（2）催化重整反应器应有催化剂引出管和热电偶管等附属部件。反应器和再生器都需要采用绝热措施。为了便于观察壁温，常在反应器外表面涂上变色漆，当温度超过了规定指标就会变色显示。

（3）在催化重整过程中，加氢的反应需要大量的反应热。加热炉必须保证燃烧正常，调节及时，安全供热。

（4）催化重整装置中，安全报警装置应用较普遍，对于重要工艺参数，如温度、流量、压力、液位等都要有报警装置。

（5）重整循环氢和重整进料量对于催化剂有很大的影响，特别是低氢量和低空速运转，容易造成催化剂结焦，应备有自动保护系统。这个保护系统，就是当参数变化超出正常范围、发生不利于装置运行的危险状况时，自动仪表可以自行做出工艺处理，如停止进料，或使加热炉灭火等，以保证安全。

3. 催化加氢过程的安全技术

催化加氢是多相反应，一般是在高压与固相催化剂存在下进行的。由于原料及成品（氢、氨、一氧化碳等）大都易燃、易爆或具有毒性，高压反应设备及管道易受到腐蚀或因操作不当带来危险，发生事故。

在催化加氢过程中，压缩工段的氢气在高压下爆炸范围加宽、燃点降低，增加了危险性。高压氢气一旦泄漏，将立即充满压缩机房，可能引起爆炸。因此压缩机各段都应安装压力表和安全阀，在最后一段上最好安装两个安全阀和两个压力表。另外，高压设备和管道的选材要防止氢腐蚀并定期进行检验。

为了防止因高压致使设备损坏、氢气泄漏达到爆炸浓度，应有充足的备用蒸汽或惰性气体，以便应急。另外，室内通风应当良好，因氢气密度较轻，宜采用天窗排气。

冷却机器和设备用水不得含有腐蚀性物质。在开车或检修设备、管线之前必须用氮气吹扫。吹扫气体应高空排放，防止工作人员窒息或中毒。

由于停电或无水而停车的系统，应保持余压，以免空气进入系统。无论在任何情况下，带压的设备不得进行拆卸检修。

六、聚合反应

1. 聚合反应的分类及不安全因素分析

（1）本体聚合。

本体聚合是在没有其他介质的情况下，用浸在冷却剂中的管式聚合釜（或在聚合釜中设盘管、列管冷却）进行聚合的一种方法。这种聚合方法往往由于聚合热不易传导散出而导致危险。

（2）悬浮聚合。

悬浮聚合是用水作分散介质的聚合方法。它是利用有机分散剂或无机分散剂，把不溶于水的液态单体，连同溶在单体中的引发剂经过强烈搅拌，打碎成小珠状，分散在水中成为悬浮液，在极细的单位小珠液滴中进行聚合，因此又叫珠状聚合。在聚合过程中，必须严格控制工艺条件，若设备运转不正常，则易出现溢料，如果溢料，则水分蒸发后，未聚合的单体和引发剂遇火源极易引起燃烧或爆炸事故。

（3）溶液聚合。

溶液聚合是选择一种溶剂，使单体溶成均相体系，加入催化剂或引发剂后，生产聚合物的一种方法。这种聚合方法在聚合和分离过程中，易燃溶剂容易挥发和产生静电火花。

（4）乳液聚合。

乳液聚合是在机械强烈搅拌或超声波振动下，引发剂溶在水里，利用乳化剂使液态单体分散在水中，从而进行聚合的一种方法。这种聚合方法常用无机过氧化物（如过氧化氢）作引发剂，如果过氧化物在介质（水）中配比不当，温度太高，反应速度过快，则会发生冲料，同时在聚合过程中还会产生可燃气体。

（5）缩合聚合。

缩合聚合也称缩聚反应，是具有两个或两个以上官能团的单体相互结合，并析出小分子副产物而形成聚合物的聚合反应。缩合聚合是吸热反应，但如果温度过高，也会导致系统的压力增加，甚至引起爆裂，泄漏出易燃易爆的单体。

2. 聚合反应的安全技术要点

由于聚合反应的单体大多是易燃易爆物质，聚合反应多在高压下进行，本身又是强放热过程，如果反应条件控制不当，很容易引起事故，应加强安全技术监控。

（1）严格控制单体在压缩过程中或在高压系统中的泄漏，防止发生火灾爆炸。

（2）聚合反应中加入的引发剂都是化学活泼性很强的过氧化物，应严格控制配料比例，防止因热量暴聚引起反应器压力骤增。反应釜的搅拌和温度应有检测和联锁系统，发现异常时，能自动停车或打入终止剂停止反应进行。

（3）防止因聚合反应热未能及时导出，造成局部过热或反应釜飞温，发生爆炸。例如，搅拌发生故障、停电、停水，由于反应釜内聚合物的粘壁作用，使反应热不能导出。高压分离系统应设置安全阀、爆破片、导爆管，并有良好的静电接地系统，一旦出现异常能及时泄压。

（4）应设置可燃气体检测报警器，一旦发现设备、管道有可燃气体泄漏，将自动停车。

（5）对催化剂、引发剂等要加强储存、运输、调配、注入等工序的严格管理。反应釜的搅拌和温度应有检测和连锁，发现异常能自动停止进料。

（6）高压分离系统应设置爆破片、导爆管，并有良好的静电接地系统，一旦出现异常，能及时泄压。

七、裂解反应

1. 裂解反应及其特点

广义地说，凡是有机化合物在高温下分子发生分解的反应过程都称为裂解。石油化工中的所谓的裂解是指石油烃（裂解原料）在隔绝空气和高温条件下，分子发生分解反应而生成小分子烃类的过程。在这个过程中还伴随着许多其他的反应（如缩合反应），生成一些别的反应物（如由较小分子的烃缩合成较大分子的烃）。裂解是总称，不同的情况可以有不同的名称。如单纯加热不使用催化剂的裂解称为热裂解；使用催化剂的裂解称为催化裂解；使用添加剂的裂解，随着添加剂的不同，有水蒸气裂解、加氢裂解等。

2. 裂解反应过程危险性分析及安全技术

（1）管式裂解炉。

在石油化工中用得最广泛的是水蒸气热裂解，其设备为管式裂解炉。裂解反应温度高、反应时间短，要防止裂解气体二次反应而使裂解炉管结焦。例如，轻柴油裂解制乙烯时，裂解气的出口温度近800℃，反应时间仅为0.7s。当反应管内结焦层达到一定的厚度时，必须进行清焦，否则会烧穿炉管，致使裂解气外泄，引起裂解炉爆炸。

（2）引风机。

引风机的作用是排除炉内烟气。在裂解炉正常运行中，由于断电或机械故障导致引风机突然停止工作，炉膛内很快变成正压，会从窥视孔或烧嘴等处向外喷火，严重时会引起炉膛爆炸。为此，必须设置联锁装置，一旦引风机故障停车，则裂解炉自动停止进料并切断燃料供应，但应继续供应稀释蒸汽，以带走炉膛内的余热。

（3）燃料气压力降低。

裂解炉采用燃料油作燃料时，如燃料油的压力降低，应自动切断燃料油的供应，同时停止进料。当裂解炉同时用油和气为燃料时，若油压降低，则在切断燃料油的同时，将燃料气切入烧嘴，裂解炉可维持运转。

（4）其他公用工程。

水、电、蒸汽出现故障，均能使裂解炉发生事故。在这种情况下，应有联锁装置使裂解炉自动停车。

八、电解反应

许多基本化学工业产品（氢、氧、氯、烧碱、过氧化氢等）的制备，都是通过电解来实现的。电流通过电解质溶液或熔融电解质时，在两个电极上所引起的化学变化称为电解反应。

1. 食盐电解过程的危险性分析

（1）电解食盐水过程中产生的氢气是极易燃烧的气体，氯气是氧化性很强的剧毒气体，两种气体混合极易发生爆炸，当氯气中含氢量达到5%以上，则随时可能在光照或受热情况下发生爆炸。

（2）如果盐水中存在的铵盐超标，在适宜的条件（pH＜4.5）下，铵盐和氯作用可生成氯化铵，浓氯化铵溶液与氯还可生成黄色油状的三氯化氮。三氯化氮是一种爆炸性物质，与许多有机物接触或加热至90℃以上以及被撞击、摩擦等，都会发生剧烈的分解而爆炸。

（3）电解溶液腐蚀性强。

（4）液氯在生产、储存、包装、输送、运输过程中可能会发生泄漏。

2. 电解工艺安全控制的基本要求

电解工艺安全控制的基本要求包括：将电解槽温度、压力、液位、流量报警和联锁；电解供电整流装置与电解槽供电的报警和联锁；紧急联锁切断装置；事故状态下氯气吸收中和系统；可燃和有毒气体检测报警装置等。

3. 电解工艺宜采用的控制方式

电解工艺中宜将电解槽内压力、槽电压等形成联锁关系，系统设立联锁停车系统。

电解工艺中宜采用的安全设施主要包括：安全阀、高压阀、紧急排放阀、液位计、单向阀及紧急切断装置等。

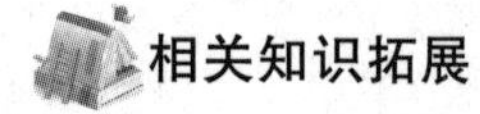

研读资料

1.《国家安全监管总局关于公布首批重点监管的危险化工工艺目录的通知》（安监总管三〔2009〕116号）及附件一、附件二。

2.《关于公布第二批重点监管危险化工工艺目录等通知》（安监总管三〔2013〕3号）及附件一、附件二。

3.《化工企业工艺安全管理实施导则》（AQ/T 3034—2010）。

学生课外任务 1

项目任务：

1. 讨论对各类化学反应的危险性及其安全控制措施的认识。
2. 针对【案例 5-1】至【案例 5-8】，提出安全防范措施。

任务二　化工单元操作安全技术

知识目标：掌握典型化工单元操作过程的安全技术要点。
能力目标：针对具体的化工单元操作岗位，制定合理的安全技术措施。
态度目标：建立安全第一、预防为主的理念，养成严谨细致的工作作风。

【案例 5-9】

2004 年 9 月 9 日早上 7 点半左右，某化工厂蒸发岗位，由于蒸汽压力波动导致造粒喷头堵塞。当班车间值班主任王某迅速调集维修工 4 人上塔处理。操作工李某手里拿一套防氨过滤式防毒面具来到 64m 高的造粒塔上查看检查进度。维修工们用撬杠撬离喷头，李某站在维修工们的身后仔细观察。当法兰刚撬开一个缝时，一股滚烫的氨液突然直喷出来，维修工们眼尖腿快迅速躲闪跑开。李某躲闪不及，氨液喷了他满脸半身，当即昏倒在地，并造成裸露在外面的脸、脖颈、手臂严重烫伤。

事故原因：由于降温减压操作不当，压力控制过高，特别是逼干釜经过了连续长时间的加热，蒸汽温度超过 170℃，致使相当一部分有机磷物质分解。而且在分解时，由于加热釜热容量大，物料流动性差，加热面和反应界面上的物料会首先发生分解，分解的结果又会使局部温度上升，引起更大范围的物料分解，从而促使系统内温度急剧上升造成爆炸

【案例 5-10】

河南某制药厂一分厂的最终产品是面粉改良剂，过氧化苯甲酰是主要配入药品。2011 年 12 月 6 日，生产车间按工艺要求在抽真空条件下干燥过氧化苯甲酰 8h，然后停抽真空准备取样化验，停抽真空 15min 左右，干燥器内的干燥物过氧化苯甲酰发生化学爆炸。这次爆炸共炸毁上下两层 5 间车间、粉碎机 1 台、干燥器 1 台；干燥器内蒸汽排管在屋内向南移动约 3m，外壳撞到北墙飞出 8.5m 左右；楼房倒塌，造成 4 人死亡，1 人重伤，2 人轻伤。直接经济损失达 50 万元。

【案例 5-11】

1998 年 5 月 30 日，黑龙江省某化工厂氧气压缩机（以下简称“氧压机”）过滤器发生爆炸，爆炸同时伴有大量浓烟从氧压机防爆间内冒出。操作工立即关闭氧压机并关闭入口阀和出口阀，灭火系统自动向氧压机喷氮气，消防人员立刻赶到现场对爆炸引燃的仪表、控制电缆进行灭火，防止事故进一步扩大。这次事故导致过滤器烧毁，仪表、控制电缆全部烧坏，迫使氧压机停车一个月。

化工单元操作是化工生产中具有共同的物理变化特点的基本操作，是由各种化工生产操作概括得来的。基本化工单元操作包括物料输送、传热、冷冻、蒸馏、吸收、干燥、萃取、结晶、过滤、筛分、吸附、混合、储存等。化工生产装置是各化工单元的组合，涉及泵、换热器、反应器、蒸发器、塔等一系列化工设备。

化工单元操作是能量积聚、传输的过程，控制化工单元操作的危险性是化工安全生产工程的重点。化工单元操作的危险性主要由物料的危险性所决定。其中，处理易燃物料或含有不稳定物料的单元操作的危险性最大。

一、输送单元操作安全技术

1. 固体物料的运输

固体物料分为块状物料和粉状物料，在化工生产中多采用皮带输送机、螺旋输送机、刮板输送机、链斗输送机、斗式提升机以及气力输送（风送）等多种方式进行输送。

（1）皮带、刮板、螺旋、链条输送机及斗式提升机等输送设备。

这类输送设备连续往返运转，在运行中除设备本身会发生故障外，还容易造成人身伤害。因此除要加强对机械设备的常规维护外，还应对皮带、齿轮、链条等部位采取防护措施。

① 传动结构的防护措施。

a. 皮带传动。皮带的形式与规格应根据输送物料的性质、负荷情况进行合理选择，要有足够大的强度，皮带交接应平滑，并要根据负荷调整松紧度。在运行过程中，要防止因物料高温烧坏皮带，或因斜偏刮挡撕裂皮带的事故发生。皮带同皮带轮接触的部位，容易发生危险而伤及操作人员，正常生产时，这个部位应安装防护罩。

b. 齿轮传动。齿轮传动取决于齿轮同齿轮、齿条、链条的良好啮合。生产负荷、物料的粒度要均匀，防止因卡料而拉断链条、链板甚至拉毁整个输送设备机架。在生产运行过程中，齿轮同齿轮、齿条、链条相啮合的部位容易发生危险。该处连同它的端面均应采取防护措施，防止发生重大人身伤亡事故。对于螺旋输送机，调节好螺旋导叶与壳体间隙，物料粒度要均衡，不能混入杂物，防止挤坏螺旋导叶与壳体。斗式提升机应安装因链带拉断而坠落的防护装置，防止下料过多、料面过高造成链带拉断。

c. 轴、联轴器、键及固定螺钉。轴、联轴器部位要安装防护罩，不得随意拆卸。固定螺钉不准超长，否则在高速旋转中易将人刮倒。

② 开、停车操作。在生产中有自动开停和手动开停两种系统。设备中应安装超负荷、

超行程停车保护装置和紧急事故停车开关。停车检修时，开关应上锁或撤掉电源。长距离输送系统，应安装开停车联系信号，以及给料、输送、中转系统的自动联锁装置或程序控制系统。

③ 输送设备的日常维护。在日常维护中，润滑、加油和清扫工作是操作者致伤的部分原因。因此，应安装自动注油和清扫装置，减少这类危险的发生。

（2）气力输送设备。

从安全技术考虑，气力输送系统除设备本身故障损坏外，最大的问题是系统堵塞和由静电引起的粉尘爆炸。

① 堵塞。具有黏性或湿性过高的物料较易在供料处、转弯处黏附于管壁，造成管路堵塞。大管径长距离输送管比小管径短距离输送管更易发生堵塞。管道连接不同心时，有错偏或焊渣突起等障碍处易堵塞。输料管径突然扩大，或物料在输送状态中突然停车时，易造成堵塞。

生产中经常采用的消除堵塞的措施有以下几点：最易堵塞的部位是弯管和供料处附近的加速段。为避免堵塞，合理选择布置形式，尽量减少弯管的数量，确定合适的输送速度。输料管壁厚通常为3～8mm。管内表面要求光滑，不准有褶皱或突起。输送磨削性较强的物料时，采用厚壁管道。气力输送系统应密闭。

② 静电。粉料在气力输送系统中，会同管壁发生摩擦而使系统产生静电，是产生粉尘爆炸的重要原因之一，一般消除措施有以下几点：

a. 输送粉料的管道应选用导电性较好的材料，并应有良好的接地措施。

b. 输送管道直径要尽量大些。管内壁应平滑，不允许装设网格之类的部件。

c. 管路弯曲和变径应平缓，数量要少。管内风速不应超过规定值，输送量应平稳，不应有急剧的变化。

d. 使用空气定期吹扫管壁，防止物料在管内堆积。

2. 液体物料的输送

在化工生产中，液态物料可用管道输送，为保证一定流量流体克服阻力所需要的压力，输送时都要依靠泵来完成。高处物料可以自流至低处。

化工生产过程中输送的液态物料种类繁多、性质（黏度、悬浮液、腐蚀性等）各异，工作温度和压强不同，因此，所用泵的种类较多。生产中常用的有离心泵、往复泵、旋转泵和流体作用泵四类。液态物料输送危险控制要点如下。

（1）输送易燃液体宜采用蒸汽往复泵。如采用离心泵，则泵的叶轮要用有色金属制造，以防撞击产生火花。设备和管道均应有良好的接地，以防静电引起火灾。由于采用虹吸和自流的输送方法较为安全，故应优先选择。

（2）对于易燃液体，不可采用压缩空气压送，因为空气与易燃液体蒸气混合，可形成爆炸性混合物，且有产生静电的可能。对于闪点很低的可燃液体，应用氮气或二氧化碳等惰性气体压送。闪点较高及沸点在130℃以上的可燃液体，如有良好的接地装置，可用空气压送。

（3）临时输送可燃液体的泵和管道（胶管）连接处必须紧密、牢固，以免在输送过程中因管道受压脱落漏料而引起火灾。

（4）用各种泵类输送可燃液体时，其管道内流速不应超过安全速度，且管道应有可靠的接地措施，以防静电聚集。同时要避免吸入口产生负压，以防空气进入系统导致爆炸或抽瘪设备。

（5）输送酸性液体和悬浮液时，选用隔膜往复泵较为安全。

3. 气体物料的输送

气体物料的输送采用压缩机。按气体的运动方式，压缩机可分为往复压缩机和旋转压缩机两类。气态物料输送危险控制要点如下。

（1）输送液化可燃气体宜采用液环泵，因液环泵比较安全。但在抽送或压送可燃气体时，进气入口应该保持一定余压，以免造成负压吸入空气形成爆炸性混合物。

（2）为避免压缩机气缸、储气罐以及输送管路因压力增高而引起爆炸，这些部分要有足够的强度。此外，要安装经核验准确可靠的压力表和安全阀（或爆破片）。安全阀泄压应将危险气体导至安全的地点。还可安装压力超高报警器、自动调节装置或压力超高自动停车装置。

（3）压缩机在运行中不能中断润滑油和冷却水，并注意冷却水不能进入气缸，以防发生水锤。

（4）在气体抽送时压缩设备上的垫圈易损坏漏气，应注意经常检查及时换修。

（5）压送特殊气体的压缩机，应根据所压送气体物料的化学性质，采取相应的防火措施。如乙炔压缩机同乙炔接触的部件不允许用铜来制造，以防产生具有爆炸危险的乙炔铜。

（6）可燃气体的管道应经常保持正压，并根据实际需要安装逆止阀、水封和阻火器等安全装置，管内流速不应过高。管道应有良好的接地装置，以防静电聚集放电引起火灾。

（7）可燃气体和易燃蒸汽的抽送、压缩设备的电机部分，应为符合防爆等级要求的电气设备，否则，应穿墙隔离设置。

（8）当输送可燃气体的管道着火时，应及时采取灭火措施。管径在150mm以下的管道着火时，一般可直接关闭闸阀熄火；管径在150mm以上的管道着火时，不可直接关闭闸阀熄火，应采取逐渐降低气压、通入大量水蒸气或氮气灭火的措施，但气体压力不得低于50～100Pa，严禁突然关闭闸阀或水封，以防回火爆炸。当着火管道被烧红时，不得用水骤然冷却。

二、传热单元操作安全技术

传热，即热量的传递。化工生产中最常见的控制参数有温度、压力、流量、液位等，其中温度是由传热来控制的，操作的关键是按规定严格控制温度的范围和升温速度。

1. 加热

（1）加热剂与加热方法。

① 蒸汽。蒸汽是最常用的加热剂、常用饱和水蒸气。用蒸汽加热的方法有两种：直

接蒸汽加热和间接蒸汽加热。直接蒸汽加热是水蒸气直接进入被加热的介质中并与其混合来提升温度，适用于被加热介质和水能混合的场合。间接蒸汽加热是通过换热器的间壁传递热量，加热过程中要防止超温、超压、水蒸气爆炸、烫伤等危险。

② 热水。热水加热一般用于 100℃以下的场合，主要来源于锅炉热水、蒸发器或换热器的冷凝水。严禁热水外漏，对于 50℃以上热水要考虑防烫伤措施。

③ 高温有机物。被加热物料需要控制在 400℃以下时，常使用的加热剂为液态或气态高温有机物。常用的有机物加热剂有甘油、乙二醇、萘、联苯与二苯醚的混合物、二甲苯基甲烷、矿物油和有机硅液体等。

高温有机物由于具有燃烧爆炸、高温结焦和积碳危险，在运行过程中应密闭并严格控制温度。另外，二苯混合物的渗透性较高，应选择非浸油性密封件，禁止外漏。

④ 无机熔盐。当需要加热到 550℃时，可用无机熔盐作为加热剂。熔盐加热装置应具有高度的气密性，并用惰性气体保护。

此外，工业生产中还会利用液体金属、烟道气和电等来加热。其中，液体金属可加热到 300～800℃，烟道气可加热到 1100℃，电加热最高可达 3000℃。

（2）加热过程危险性分析与安全防护。

① 吸热反应、高温反应需要加热，加热反应必须严格控制温度。一般情况下，随着温度升高，反应速度加快，有时会导致剧烈反应，容易发生冲料，易燃品大量气化，聚集在车间内与空气形成爆炸性混合物，可能会引起燃烧、爆炸等危险。所以，应明确规定和严格控制升温上线和升温速度。

② 如果反应是放热反应且反应液沸点低于 40℃，或者是反应剧烈、温度容易猛升并有冲料危险的化学反应，反应设备应该有冷却装置和紧急放料装置。紧急放料装置设爆破泄压片，周围禁止火源。

③ 加热温度如果接近或超过物料的自燃点，应采用氮气保护。

④ 采用硝酸盐、亚硝酸盐等无机盐作加热载体时，要预防与有机可燃物接触，因为无机盐的混合物具有强氧化性，与有机物接触后会发生强烈的氧化还原反应引起燃烧或爆炸。

⑤ 与水会发生反应的物料，不宜采用水蒸气或热水加热。采用水蒸气或热水加热时，应定期检查蒸汽夹套和管道的耐压强度，并应安装压力表和安全阀。

⑥ 采用充油夹套加热时，需加热炉门与反应设备应用砖墙隔绝，或将加热炉设于车间外面。油循环系统应严格密闭，不准热油泄露。

⑦ 电加热器安全措施。在加热易燃物质以及受热能挥发的可燃性气体或蒸汽的物质时，应采用密闭式电加热器。电加热器不能安装在易燃物质附近，导线的负荷能力应满足加热器的要求。为了提高电加热设备的安全可靠性，可采用防潮、防腐蚀、耐高温的绝缘材料，增加绝缘层的厚度，增加绝缘保护层等措施。电感应线圈应密封起来，防止与可燃物接触。电加热器的电炉丝与被加热设备的器壁之间应有良好的绝缘，以防短路引起电火花，将器壁击穿，使设备内的易燃物质或漏出的气体和蒸汽发生燃烧或爆炸。工业上用的电加热器，在任何情况下都要设置单独的电路，并要安装适合的熔断器。

2. 冷却与冷凝

冷却与冷凝被广泛应用于化工生产中。二者的主要区别在于被冷却的物料是否发生相的改变。若发生相变（如气相变为液相），则称为冷凝；否则，无相变只是温度降低，则称为冷却。

冷却与冷凝的操作在化工生产中十分重要，不仅涉及原材料的定额消耗、产品收率，而且严重影响安全生产。在实际操作中应做到以下几点。

(1) 根据被冷却物料的温度、压力、理化性质以及所要求冷却的工艺条件，正确选用冷却设备和冷却剂。

(2) 对于腐蚀性物料的冷却，最好选用耐腐蚀材料制成的冷却设备。如石墨冷却器、塑料冷却器以及用高硅铁管、陶瓷管制成的套管冷却器和钛材冷却器等。

(3) 严格注意冷却设备的密封性，不允许物料窜入冷却剂中，也不允许冷却剂窜入被冷却的物料中（特别是酸性气体）。

(4) 冷却设备所用的冷却水不能中断，否则，反应热不能及时导出，致使反应异常，系统压力增高，甚至产生爆炸。此外，冷却器或冷凝器如断水，会使后部系统温度升高，未冷凝的危险气体外逸排空，可能导致燃烧或爆炸。以冷却水控制系统温度时，一定要安装自动调节装置。

(5) 开车前首先清除冷凝器中的积液，再打开冷却水，然后才能通入高温物料。

(6) 为保证不凝性可燃气体安全排空，可充氮气保护。

(7) 检修冷凝器和冷却器时，应彻底清洗、置换，切勿带料焊接。

3. 换热器安全运行技术

间接加热是化工生产中应用最广泛的加热方法，它是通过换热器来实现的，为保证换热器长期正常运转，必须正确选择、安装和操作，并重视对设备的维护、保养和检修，减少任何可能发生的事故。

(1) 换热器设备。

换热器按用途可分为加热器、冷却器、冷凝器、蒸发器、中间再沸器和再沸器等几种，生产中可根据不同工艺需要进行选择。

通常按照传热原理和实现热交换的方式，将换热器分为间壁式、混合式和蓄热式三种，其中以间壁式换热器应用最为普遍。它主要有管式、板式和翅片式三种类型。管式有沉浸蛇管式、喷淋式、套管式和管壳式；板式有夹套式、螺旋板式和平板式；翅片式有翅片管式和板翅式。

(2) 换热器的工艺安全设计。

在这些换热器中，以管壳式（又称列管式）换热器应用最广，它又包括固定管板式、浮头式和U形管式等几种主要形式。管壳式换热器安全设计条件如下。

① 管程介质。除U形管换热器外，容易结垢和有腐蚀性介质的应走管程，以便于清洗和检修；有毒的流体宜走管程，使泄露机会减少；与环境温度相比，一般温度或温度很低的流体宜走管程，以减少能量损失，降低对壳体的材质要求；压力高的流体宜走管程

侧，可降低换热器外壳的强度要求。

② 壳程介质。饱和蒸汽宜走壳程，有利于蒸汽凝液的排出，且蒸汽需较洁净以免污染壳程；被冷却的流体宜走壳程，便于散热，增强冷却效果；若两流体温差较大，则对流传热系数大的流体宜走壳程，以减小管壁和壳壁的温差。

③ 介质流向。

a. 换热器进出口通常给出介质的流向，一般冷流体下进上出，热流体则上进下出。一旦发生故障，热介质首先撤出对设备有利。

b. 使用蒸汽作热源时（冷凝），蒸汽宜从上部引入，凝液应从下部排出。这样调节换热器里的凝液液位，就可改变传热面积，控制加热量。

c. 若换热的两个介质都是液体，采用逆流比顺流有利。因为在其他条件相同的情况下，逆流的温差大，对传热有利。

d. 若换热器壳侧的设计压力比管侧的设计压力低，且满足下列条件：换热器低压侧设计压力≤2/3 高压侧操作压力；换热器高压侧的操作压力＞7MPa，或者低压侧的介质是能闪蒸的液体或介质是含有蒸汽、会气化的液体，那么换热器的低压侧就应该设置安全阀，且设计安全阀时，安全阀的排放介质应取高压侧的液体。

④ 操作控制。

a. 冷却剂与水蒸气的冷凝器出口配备一个凝液罐，操作控制凝液器更方便一些，并使传热更好。

b. 发生相变的换热器在气化或冷凝侧，通常设置玻璃液位计及液位控制（多在凝液罐上）。

c. 换热器冷却水出口侧应设温度计，以便于调节冷却水流量，控制冷却水出口温度不至于过高而结垢。被冷却或加热的工艺介质的出口也应设温度测量点，以便控制物料的加热（冷却）温度。

d. 规格大小完全一样的换热器并联使用，上管板应与塔釜稳定时的控制液面相等。

⑤ 泄压与放净。对换热器在阀门关闭后可能由于热膨胀或液体蒸发造成压力太高的地方，应设泄压阀；换热器的管侧、壳侧根据需要应设置放空阀及排净阀，必要时排往特定的容器加以收集；若换热器某一侧有液液多相，则应设集液槽加以分离，必要时还应加界面观测及界面控制系统；在寒冷地区，水冷却器和水冷凝器的管道上可设置一供水、回水管的防冻旁通，并在上水管切断阀后及回水管切断阀前，靠近换热器的一侧各设一放净阀。

⑥ 其他。

a. 串联换热器宜用重叠式布置，以减少压降并节省投资与占地，但叠放不应超过三个。

b. 低传热系统，小温差且干净的介质，选用换热器单侧或双侧强化的高通量换热器，效果更显著。

c. 当列管式换热器壳侧走有冷凝的气体时，若换热器设有挡板，挡板的设计应让冷凝液畅通流过。

三、冷冻单元操作安全技术

1. 冷冻剂的选择

冷冻剂的种类很多，冷冻剂的选择与冷冻机的大小，结构和材质有着密切的关系，一般考虑以下因素：

① 冷冻剂的汽化潜热应尽可能的大，以便在固定冷冻能力下，尽量减少冷冻剂的循环量；

② 冷冻剂在蒸发温度下的比热容以及与该比热容相应的压强均不宜过大，否则将增加设备费用；

③ 冷冻剂需具有一定的化学稳定性，防止对接触设备和管路腐蚀破坏；此外，应选择无毒（或无刺激性）或低毒的冷冻剂，以免因泄漏而使操作者受害；

④ 冷冻剂最好不燃或不爆；

⑤ 冷冻剂最好价廉质优，易于采购、运输和存储。常用冷冻剂有氨、氟利昂、乙烯、丙烯等。

2. 载冷体的选择

常用的载冷体有氯化钠、氯化钙、氯化镁等水溶液。对于一定浓度的冷冻盐水，有一定的冻结温度。一般所用冷冻盐水的浓度应较所需的浓度大，否则有冻结现象产生，使蒸发器蛇管外壁结冰，严重影响冷冻机操作。

盐水对金属有较大的腐蚀作用，在空气存在的条件下，其腐蚀作用更强。因此，一般均采用密闭式的盐水系统，并在盐水中加入缓蚀剂。

3. 冷冻机安全操作

常用的压缩冷冻机由压缩机、冷凝器、蒸发器与膨胀阀四个基本部分组成。冷冻设备所用的压缩机以氨压缩机最为常见，在使用氨冷冻压缩机时应注意以下事项。

（1）采用防爆型电气设备。

（2）在压缩机出口方向，汽缸与排气阀间设一个能使氨通到吸入管的安全装置，以防超压。为避免管路爆裂，在旁通路上不装阻气设备。

（3）易于污染空气的油分离器应装于室外。采用低温不冻结，且不与氨发生化学反应的润滑油。

（4）制冷系统应注意其耐压程度和气密性，防止设备、管路产生裂纹和泄漏，加强安全阀、压力表等的检查和维护。

（5）制冷系统因事故或停电而紧急停车时，被冷物料需排空处理。

（6）装有冷料的设备及容器，应注意其低温材质的选择，防止金属的低温脆裂。

四、蒸发与蒸馏单元操作安全技术

1. 蒸发过程的危险性分析

蒸发的溶液都具有一定的特性。例如溶质在浓缩过程中若有结晶、沉淀和污染产生，会导致传热效率降低，并且产生局部过热，因此，对设备加热部分需经常清洗。

对具有腐蚀性溶液的蒸发，需要考虑设备的防腐问题。为了防腐，有的设备需要用特种钢材来制造。

热敏性溶液应控制蒸发温度。溶液的蒸发产生不稳定的结晶和沉淀物，局部过热会使其分解变质或燃烧、爆炸，需严格控制蒸发温度。为防止热敏性物质分解，可采用真空蒸发的方法，降低蒸发温度，缩短停留时间和与加热面接触的时间，例如采用单程循环、快速蒸发等。

2. 蒸发过程操作安全

(1) 合理选择蒸发器。

蒸发器的选择应考虑蒸发溶液的性质，如溶液的黏度、发泡性、腐蚀性、热敏性，以及是否容易结垢、结晶等情况。例如，热敏性的物料蒸发时所承受的最高温度有一定极限，因此应尽量降低溶液在蒸发器中的沸点，缩短物料在蒸发器中的滞留时间，所以可选择膜式蒸发器。对于腐蚀性溶液的蒸发，蒸发器的材料应耐腐蚀。

(2) 提高加热蒸汽的压力。

为了提高蒸发器的生产能力，提高加热蒸汽的压力和降低冷凝器中二次蒸汽压力，有助于提高传热温度差。因为加热蒸汽的压力提高，饱和蒸汽的温度也相应提高。冷凝器中的二次蒸汽压力降低，蒸发室的压力变低，溶液沸点温度也就降低。

(3) 提高传热总系数 K。

提高蒸发器蒸发能力的主要途径是提高传热总系数 K。通常情况下，管壁热阻很小，可忽略不计。加热蒸汽冷凝膜的传热系数一般很大，但蒸汽中如含有少量不凝性气体，冷凝膜的传热系数会下降。据研究测试，蒸汽中含有 1%不凝性气体，传热总系数会下降 60%，所以在操作中，必须及时排除不凝性气体。

在蒸发操作中，管内壁结垢现象是不可避免的，尤其当处理易结晶和腐蚀性物料时，此时传热总系数 K 变小，使传热量下降。在这些蒸发操作中，一方面应定期停车清洗、除垢；另一方面应积极改进蒸发器的结构，例如把蒸发器的加热管加工光滑些，使污垢不易产生，及时生成也易清洗，这就可以提高溶液循环的速度，从而降低污垢生成的速度。

对于不易结垢、不易结晶的物料蒸发，影响传热总系数 K 的主要因素是管内溶液沸腾的传热膜系数。在此类蒸发中，应提高溶液的循环速度和湍动程度，从而提高蒸发器的蒸发能力。

(4) 提高传热量。

提高蒸发器的传热量，必须增加它的传热面积。在操作中，必须密切注意蒸发器内液面的高低。

3. 蒸馏过程操作安全

一般根据物料性质、工艺要求正确选择蒸馏方法和蒸馏设备。选择蒸馏方法时，还应考虑操作压力及操作过程，操作压力的改变可直接导致液体沸点的改变，即改变液体的蒸馏温度。要根据加热方式、物料性质等采取相应的安全措施。

对于一般难挥发的物料（在常压下沸点150℃以上）应采用真空蒸馏。这样可以降低蒸馏温度，防止物料在高温下变质、分解、聚合和局部过热现象的产生。对中等挥发性物料（沸点为100℃左右）采用常压蒸馏分离较为合适，若采用真空蒸馏，反而会增加冷却的困难。对于常压下沸点低于30℃的物料，则应采用加压蒸馏，但是应注意系统密闭和压力设备的安全。

（1）常压蒸馏。

在常压蒸馏中，对于易燃液体的蒸馏禁止采用明火作为热源，一般采用蒸汽或过热水蒸气加热较为安全。对于腐蚀液体的蒸馏，选择防腐耐温高强度材料，防止塔壁、塔盘腐蚀泄漏，导致燃烧、爆炸、灼伤等危险。对于自燃点很低的液体蒸馏，应注意蒸馏系统的密闭，防止因高温泄漏遇空气自燃。

蒸馏高沸点物料时，应防止产生自燃点很低的树脂油状物遇空气自燃。同时应防止蒸干，使残渣转化为结垢，从而引起局部过热而燃烧、爆炸。油焦和残渣应经常清除。

对于高温的蒸馏系统，应防止因设备损坏使冷却水进塔，水迅速汽化，导致塔内压力突然增高，将物料冲出或发生爆炸。故在开车前应对换热器试压并将塔内和管道内的水放尽。

冷凝器中的冷却水或冷冻盐水不能中断，否则会超温、超压，未冷凝的易燃蒸汽溢出，引起燃烧、爆炸等危险。在常压蒸馏系统中，还应注意防止凝固点较高的物质凝结堵塞管道，导致塔内压力增高而引起危险。

（2）减压蒸馏（真空蒸馏）。

真空蒸馏是一种较安全的蒸馏方法。对于沸点较高、高温易分解、易爆炸或易聚合的物质，采用真空蒸馏较为合适。例如，在高温下苯乙烯易聚合、硝基甲苯易分解爆炸，通常采用真空蒸馏的方法。

真空蒸馏系统的密闭性是非常重要的，如果吸入空气，与塔内易燃气混合形成爆炸性混合物，就有引起爆炸或者燃烧的危险。当易燃易爆物质蒸发完毕，应充入氮气后，再停止真空泵，以防止空气进入系统，引起燃烧或爆炸危险。真空泵应安装单向阀，以防止突然停泵而使空气倒入设备。

真空蒸馏应注意其操作程序。先开冷却器进水阀，然后开真空进气阀，最后打开蒸汽阀门。否则，物料会被吸入真空泵，并引起冲料，使设备受压甚至产生爆炸。真空蒸馏易燃物质的排气管应连接排气系统或室外高空排放，管道上要安装阻火器。

（3）加压蒸馏。

在加压蒸馏中，气体或蒸汽容易泄漏造成燃烧、中毒的事故。因此，设备应严格进行气密性和耐压实验，并应安装安全阀和温度、压力的调节控制装置，严格控制蒸馏温度与压力。在石油产品的蒸馏中，应将安全阀的排气管与火炬系统相接，安全阀起跳即可将物料排入火炬烧掉。

在蒸馏易燃液体时，应注意系统的静电消除。特别是苯、丙酮、汽油等不易导电液体的蒸馏，更应将蒸馏设备、管道良好接地。室外蒸馏塔应安装可靠的避雷装置。

蒸馏设备应经常检查、维修，认真搞好开车前、开车后的系统清洗、置换工作，避免发生事故。对易燃易爆物质的蒸馏，厂房要符合防爆要求，有足够的泄压面积，室内电机、照明等电器设备均应采用防爆产品。

五、气体吸收单元操作安全技术

1. 工业气体吸收过程

气体吸收按溶质与溶剂是否发生显著的化学反应，可分为物理吸收和化学吸收。例如，水吸收二氧化碳、洗油吸收芳烃均属于物理吸收，硫酸吸收氨、碱液吸收二氧化碳属于化学吸收。按吸收组分的不同，分为单组分吸收和多组分吸收。按吸收体系（主要是液相）的温度是否显著变化，分为等温吸收和非等温吸收。

2. 吸收过程操作安全

气体吸收过程中，气液逆流接触，吸收剂在高速流动中会大量汽化扩散，产生静电，有导致静电火花的危险。进行气体吸收时安全操作注意事项如下。

（1）控制吸收剂的流量和组成，液流的失控会造成严重事故。

（2）在设计限度内控制入口气流，检测其组成。

（3）控制出口气的组成。

（4）选择适于与溶质和吸收剂的混合物接触的材料。

（5）在进气口流速、组成、温度和压力的设计条件下操作。

（6）避免吸收剂蒸气排出。

（7）防止气相中溶质载荷的突增、液体流速的波动等异常情况，采用自动报警装置。

六、干燥单元操作安全技术

1. 干燥过程危险性分析

在干燥过程中，要严格控制温度，防止局部过热，以免造成物料分解爆炸。对于散发出来的易燃易爆气体或粉尘，禁止与明火和高温表面接触，防止燃烧和爆炸。

（1）间歇式干燥。

间歇式干燥在操作过程中，物料大部分靠人力输送，操作劳动强度大，采用热空气自然循环或鼓风机强制循环加热，温度高且较难控制，易造成局部过热引起物料分解，可能产生易燃、有毒气体或粉尘，遇明火、炽热表面和高温，有燃烧、爆炸危险。因此，干燥操作应严格控制温度，应安装温度计、温度自动调节装置、自动报警装置以及防爆泄压装置。

当干燥物料中含有自燃点很低或有其他有害杂质时，必须在干燥前彻底清除掉。干燥室内也不得放置容易自燃的物质。干燥室与生产车间应用防火墙隔绝，并安装良好的通风设备，一切电气设备开关（非防爆的）应安装在室外。电热设备应与其他设备隔离。在干燥室或干燥箱内操作时，应防止可燃的干燥物直接接触热源，以免引起燃烧。

间歇式干燥比连续式干燥危险。主要是因为前者要直接在高温、粉尘或有害气体的环境下操作，工艺参数的可变性也增加了操作难度和危险性。

（2）连续式干燥。

连续式干燥采用机械化操作，物料过热的危险性较小，操作环境较好，相对于间歇式干燥安全。连续干燥通常采用烟道气、热空气为干燥热源，应防止产生机械伤害，防止产生易燃气体和粉尘，控制与空气混合的浓度，采取相应的防火防爆措施。

在气流干燥中，物料由于迅速运动，相互激烈碰撞、摩擦易产生静电。因此，应严格控制干燥气流风速，并将设备接地。

在干燥中要防止易燃物料与明火直接接触。对易燃易爆物质采用流速较大的热空气干燥时，排气用的设备和电动机应采用防爆设计，并定期清理设备中的积灰和结疤。

在干燥易燃、易爆的物料时，最好采用连续式或间歇式真空干燥。因为在真空条件下，易燃液体蒸发速度快，干燥温度可适当控制得低一些，从而可以防止由于高温引起物料局部过热和分解，以降低火灾、爆炸的可能性。当真空干燥停止后，首先要消除真空、降低温度，然后再通入空气，否则，有可能引起干燥物料燃烧或爆炸。在用电烘箱烘烤能够蒸发易燃蒸气的物质时，电炉丝应完全封闭，箱上应加防爆门。

2. 干燥安全运行操作条件

（1）干燥介质进口温度调节。

为提高干燥经济性，干燥介质的进口温度应尽量高一些，但要防止物料发生质变。同一物料在不同类型的干燥器中干燥时，允许的介质进口温度不同。例如，在箱式干燥器中，干燥介质的进口温度不宜太高，原因是物料处于静止状态，干燥介质只与物料的固定表面直接接触，容易造成物料过热。而在转筒、沸腾、气流等干燥器中，干燥介质的进口温度可高一些，原因是物料在不断翻动，表面更新快，干燥过程均匀、速率快、时间短。

（2）干燥介质出口温度调节。

如果提高干燥介质的出口温度，废气带走的热量多，热损失大；如果介质的出口温度太低，废气可能在出口处或排气设备中析出水滴（达到露点），破坏正常的干燥操作。例如，对于气流干燥器，要求干燥介质的出口温度较物料的出口温度高10～30℃或较其进口时的绝热饱和温度高20～50℃，否则，可能会导致干燥产品返潮，并造成设备的堵塞和腐蚀。

（3）干燥介质流量调节。

增加空气的流量可以增加干燥过程的推动力，提高干燥速率。但空气流量的增加，会造成热损失增加，热量利用率下降，同时会使动力消耗增加；气速的增加，还会造成产品回收负荷增加。生产中，要综合考虑温度和流量的影响，合理选择干燥介质流量。

（4）干燥介质出口相对湿度调节。

干燥介质出口的相对湿度增加，可使一定量的干燥介质带走的水气力量增加，降低操作费用，但同时还会导致过程推动力减小、干燥时间增加或干燥器尺寸增大，可能使总的费用增加，因此必须综合考虑。例如，气流干燥器物料停留时间短，增大推动力有利于提高干燥速率，一般控制出口干燥介质中的水气分压小于出口物料表面水气分压的50%；对转筒干燥器，出口干燥介质中的水气分压为出口物料表面水气分压的50%～80%。

（5）干燥介质出口温度与相对湿度的调节关系。

对于一台干燥设备，干燥介质的最佳出口温度和湿度一般通过实验来确定，主要通过控制、调节干燥介质的进口温度和流量来实现。例如，对同样的干燥任务，提高干燥介质的流量或进口温度，可使干燥介质的相对湿度降低，出口温度上升。

在有废气循环使用的干燥装置中，通常将循环的废气与新鲜空气混合后进入预热器加热，再送入干燥器，以提高传热和传质系数，提高热能的利用率。如循环废气量大，进入干燥器的干燥介质湿度增加，将使过程的传质推动力下降。因此，在保证产品质量和产量的前提下，要选择合适的循环比。

干燥操作的目的是使物料中的含水量降至规定的指标之下，且无龟裂、焦化、变色、氧化和分解等变化；干燥过程的经济性主要取决于热能消耗及热能的利用率。因此，在化工生产中，要综合考虑，选择适宜的操作条件，实现优质、高产、低耗的目标。

七、过滤单元操作安全技术

在化工生产中，将悬浮液中的液体与固体微粒分离，通常采用过滤的方法。过滤操作是使悬浮液中的液体在重力、加压、真空及离心力的作用下，通过多孔物质层，而将固体悬浮微粒截流进行分离的操作。

悬浮液的过滤操作存在危险性。例如，过滤布迸裂使得未过滤的悬浮液通过等。滤液在一定条件下可能发生化学反应，在过滤机的设计中应采取相应的安全措施。从过滤机的操作方式分析，连续式过滤比间歇式过滤安全。连续式过滤循环周期短、自动洗涤、自动卸料、过滤速度高，物料与操作人员没有直接接触。间歇式过滤周期长、需要人工操作、劳动强度大且需要操作人员直接接触毒物，因此安全性较差。

离心式过滤机如果超负荷运转、运转时间过长、转鼓磨损或腐蚀、启动速度过高，均有可能发生事故。对于悬式离心机，如果负荷不均匀时运转，会发生剧烈振动，不仅磨损轴承，而且能使转鼓撞击外壳而发生事故。转鼓高速运转，也有可能由外壳中飞出而造成重大事故。当离心机无盖或防护装置不良时，工具或其他杂物有可能落入其中，并以很高的速度飞出伤人。即使杂物留在转鼓边缘，也很可能引起转鼓振动造成其他危险。

在开停离心机时，不要再用手直接触摸，以防发生事故。禁止不停车或未停稳清理器壁，否则，铲勺会从手中飞脱，致人受伤。

当处理具有腐蚀性的物料时，不应使用铜质转鼓，而应采用钢制衬铅或衬硬橡胶的转鼓。并应经常检查衬里有无缝隙，以防腐蚀性材料由裂缝处腐蚀转鼓。镀锌、陶瓷或铝制转鼓，只能用于速度较慢、负荷较低的情况，为安全起见，还应有特殊外壳保护。此外，操作过程中加料不匀，也会导致剧烈振动，应引起注意。

离心机应装有限速装置，在有爆炸危险性的厂房中，其限速装置不得因摩擦、撞击而发热或产生火花；同时注意不要选择临界速度操作。

学生课外任务 2

作　　业：

1. 化工单元操作包括的内容和代表性设备有哪些？
2. 化工单元操作基本安全注意事项是什么？

项目任务：

1. 调查分析离心泵的结构（化工实训室设备），制定离心泵日常检查记录表。
2. 试制定氯碱化工中氯气尾气吸收工段的安全操作规程。

第三模块

化工污染治理技术

第六单元　化工废水治理技术

化工生产离不开水。化工生产过程中需要大量的水作为溶剂、吸收剂，或将大量的水用于循环冷却以及设备与场地冲洗等，因此废水的排放量很大，而且这些废水污染物的种类繁杂，有的甚至具有较高的毒性。化工废水排放到环境中将对环境产生危害，必须经过妥善处理，使其达到排放标准后才能排放。

任务一　化工废水治理技术基础

知识目标：熟悉水体污染物的主要指标的含义，了解化工废水治理的一般方法。
能力目标：具有化工废水处理方法选择的初步能力。
态度目标：树立化工环保的意识，培养团队合作精神。

【案例 6-1】

2009 年 7 月 20 日至 23 日，山东省临沂市高新区亿鑫化工有限公司经理于某指使副厂长许某、采购员于某，分两次在凌晨趁降雨、南涑河水量较大之机，用水泵将蓄意隐藏的污水池中的约 $700m^3$ 含砷有毒废水排放到南涑河中，造成重大环境污染。

一、水体污染物的指标

1. 物理性指标

物理性指标主要有温度、色度、嗅和味以及固体物质。

2. 化学性指标

（1）有机性指标。

① 生化需氧量(BOD)。水中有机污染物被好氧微生物分解时所需的氧量称为生化需氧量（以 mg/L 为单位）。

② 化学需氧量(COD)。化学需氧量是用化学氧化剂氧化水中有机污染物时所消耗的氧化剂量（以 mg/L 为单位）。化学需氧量愈高，表示水中有机污染物愈多。常用的氧化剂主要是重铬酸钾和高锰酸钾，测得的值称 COD_{Cr} 和 COD_{Mn}。

③ 总有机碳(TOC)与总需氧量(TOD)。总有机碳包括水样中所有有机污染物质的含碳量，也是评价水样中有机污染物的一个综合参数。有机物中除含有碳外，还含有氢、氮、硫等元素，当有机物全都被氧化时，碳被氧化为二氧化碳，氢、氮及硫则被氧化为水、一氧化氮、二氧化硫等，此时需氧量称为总需氧量。

④ 油类污染物。油类污染物有石油类和动植物油脂两种。油类污染物进入水体后会影响水生生物的生长、降低水体的资源价值。油膜覆盖水面会阻碍水的蒸发，影响大气和水体的热交换。

⑤ 酚类污染物。酚类化合物是有毒有害污染物。水体受酚类化合物污染后影响水产品的产量和质量。酚的毒性可抑制水微生物（例如细菌、藻等）的自然生长速度，甚至使其停止生长。

（2）无机性指标。

① 植物营养元素。污水中的氮、磷为植物营养元素，从农作物生长角度看，植物营养元素是宝贵的物质，但过多的氮、磷进入天然水体中易导致富营养化。水体中氮、磷含量的高低与水体富营养化程度有密切关系。就污水对水体富营养化作用来说，磷的作用远大于氮。

② pH。主要是指示水样的酸碱性。一般要求污水处理后的pH在6～9之间。天然水体若长期遭受酸、碱污染，将使水质逐渐酸化或碱化，从而对正常生态系统产生影响。

③ 重金属。重金属主要指汞、镉、铅、铬、镍，以及类金属砷等生物毒性显著的元素，也包括具有一定毒害性的一般重金属，例如锌、铜、钴、锡等。

3. 生物性指标

生物性指标包括细菌总数和大肠菌群两个指标。

二、化工废水处理方法

化工治理技术从技术路线大体可以划分为两类：第一类是废水中的杂质在排入环境（主要指水体）以前，用物理、化学、物理化学或生物等方法去除。这就意味着必须建立污水处理厂或车间，配备一整套处理设施。对工业废水来说，如何改进原有生产工艺，尽量减少水中污染物浓度和废水量，也包括在这一类中。第二类是在受纳水体环境容量容许的前提下进行排放控制，确定排放形式、排放位置，利用自然界的水体自净能力进行处理。第二类技术必须建立在两个前提下：首先必须进行必要的预处理，一些重金属和难降解的物质不能直接排放，其次对受纳水体的自净能力及稀释扩散条件必须要有充分的研究和掌握，通常必须做水力模型试验。

化工废水处理过程是将废水中所含有的各种污染物与水分离或加以分解，使其净化的过程。化工废水处理法大体可分为以下四种。

（1）物理处理法：该法又可分为调节、离心分离、沉淀、隔油与破乳、气浮等处理法。

（2）化学处理法：该法又可分为混凝、中和、化学沉淀、氧化还原、电解等处理法。

（3）物理化学处理法：该法又可分为吸附、离子交换、膜分离等处理法。

（4）生物处理法：该法又可分为活性污泥法、好氧生物膜法、厌氧生物法等处理法。

相关知识拓展

化工废水的分类和影响

化工废水按污染物的种类主要可分化学性污水、物理性污水和生物性污水三大方面。

1. 化学性污染

如果将未经处理的化工废水任意排入水体，就会引起水体化学性污染。化工废水中主要有下列化学物质。

(1) 无机污染物质。

污染水体的无机物质主要为酸、碱和一些无机盐类。含酸多的化工废水由制酸工艺、酸洗工艺及酸法造纸等产生，雨水淋洗含二氧化硫较多的空气后，流入水体也能形成水体中的酸污染。含碱废水主要来自氯碱化工、化学纤维生产、制碱、制革、炼油等生产过程。

(2) 无机有毒物质。

污染水体的无机有毒物质主要是重金属等有潜在长期影响的有毒物质，其中汞、镉、铅等危害性较大，其他还有砷（特别是三价）、钡、铬（六价）、硒（四价、六价）、钒、氟化物、氰化物等。有毒重金属在自然界中一般不会消失，可能通过食物链而富集、积累。这类物质会直接作用于人体而引起严重的疾病或有促进慢性病的作用。

(3) 有机有毒物质。

污染水体的有机化工有毒物质种类很多。主要是各种有机农药、多环芳烃、酚类等。

(4) 需氧污染物质。

有机化工中产生的废水中多含有各类有机高分子污染物，其中碳水化合物、油脂和酚类化合物等可在微生物的生物化学作用下进行分解。在其分解过程中需要消耗氧气，故称之为需氧污染物质。

(5) 植物营养物质。

某些化工废水中，特别是化肥生产企业、合成洗涤剂生产企业的废水，常含有一定量的磷、氮等植物营养物质。水体中含磷、氮的量较高时，对一般河流的影响还不大，但对湖泊、水库、港湾、内海等水流慢的水域影响较大。这些水体内往往会因磷、氮等植物营养物质的含量过高，而使藻类等浮游生物及水生生物大量繁殖，这种情况称为水体的“富营养化”。

(6) 油类污染物质。

随着石油事业的发展，油类物质对水体的污染已日益增多。炼油和石油化工工业、海底石油开采、油轮压舱洗舱以及大气石油烃的沉降等都可使水体遭到严重的油污染，尤其以海洋采油污染为最甚，不仅会影响水质、破坏海滩，还会危害水生生物，目前已受到各国关注。

2. 物理性污染

(1) 悬浮物质污染。

悬浮物质是指水中含有的不溶性物质，包括固体物质和泡沫等。悬浮物质影响水质外观，妨碍水中植物的光合作用，减少氧气的溶入，对水生生物不利。如果悬浮颗粒上吸附一些有毒有害的物质，则更加有害。

(2) 热污染。

来自各种生产过程中的冷却水，若不采取处理措施而是直接排入水体，可能会引起水温升高，溶解氧含量降低，水内存在的某些有毒物质的毒性增加，危害鱼类及水生生物的生长，称为热污染。

3. 生物性污染

某些废水污染水体后，往往可带入一些病原微生物。常见污染水体的病毒有肠道病毒、腺病毒和肝炎病毒等。某些寄生虫病如阿米巴痢疾、血吸虫病以及钩端螺旋体引起的钩端螺旋体病等，也都可通过水进行传播。防止病原微生物对水体的污染，是保护环境、保障人体健康的一大课题。

学生课外任务 1

作　　业：

1. 化工废水分为哪些种类，分别举例说明。
2. 水体污染物的指标有哪些？

项目任务：

以氯碱化工产生的废水为例，讨论并提出处理方案。

任务二　化工废水的物理处理

知识目标： 熟悉废水调节的目的和常用设施、含油废水的来源及油的状态、气浮原理；掌握离心分离的原理和常用方法、隔油池的构造、乳化油破乳的方法以及气浮的设备。

能力目标： 具有化工废水物理处理的初步能力。

态度目标： 培养严谨细致的工作态度。

【案例 6-2】

唐山中润煤化工有限公司焦化废水深度处理工程于 2009 年 9 月底建成并投入运行，设计处理规模为 280m^3/h，进水为达到《工业水污染物排放标准》(GB 13456) 规定的二级排放标准的生化出水，深度处理回用工程采用双膜法处理工艺，同时去除了水中的有机物、悬浮物、盐分、硬度。系统出水达到《污水再生利用工程设计规范》(GB 50335) 规定的工业循化冷却水水质标准。该项目被中国环境保护协会评为“示范工程”项目，并于 2009 年 10 月通过相关部门验收。

一、调节

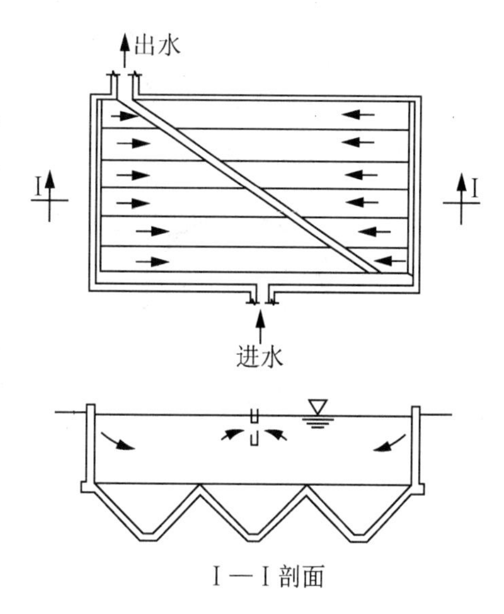

图 6-1 对角线出水调节池

化工企业排放的废水，其水量和水质都是随时间而变化的。为保证后续处理构筑物或设备的正常运行，需设调节池对废水的水量和水质进行调节。此外，酸性废水和碱性废水还可以在调节池内中和；短期排出的高温废水也可利用调节池以平衡水温。调节池在结构上可分为砖石结构、混凝土结构、钢结构。对池内废水进行混合的方法主要有：水泵强制循环、空气搅拌、机械搅拌、水力混合。目前常用的是利用调节池特殊的结构形式进行差时混合，即水力混合，主要调节池有对角线出水调节池和折流调节池。

图 6-1 为对角线出水调节池。其特点是出水槽沿对角线方向设置，同一时间流入池内的废水，由池的左、右两侧，经过不同时间流到出水槽。为防止废水在池内短路，可以在池内设置若干纵向隔板。池内沉渣斗中的沉淀物通过排渣管定期排出。

进水

图 6-2 折流调节池

图 6-2 为折流调节池。池内设置许多折流隔墙，使废水在池内来回折流。配水槽设于调节池上，通过许多孔口溢流投配到调节池的各个折流槽内，使废水在池内混合、均衡。调节池的起端（入口）入流量可控制在总流量的 1/4～1/3。剩余流量可通过其他各投配口等量地投入池内。

二、离心分离

按离心力产生的方式，离心分离设备可分为两种类型：压力式水力旋流器（或称旋流分离器）和离心机。

1. 压力式水力旋流器

压力式水力旋流器上部呈圆筒形，下部为截头圆锥体，如图 6-3 所示。含悬浮物的废水在水泵或其他外加压力的作用下，从切线方向进入旋流器后发生高速旋转，在离心力的作用下，固体颗粒物被抛向器壁，并随旋流下降到底部出口。澄清的废水或含有较细微粒的废水，则形成螺旋上升的内层旋流进入出流室，由出水管排出。

水力旋流器的缺点是设备易受磨损，能耗较大。器壁宜用铸铁或铬锰合金钢等耐磨材料制造，或内衬橡胶，并应力求光滑。

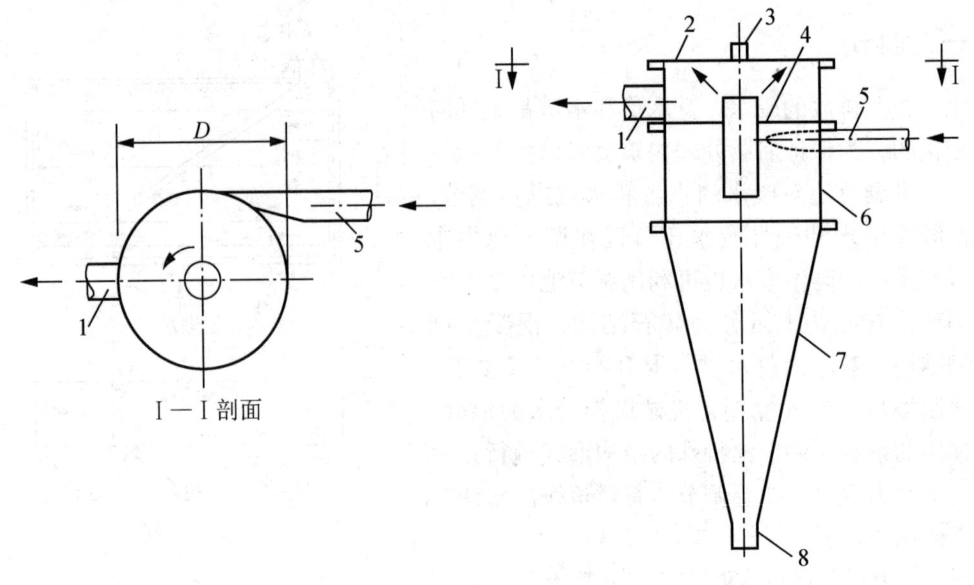

图 6-3 压力式水力旋流器

1—进水管；2—顶盖；3—通风管；4—中心管；
5—进水管；6—圆筒；7—圆锥体；8—排泥管

2. 离心机

离心机是依靠一个可以随转动轴旋转的圆筒（又称转鼓），在传动设备驱动下高速旋转，液体也随同旋转，由于其中不同密度的组分产生不同的离心力，从而达到分离的目的。在废水处理领域，离心机常用于污泥脱水和分离回收废水中的有用物质，例如从洗羊毛废水中回收羊毛脂等。

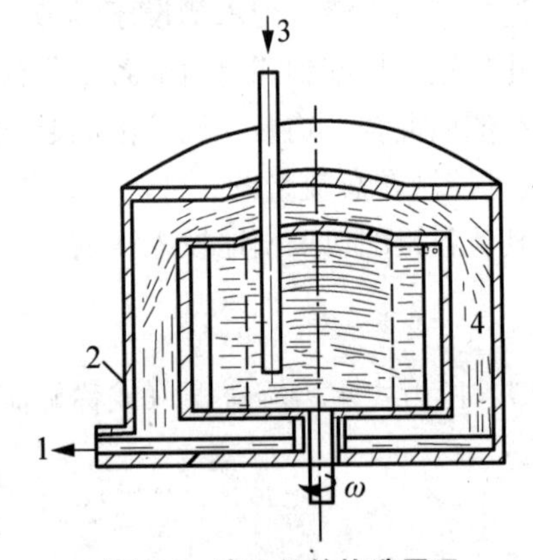

图 6-4 离心机的构造原理

1—清液；2—外壳；3—进口；4—转鼓

图 6-4 为离心机的构造原理。工作时将欲分离的液体注入转鼓中（间歇式）或流过转鼓（连续式），转鼓绕轴高速旋转，即产生分离作用。转鼓有两种：一种是壁上有孔和滤布，工作时液体在惯性作用下穿过滤布和壁上小孔排出，而固体截留在滤布上，称为过滤式离心机；另一种是壁上无孔，工作时固体贴在转鼓内壁上，清液从紧靠转轴的孔隙或导管连续排出，称为沉降式离心机。

离心机设备紧凑、效率高，但结构复杂，只适用于处理小批量的废水、污泥脱水和很难用一般过滤法处理的废水。

三、隔油与破乳

1. 隔油池

隔油池是利用自然上浮法进行油水分离的装置。常用的主要类型有平流式隔油池（API）、平行板式隔油池（PPI）、倾斜板式隔油池（CPI）、小型隔油池等。

（1）平流式隔油池。

图 6-5 为使用较为广泛的传统平流式隔油池。在隔油池中，由于流速降低，比重小于 1.0 而粒径较大的油珠上浮到水面上，比重大于 1.0 的杂质沉于池底。在出水一侧的水面上设有集油管。

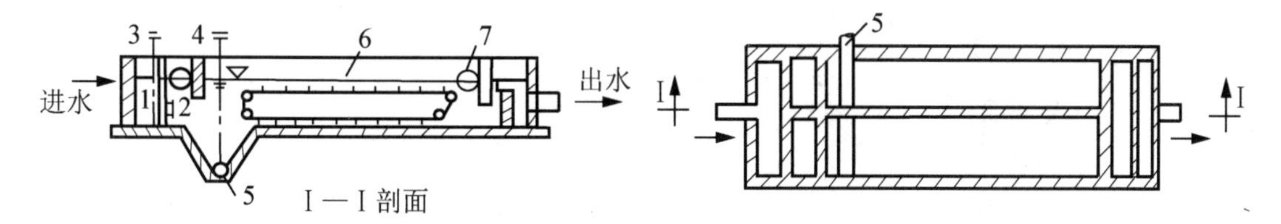

图 6-5　平流式隔油池

1—配水槽；2—进水孔；3—进水间；4—排渣阀；5—排渣管；6—刮油刮泥机；7—集油管

隔油池表面用盖板覆盖，以防火、防雨和保温。寒冷地区还应在池内设置加温管。

平流式隔油池可去除的最小油珠粒径一般为 100～150μm。这种隔油池的优点是，构造简单，便于运行管理，除油效果稳定。缺点是，池体大，占地面积多。

（2）平行板式隔油池。

平行板式隔油池是平流式隔油池的改良型，结构如图 6-6 所示。在平流式隔油池内沿水流方向安装数量较多的倾斜平板，不仅增加了有效分离面积，也提高了整流效果。

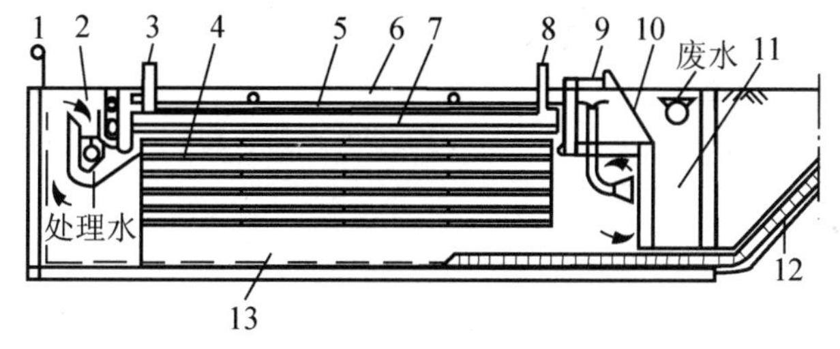

图 6-6　平行板式隔油池

1—卷扬机；2—净水溢流管；3—通气孔及溢流管；4—平行板；5—盖子；
6—净水；7—油层；8—通气孔；9—浮渣箱；10—格栅；
11—沉砂室；12—吸泥软管；13—泥渣室

（3）倾斜板式隔油池。

倾斜板式隔油池是平行板式隔油池的改良型，结构如图 6-7 所示。该装置采用波纹形斜板，板间距 20～50mm，倾斜角为 45°。废水沿板面向下流动，从出水管排出。水中油珠沿板的下表面向上流动，然后用集油管汇集排出。水中悬浮物沉到斜板上表面并滑入池底经排泥管排出。该隔油池的油水分离效率较高，停留时间短，一般不大于 30min，占地面积小。波纹斜板由聚酯玻璃钢制成。

（4）小型隔油池。

小型隔油池用于处理小水量的含油废水，图 6-8 和图 6-9 为常见的两种结构。这种形式的隔油池采用标准为 S217－8－6。池内水流速度一般为 0.002～0.01m/s，食用油废水一般不大于 0.005m/s，停留时间为 0.5～1.0min。废油和沉淀物定期人工清除。后者用于处理含汽油、柴油、煤油等废水。废水经隔油后，再经焦炭过滤器进一步除油。池内设有浮子撇油器排除废油，浮子撇油器如图 6-10 所示。池内水平流速 0.002～0.01m/s，停留时间为 2～10min，排油周期一般为 5～7 天。

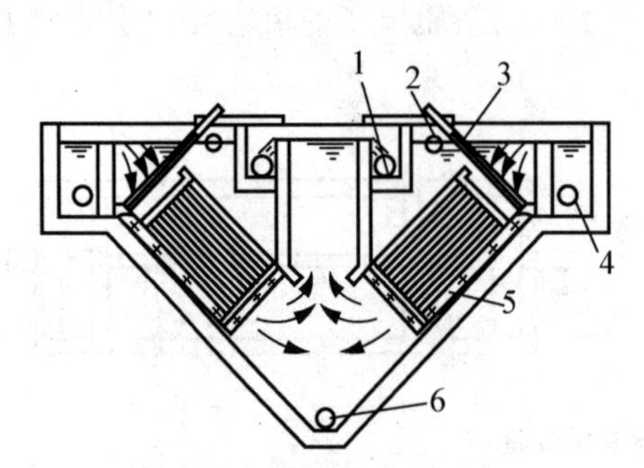

图 6-7 倾斜板式隔油池

1—出水管；2—集油管；3—格栅；
4—进水管；5—斜板；6—排泥管

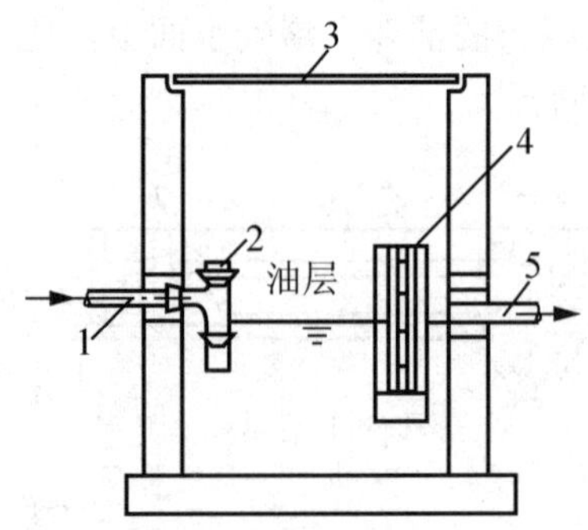

图 6-8 小型隔油池（一）

1—进水管；2—木塞；3—盖板；
4—隔板；5—进水管

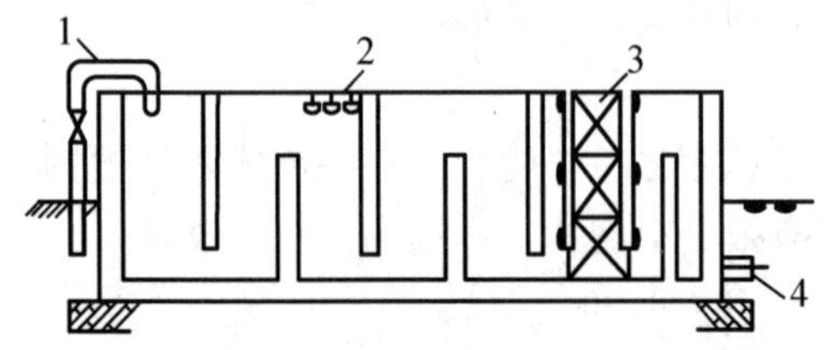

图 6-9 小型隔油池（二）

1—进水管；2—浮子撇油器；
3—焦炭过滤器；4—排水管

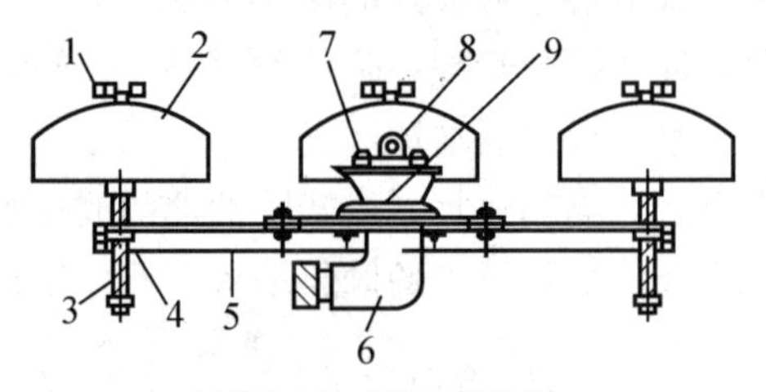

图 6-10 浮子撇油器

1—调整装置；2—浮子；3—调节螺栓；
4—管座；5—浮子臂；6—排油管；
7—盖；8—柄；9—吸油口

2. 乳化油及其破乳

在乳化剂存在的条件下，当油和水相混合时，乳化剂会在油滴与水滴表面形成一层稳定的薄膜，这时油和水就不会分层，而呈一种不透明的液体状态，即乳化油。当分散相是油滴时，称水包油型乳化油；当分散相是水滴时，则称为油包水型乳化油。乳化油的类型取决于乳化剂。

（1）乳化油的来源。

乳化油的主要来源有：①由于生产工艺的需要而调制，如机械加工中车床切削用的冷却液，是人为制成的乳化油；②以洗涤剂清洗受油污染的机械零件、油槽车等而产生乳化油废水；③含油（可浮油）废水在沟道与含乳化剂的废水相混合，受水流搅动而形成。

在含油废水产生的地点立即用隔油池进行油水分离，可以避免油分乳化，而且还可以就地回收油品，降低含油废水的处理费用。例如，炼油厂减压塔塔顶冷凝器流出的含油废水，立即进行隔油回收，得到的浮油实际上就是塔顶馏分，经过简单的脱水，就是一种中间产品。如果隔油后，废水中仍含有乳化油，可就地破乳。此时，废水的成分比较单纯，处理的效果较好。

（2）破乳的方法。

破乳的方法有很多种，但基本原理都一样，即破坏液滴界面上的稳定薄膜，使油和水得以分离。破乳方法主要有以下几种。

① 投加换型乳化剂。例如，氯化钙可以使钠皂为乳化剂的水包油型乳化油转换为以钙皂为乳化剂的油包水型乳化油。在转型过程中存在着一个由钠皂占优势转化为钙皂占优势的转化点（由试验确定），这时的乳化油非常不稳定，油、水可能形成分层。因此控制“换型剂”的用量，即可达到破乳的目的。

② 投加盐类、酸类。盐类、酸类物质可使乳化剂失去乳化作用。

③ 投加某种本身不能成为乳化剂的表面活性剂。例如投加异戊醇，从两相界面上挤掉乳化剂使其失去乳化作用。

④ 搅拌、震荡、转动。通过剧烈的搅拌、震荡或转动，使乳化的液滴猛烈碰撞而合并。

⑤ 过滤。例如以粉末为乳化剂的乳化油，可以用过滤法拦截被固体粉末包围的油滴。

⑥ 改变温度。改变乳化液的温度（加热或冷冻）可以破坏乳化液的稳定性。

破乳方法的选择应以试验为依据。相当多的乳化油必须投加化学破乳剂进行破乳。目前所用的化学破乳剂通常是钙、镁、铁、铝的盐类或无机酸。水处理中常用的混凝剂也是较好的破乳剂，它不仅具有破乳作用，而且对废水中的其他杂质还能起到混凝作用。有的乳化油可用碱（NaOH）进行破乳，而某些石油工业的含油废水，其废水温度升到 65～75℃时，即可达到破乳的效果。

四、气浮

在一定条件下，气泡在水中的分散程度是影响气浮效率的重要因素，所以气浮设备一般以产生气泡的方法来分类。生产上最常用的气浮设备有：电解气浮、布气气浮和溶气气浮等。

1. 电解气浮

电解气浮是在直流电的作用下，采用不溶性的阳极和阴极直接电解废水，正负两极产生氢和氧的微细气泡，将废水中颗粒状污染物带至水面进行分离的一种技术。此外，电解气浮还具有降低 BOD、氧化、脱色和杀菌作用，对废水负荷变化适应性强，生成污泥量少，占地少，无噪声。但由于电耗及操作运行管理，以及电极结垢等问题，较难适应处理水量大的场合。

电解气浮装置分为竖流式和平流式两种，如图 6-11 和图 6-12 所示。

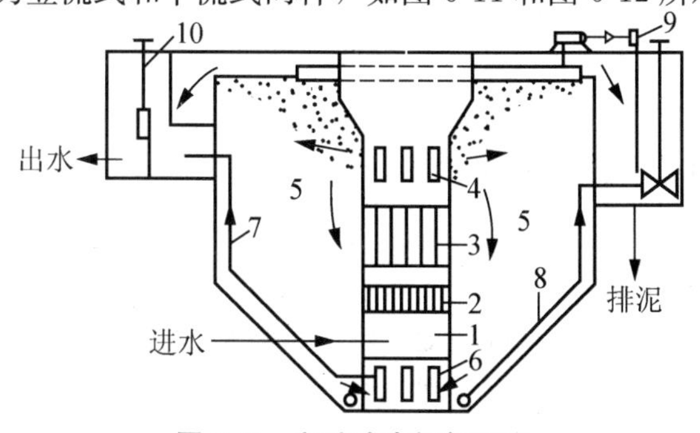

图 6-11　竖流式电解气浮池

1—入流室；2—整流栅；3—电极组；4—出流孔；5—分离室；6—集水孔；7—出水管；8—排沉泥管；9—刮渣机；10—水位调节器

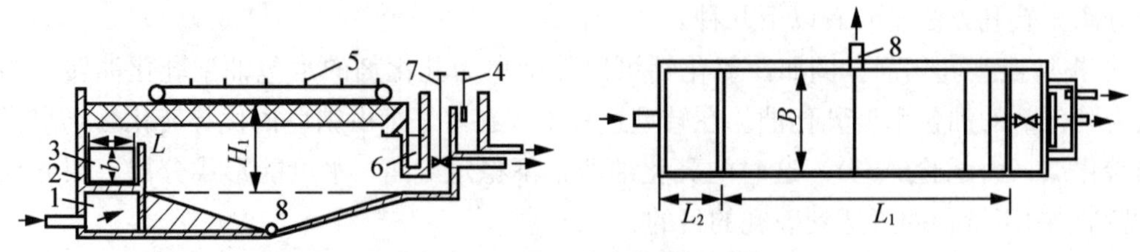

图 6-12　双室平流式电解气浮池

1—入流室；2—整流栅；3—电极组；4—出口水位调节器；
5—刮渣机；6—浮渣室；7—排渣阀；8—污泥排出口

2. 布气气浮

布气气浮又分为叶轮气浮、曝气气浮、射流气浮和水泵吸水管吸气气浮等类型。

（1）叶轮气浮。

叶轮气浮设备如图 6-13 所示。气浮池底部设有叶轮叶片，由池上部的电机驱动，叶轮上部装设带有导向叶片的固定盖板，叶片与直径成 60°角，盖板与叶轮间有 10mm 的间距，而导向叶片与叶轮之间有 5～8mm 的间距，盖板上开有 12～18 个孔径为 20～30mm 的孔洞，盖板外侧的底部空间装有整流板。叶轮气浮的充气是靠叶轮高速旋转时在盖板下形成负压，从进气管吸入空气。废水由盖板上的小孔进入。在叶轮的搅动下，空气被粉碎成细小的气泡，并与水充分混合形成水气混合体甩出导向叶片之外，导向叶片可使阻力减小。再经整流板稳流后，在池体内平稳地垂直上升，形成的泡沫不断地被缓慢转动的刮板刮出槽外。

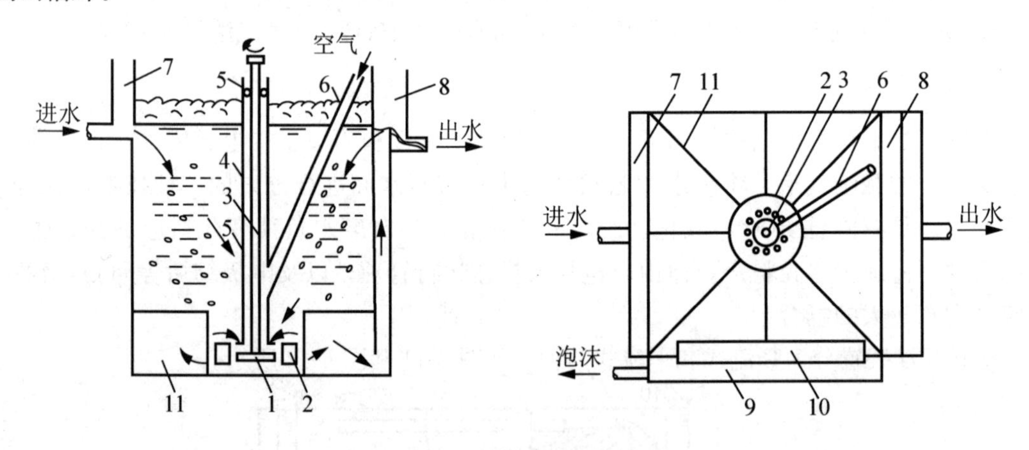

图 6-13　叶轮气浮设备构造

1—叶轮；2—盖板；3—转轴；4—轴套；5—轴承；6—进气管；
7—进水槽；8—出水槽；9—浮渣槽；10—刮渣板；11—整流板

（2）曝气气浮。

曝气气浮是将压缩空气通过具有微细孔隙的扩散板或微孔管，使空气以微小气泡的形式进入水中，进行气浮。该方法中空气扩散装置的微孔易于堵塞，而且形成的气泡较大，气浮效果不好。

（3）射流气浮。

射流气浮是采用以水带气的方式向废水中混入空气进行气浮的方法。射流器构造如图6-14所示。由喷嘴射出的高速水流使吸入室内形成真空，从而使吸气管吸入空气。气水混合物在喉管内进行激烈的能量交换，空气被粉碎成微细的气泡。进入扩散段后，动能转化为势能，进一步压缩气泡，增大了空气在水中的溶解度，随后进入气浮池。射流器各部分尺寸的最佳值一般通过试验确定。

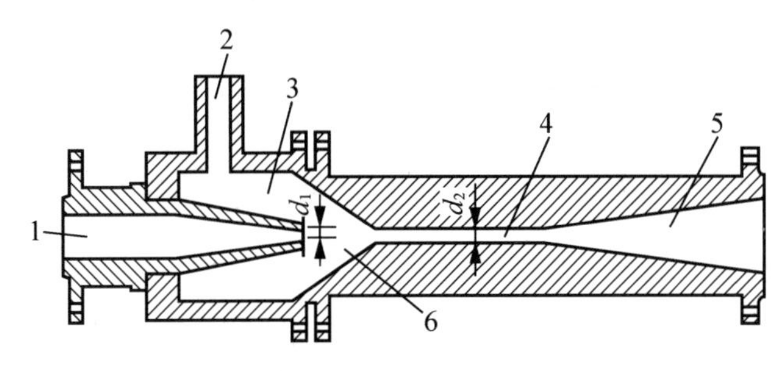

图 6-14　射流器的构造

1—喷嘴；2—吸气管；3—吸入室（负压段）；

4—喉管段；5—扩散段；6—渐缩段

（4）水泵吸水管吸气气浮。

该方法设备简单，但由于受水泵工作特性限制，吸入空气量一般不能大于吸水量的10％（按体积计），否则将会破坏水泵吸水管负压工作。此外，气泡在水泵内破碎不够完全，形成的气泡粒度较大，气浮效果不好。

3. 溶气气浮

溶气气浮是使空气在一定压力作用下，溶解于水中，并达到过饱和的状态，然后再突然使溶气水在常压下将空气以微细气泡的形式从水中逸出，进行气浮。

根据气泡在水中析出所处压力的不同，溶气气浮可分为加压溶气气浮和溶气真空气浮两种类型。前者是空气在加压条件下溶入水中，而在常压下析出；后者是空气在常压或加压条件下溶入水中，而在负压条件下析出。加压溶气气浮是国内外最常用的气浮法。

加压溶气气浮工艺由空气饱和设备、空气释放设备和气浮池等组成。其基本工艺流程有全溶气流程、部分溶气流程和回流加压溶气流程三种。

全溶气流程是将全部废水进行加压溶气，再经减压释放装置进入气浮池进行固液分离。特点是电耗高，气浮池容积小。

部分溶气流程是将部分废水进行加压溶气，其余废水直接送入气浮池。其特点是电耗少，溶气罐的容积较小。但因部分废水加压溶气所能提供的空气量较少，若想提供与全溶气相同的空气量，则必须加大溶气罐的压力。

回流加压溶气流程是将部分出水进行回流加压，废水直接送入气浮池。该方法适用于含悬浮物浓度高的废水处理，但气浮池的容积较前两者大。其工艺流程见图6-15。

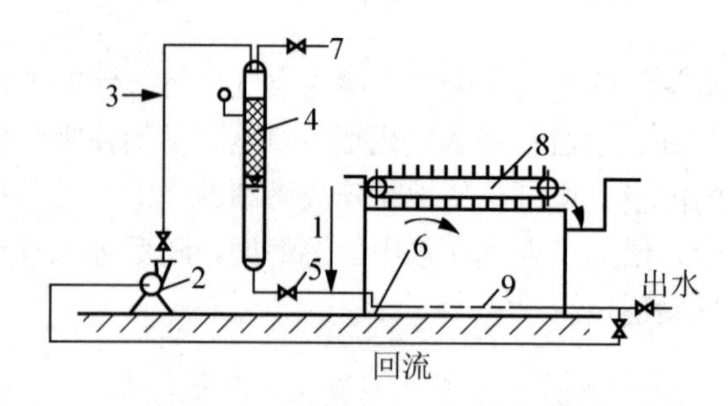

图 6-15　回流加压溶气气浮工艺流程

1—原水进入；2—加压泵；3—空气进入；4—压力溶气罐（含填料层）；
5—减压阀；6—气浮池；7—放气阀；8—刮渣机；9—集水管及回流清水管

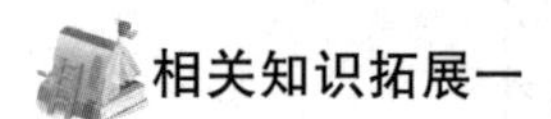

相关知识拓展一

含油废水的来源及油的状态

1. 来源

含油废水的来源非常广泛，其中石油工业及煤化工排出的含油废水为其主要来源。

石油炼制、石油化工含油废水主要来自生产装置的油水分离过程以及油品、设备的洗涤、冲洗过程。煤化工工业排出的焦化含油废水，主要来自焦炉气的冷凝水、洗煤气水和各种储罐的排水等。

2. 油的状态

含油废水中的油类污染物，其比重一般都小于1，但焦化厂或煤气发生站排出的重质焦油其比重可高达1.1。油通常有以下三种状态。

(1) 呈悬浮状态的可浮油。

如把含油废水放在桶中静沉，有些油滴就会慢慢浮升到水面上，这些油滴的粒径较大，可以依靠油水比重差而从水中分离出来。炼油厂废水中的可浮油一般占60%～80%左右。

(2) 呈乳化状态的乳化油。

这些非常细小的油滴，即使静沉几小时，甚至更长时间，仍然悬浮在水中。这种状态的油滴不能用静沉法从废水中分离出来，这是由于乳化油油滴表面上有一层由乳化剂形成的稳定薄膜，阻碍油滴合并。如果能消除乳化剂的作用，乳化油即可转化为可浮油，这叫破乳。乳化油经过破乳之后，就能用沉淀法来分离。

(3) 呈溶解状态的溶解油。

油品在水中的溶解度非常低，通常每升仅能溶解几毫克。

相关知识拓展二

气浮的原理

气浮技术的基本原理是向水中通入空气，使水中产生大量的微细气泡，并促使其黏附于杂质颗粒上，形成密度小于水的浮体。浮体在浮力作用下会上浮至水面，实现固—液或液—液分离。

学生课外任务 2

作　　业：

1. 化工废水为什么要进行调节？调节的主要方法有哪些？
2. 化工废水离心分离的压力式水力旋流器和离心机有何区别？各自具有哪些特点？
3. 简述含油废水处理中，如何进行隔油和破乳。
4. 简述气浮处理的原理。

项目任务：

以炼油厂油品储罐设备清洗所产生的废水为例，讨论并提出废水处理的方案和流程。

任务三　化工废水的化学处理

知识目标： 了解化工废水化学处理方法的原理，熟悉影响废水混凝处理效果的因素，掌握化工废水中和、化学沉淀、氧化还原等处理的工艺方法。

能力目标： 具有化工废水化学处理方法的选择和应用的初步能力。

态度目标： 培养严谨细致的工作态度。

【案例 6-3】

2010 年 7 月 28 日，受特大洪水影响，吉林省永吉县两家化工企业——新亚强生物化工有限公司和吉林众鑫集团 7 138 只原料桶被冲入温德河，随后进入松花江。桶装原料主要为三甲基一氯硅烷、六甲基二硅氮烷等。7 000 多只化工桶被冲入松花江，上万人拦截，城市供水管道被切断，污染带长达 5 公里。

一、混凝

各种废水都是以液体为分散介质的分散系。按分散相粒度的大小，可将废水分为：粗分散系（浊液），分散相粒度大于 100nm；胶体分散系（胶体溶液），分散相粒度为 1～100nm；分子—离子分散系（真溶液），分散相粒度为 0.1～1nm。粒度在 100μm 以上的浊液可采用自然重力沉淀或过滤处理，粒度为 0.1～1nm 的真溶液可采用吸附法处理，粒度为 1nm～100μm 的部分浊液和胶体溶液可采用混凝处理法。

混凝法可用于各种工业废水（如造纸、钢铁、纺织、煤炭、选矿、化工、食品等工业废水）的预处理、中间处理或最终处理及城市污水的三级处理和污泥处理。它除用于除去废水中的悬浮物和胶体外，还用于除油和脱色。

混凝法的重点是去除水中的胶体颗粒，同时还要考虑去除COD、色度、油分、磷酸盐等特定成分。常用混凝剂应具备下述条件：

（1）能获得与处理要求相符的水质；

（2）能生成容易处理的絮体（絮体大小、沉降性能等）；

（3）混凝剂种类少而且用量低；

（4）泥（浮）渣量少，浓缩和脱水性能好；

（5）便于运输、保存、溶解和投加；

（6）残留在水中或泥渣中的混凝剂，不应给环境带来危害。

常用的混凝剂有硫酸铝、碱式氯化铝、硫酸亚铁、三氯化铁、硫酸铁、聚合氯化铝、聚合硫酸铁、聚合氯化铁、聚合硫酸铝等无机盐及其聚合物；非离子型聚丙烯酰胺（PAM）、阳离子型聚二甲基二烯丙基氯化铵（DADMAC）、阴离子型部分水解聚丙烯酰胺（PHP）等有机高分子聚合物。

当混凝剂投放水中后，应立即进行剧烈搅拌，使带电聚合物迅速均匀地与全部胶体杂质接触，使胶体脱稳；随后，脱稳胶体在相互凝聚的同时，靠聚合度不断增大的高聚物的吸附作用，形成大的絮凝体，使混凝过程很好地完成。

二、中和

酸性废水和碱性废水是常见的一类化工废水。浓度较高的酸、碱废水（浓度达3%甚至5%以上），首先应考虑回收和综合利用；低浓度酸、碱废水排放前应进行中和处理。即利用化学药剂，将废水的pH调节到6.5～8.5。如果同一工厂或相邻工厂同时有酸性和碱性废水，可以先让两种废水相互中和，然后再用中和剂中和剩余的酸或碱。

酸碱污水浓度高于3%时，应考虑回收和综合利用，制造硫酸亚铁、硫酸铁；在浓度不高时（<3%）可采用处理的方法。

中和剂能制成溶液或浆料时，可采用投药中和法。中和剂为粒料或块料时，可用过滤中和法。用烟道气中和碱性废水时，可在塔式反应器中接触中和。

1. 投药中和法

投药中和法常用的酸性废水中和药剂有石灰［$Ca(OH)_2$］、苛性钠（$NaCO_3$）、碳酸钠（$NaCO_3$）、石灰石（$CaCO_3$）、电石（CaC_2）渣、锅炉灰等。碳酸钠和苛性钠具有组成均匀，易于储存，反应迅速，易溶于水，但价格较高。石灰来源广泛，价格便宜。石灰石，白云石（$CaCO_3+MgCO_3$）是开发的石料，在产地价格便宜，可以作为一种中和材料，主要用于滤床使用。

常用的碱性废水中和药剂有废酸、粗制酸和烟道气等。

中和药剂的投加量，可按化学反应式进行估算，通过试验确定则更为准确。

2. 过滤中和法

以石灰石、白云石等作滤料，让酸性废水通过滤层而得以中和的方法称为过滤中和法。若废水含硫酸且浓度较高时，滤料将因表面形成硫酸钙外壳而失去中和作用。因此，以石灰石为滤料时，废水的硫酸浓度一般不应超过1～2g/L。如硫酸浓度过高，可以回流出水，予以稀释。常用的过滤设备有：重力式中和滤池、升流式膨胀中和滤池、变速膨胀中和滤池和滚筒中和滤池等。

图6-16为升流式膨胀中和滤池示意图。废水自下而上流过滤料，在高流速（60～70m/h）下，滤床膨胀使滤料呈悬浮状态，中和时生成的硫酸钙和二氧化碳被高速水流带出池外，同时由于粒料相互碰撞摩擦，有助于表面更新，防止结壳。

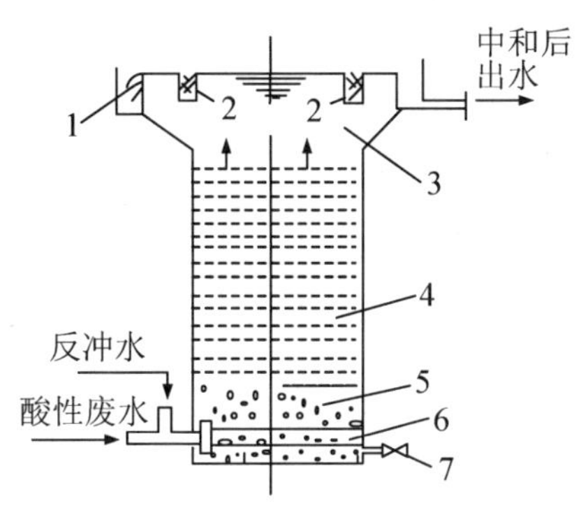

图6-16 升流式膨胀中和滤池

1—环形集水槽；2—中间集水槽；3—清水区；4—石灰石滤料；
5—卵石垫层；6—大阻力配水系统；7—放空管

此外，由于采用小粒径滤料（0.5～3mm），接触面积大大增加，所以这种滤池的中和效果较好，在实际中得到了广泛应用。图6-17为滚筒中和滤池。

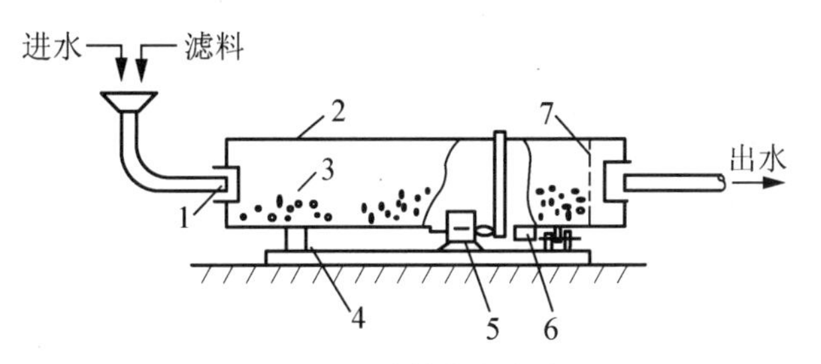

图6-17 滚筒中和滤池

1—进料口；2—滚筒；3—滤料；4—支承轴；
5—减速器；6—电机；7—穿孔隔板

三、化学沉淀

向工业废水中投加某种化学物质，使它和废水中的某些溶解物质产生反应，生成难溶的盐或氢氧化物沉淀下来，称为化学沉淀法。该方法一般用于处理含金属离子的工业废水。常用化学沉淀法去除废水中的有害离子，尤其是重金属离子，如 Hg^{2+}、Cd^{2+}、Pb^{2+}、Cu^{2+}、Zn^{2+}、Cr^{6+}。

难溶盐和难溶氢氧化物在溶液中的离子的浓度之积（称溶度积，用 K_{sp} 表示）是常数。应该说明的是，易溶难溶是相对的，我们可用较难溶的作为沉淀剂去除更难溶盐中的某一离子。例如难溶盐 $CaSO_4$ 的 $K_{sp}=2.45\times10^{-5}$，其溶解度很低，但 $BaSO_4$ 的 $K_{sp}=0.87\times$

10^{-10}，溶解度更低，可以用 $CaSO_4$ 作为沉淀剂，沉淀 Ba^{2+}。这一例子适用于用钡盐法去除 CrO_4^{2-}。

根据使用沉淀剂的不同，化学沉淀法可分为石灰法、氢氧化物法、硫化物法、钡盐法等。

1. 氢氧化物沉淀法

废水中某些金属离子与石灰作用后，可形成氢氧化物沉淀而从水中分离出去。此法适用于不准备回收的低浓度金属离子废水（例如 Cd^{2+}、Zn^{2+} 等）的处理。沉淀剂也可用苛性钠，但费用较高。

重金属离子经中和沉淀后，水中的剩余浓度仅与 pH 有关。据此可求得某种金属离子处理达到排放标准时的 pH，如表 6-1 所示。

表 6-1 部分金属离子浓度与 pH 的关系

金属离子	金属氢氧化物	溶度积	排放标准/(mg/L)	达标 pH
Cd^{2+}	$Cd(OH)_2$	2.5×10^{-14}	0.1	10.2
Co^{2+}	$Co(OH)_2$	2.0×10^{-14}	1.0	8.5
Cr^{3+}	$Cr(OH)_3$	1.0×10^{-14}	0.5	5.7
Cu^{2+}	$Cu(OH)_2$	5.6×10^{-20}	1.0	6.8
Pb^{2+}	$Pb(OH)_2$	2×10^{-16}	1.0	8.9
Zn^{2+}	$Zn(OH)_2$	5×10^{-17}	5.0	7.9
Mn^{2+}	$Mn(OH)_2$	4×10^{-14}	10.0	9.2
Ni^{2+}	$Ni(OH)_2$	2×10^{-16}	0.1	9.0

表 6-1 中的 pH 是单一金属离子存在时达到排放标准的 pH。当废水中含有多种金属离子时，由于中和产生的共沉淀作用，某些在高 pH 下沉淀的重金属离子被在低 pH 值下生成的金属氢氧化物吸附而共沉，因此也能在较低的 pH 条件下达到最低浓度。显然，不同种类的重金属完成沉淀的 pH 彼此有明显差别，据此可分别处理和回收各种金属。但对锌、铅、铬、锡、铝等两性金属，pH 过高时会形成络合物而使沉淀物发生返溶现象。例如 Zn^{2+} 在 pH=9 时，几乎全部沉淀；但 pH>11 时，则生成可溶性 $[Zn(OH)_4]^{2-}$ 络合离子或锌酸根离子 ZnO_2^{2-}。

2. 硫化物沉淀法

金属硫化物是比氢氧化物更为难溶的沉淀物，对除去水中重金属离子有更好的效果。常用的沉淀剂有：H_2S、NaHS、Na_2S、$(NH_4)_2S$、FeS 等。由于沉淀反应生成的硫化物颗粒较细，沉淀困难，一般需投加凝聚剂以加强去除效果，所以，处理费用较高。图 6-18 为某工厂采用硫化物沉淀法处理含汞废水的工艺流程图。

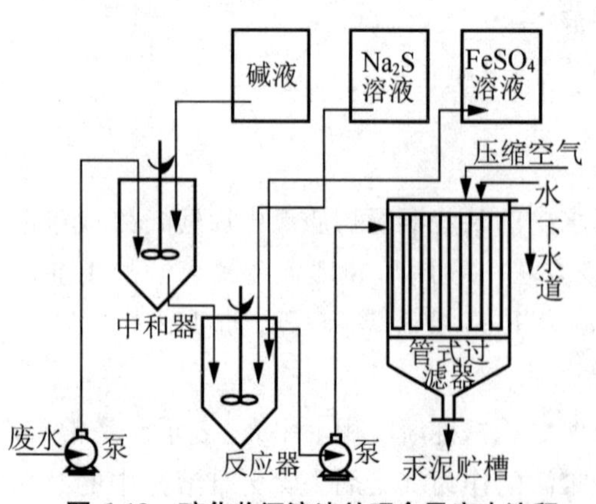

图 6-18 硫化物沉淀法处理含汞废水流程

3. 钡盐沉淀法

钡盐沉淀法主要用于处理含六价铬的工业废水，常用沉淀剂为 $BaCO_3$、$BaCl_2$、$Ba(NO_3)_2$、$Ba(OH)_2$ 等。例如，$BaCO_3$ 与废水中 CrO_4^{2-} 反应，生成难溶的铬酸钡沉淀，反应式为：

$$BaCO_3\downarrow + CrO_4^{2-} + 2H^+ \longrightarrow BaCrO_4\downarrow + CO_2\uparrow + H_2O$$

四、氧化还原

该法是通过药剂与废水中污染物的氧化还原反应，把废水中有毒、有害污染物的毒害性降低或者使其易于分离。

废水中的有机污染物（色、嗅、味、COD）及还原性无机离子（CN^-、S^{2-}、Fe^{2+}、Mn^{2+}）都可用氧化法来消除它的危害。废水中的重金属离子（Hg^{2+}、Cd^{2+}、Cu^{2+}、Ag^+、Cr^{6+}、Ni^{2+} 等）都可通过还原法去除。

废水处理中最常用的氧化剂是空气、臭氧及氯气、次氯酸钠、漂白粉、漂白精等氯系氧化剂。最常用的还原剂是硫酸亚铁、亚硫酸钠、水含肼、铁屑等。

1. 化学氧化法

来自氰化镀铜、锌、镉等漂洗水的处理必须先破氰。用氯系氧化剂，在碱性条件下破坏含氰废水是氧化法的典型例子。

废水中的氰通常以游离 CN^-、HCN 及稳定性不同的各种金属络合物如 $[Zn(CN)_4]^{2-}$、$[Ni(CN)_4]^{2-}$、$[Fe(CN)_6]^{3-}$ 等形式存在。

氰化物的氧化破坏分两个阶段进行。

第一阶段：氰化物被氧化为氰酸盐。

$$CN^- + ClO^- + H_2O \longrightarrow CNCl\uparrow + 2OH^-$$

$$CNCl + 2OH^- \xrightarrow{pH\geqslant 10} CNO^- + Cl^- + H_2O$$

废水 pH 必须控制在碱性，以防有毒的 CNCl 气体逸出。应使氰化物氧化为毒性极微的氰酸根 CNO^-。

第二阶段：碱性氯化处理过程的继续，在这个过程中氰酸盐被破坏。

$$2CNO^- + 3ClO^- + H_2O \longrightarrow N_2\uparrow + 3Cl^- + 2HCO_3^-$$

采用过量的氧化剂，将第二阶段反应进行到底，这叫“完全氧化法”。

空气中的氧是廉价氧化剂，但只能氧化易于氧化的金属离子。其代表例子是：把废水中二价铁氧化为三价铁。因为废水中二价铁在 $pH<8$ 时，难以沉淀。而三价铁在 $pH=3\sim4$ 时就能沉淀，且沉淀性能好，易脱水。

臭氧（O_3）是强氧化剂，氧化反应迅速，常可瞬时完成，但需现制现用。目前在我国，因制备臭氧电耗大、臭氧的投加与接触系统效率低等问题难以解决，因而臭氧应用于废水处理时，受到了一定的限制。目前臭氧主要应用于水的杀菌和消毒。

2. 化学还原法

众所周知，六价铬的毒性比三价铬大100倍。废水中剧毒的六价铬（一般以$Cr_2O_7^{2-}$或CrO_4^{2-}的形式存在）在酸性条件下，可用还原剂还原为三价铬，然后用碱性药剂中和沉淀生成氢氧化铬沉淀而除去。

硫酸亚铁还原处理含铬废水是一种成熟而常用的处理方法。硫酸亚铁中主要是亚铁离子起还原作用。在酸性条件下（pH＝2～3）其还原反应式为：

$$Cr_2O_7^{2-}+6Fe^{2+}+14H^+\longrightarrow 2Cr^{3+}+6Fe^{3+}+7H_2O$$

$$Cr_2O_4^{2-}+3Fe^{2+}+8H^+\longrightarrow Cr^{3+}+3Fe^{3+}+4H_2O$$

然后加碱（一般为废碱和石灰乳）调节废水pH＝8.5～9，发生如下沉淀反应：

$$Cr^{3+}+3OH^-\longrightarrow Cr(OH)_3\downarrow$$

通过上述转化作用以及后续的沉淀或气浮能够有效地将铬从废水中去除。

采用药剂还原法除去六价铬，还原剂和碱性中和剂的选择要尽可能因地制宜。例如厂区有SO_2废气或H_2S废气，就可以作为六价铬的还原剂。

还原法还可用于提取废水中的铜。利用铁粉（铁屑）将废水中的铜离子还原为金属铜，沉积于铁粉（屑）表面，加以回收。此法亦叫“沉淀铜法”。反应式为：

$$Cu^{2+}+Fe=Cu+Fe^{2+}$$

化学氧化还原除用于废水处理外，在给水净化上也被广泛应用。如向自来水中加氯可以有效地杀灭水中微生物；对自来水进行臭氧氧化，不但能杀灭微生物，还可以氧化分解水中的微量污染物。

五、电解

这是一种利用铝（或铁）作为可溶性阳极，以不锈钢或铝、铁作为阴极，在直流电场下对废水进行电解的方法。通电后，阳极金属（铝或铁）放电成为金属离子溶入废水中并水解形成氢氧化铝或氢氧化铁胶体，同时废水中的重金属离子在阴极与OH^-结合形成金属氢氧化物，吸附在阳极处形成的氢氧化物胶体上一起沉淀除去。此外，废水中的金属离子还可直接在阴极上获得电子还原为金属单质沉积在阴极上。

在含六价铬的电镀废水处理中，可采用铁板作阳极。铁阳极溶解的亚铁离子，可使六价铬还原为三价铬、亚铁变为三价铁，反应过程如下：

$$Fe-2e\longrightarrow Fe^{2+}$$

$$Cr_2O_7^{2-}+6Fe^{2+}+14H^+\longrightarrow 2Cr^{3+}+6Fe^{3+}+7H_2O$$

$$CrO_4^{2-}+3Fe^{2+}+8H^+\longrightarrow Cr^{3+}+3Fe^{3+}+4H_2O$$

三价铬和三价铁最后生成氢氧化物沉淀。工艺流程如图6-19所示，反应过程如下：

$$Cr^{3+}+3OH^-\longrightarrow Cr(OH)_3\downarrow$$

$$Fe^{3+}+3OH^-\longrightarrow Fe(OH)_3$$

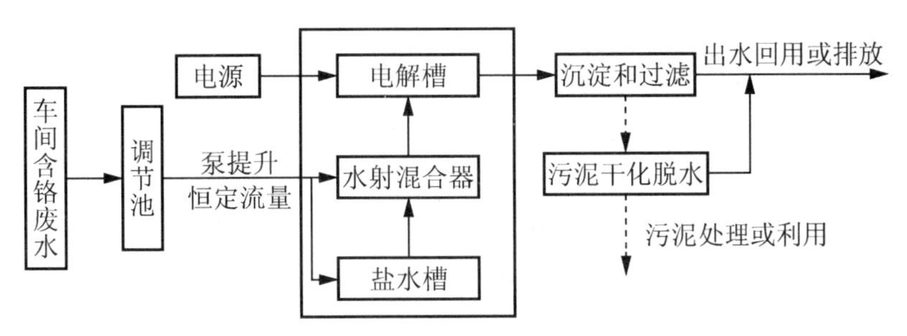

图 6-19　含六价铬废水电解处理流程

学生课外任务 3

作　　业：

1. 化工废水混凝处理中怎样选用混凝剂？
2. 简述化工废水处理中投药中和法和过滤中和法的异同。
3. 简述化学沉淀法和氧化还原法处理化工废水的原理。

项目任务：

分别以硫酸厂硫黄制酸工艺、电镀厂镀铬工艺产生的废水为例，分组讨论并提出废水处理的方案和基本流程。

任务四　化工废水的物化处理

知识目标： 熟悉化工废水的吸附、离子交换、膜分离的典型工艺。
能力目标： 具有化工废水物化处理方法的选择和应用的初步能力。
态度目标： 培养严谨细致的工作态度和团队合作精神。

【案例 6-4】

某炼油厂的含油废水，经隔油、气浮和生物处理后，再经砂滤和活性炭过滤深度处理。废水的含酚量从 0.1mg/L（生物处理后）降至 0.005mg/L，氰从 0.19mg/L 降至 0.048mg/L，COD 从 85mg/L 降至 18mg/L。

化工废水的物化处理方法主要有：吸附、离子交换、膜分离。相应的处理设备或单体构筑物有：吸附柱或塔、离子交换器、电渗析器等。

一、吸附

吸附法是利用吸附剂去除水中多种污染物质，如重金属离子、氨氮和有机污染物，也可以有效地降低水的色度和浊度。

吸附剂的种类很多，如活性炭、含腐殖酸煤（风化煤）、硅酸钙、沸石、锯末等。

活性炭是最常用的吸附剂，市售的产品呈粉末状、粒状、片状和纤维状。除活性炭外，含腐殖酸煤也是一种价格低廉的天然吸附剂。腐殖酸分子结构中的羧基、酚羟基、甲氧基等活性基团，对重金属具有吸附交换性能。含腐殖酸煤可以用来处理含多种重金属（Cu、Pb、Zn、Cd、Hg、Ni、Cr、Co等）离子的废水，它对放射性元素、石油、表面活性剂、染料、农药等污染物也有一定的吸附效果。国内外在利用腐殖酸煤处理重金属废水方面进行了不少试验研究，并有一些工程实践。据报道，日本用泥炭处理含Cd、Cu、Fe、Ni、Hg、Sb、Zn等废水，其去除效率均达98%以上。

沸石对水中的NH_4^+具有良好的吸附去除作用。

如图6-20所示，当废水（初始浓度为c_0）进入交换柱后首先与顶层吸附剂接触并减缓。废水继续流过下层时污染物浓度逐渐降低，工作层下移，使得整个吸附床分为上部失效层（饱和区）、中部工作层和下部新料层三部分。当工作层的前沿到达吸附床底层时，出水开始出现污染物，这个时刻称为吸附床的穿透时刻，随后出水中污染物含量逐渐增高，直到接近排放标准时便应对吸附剂进行再生。

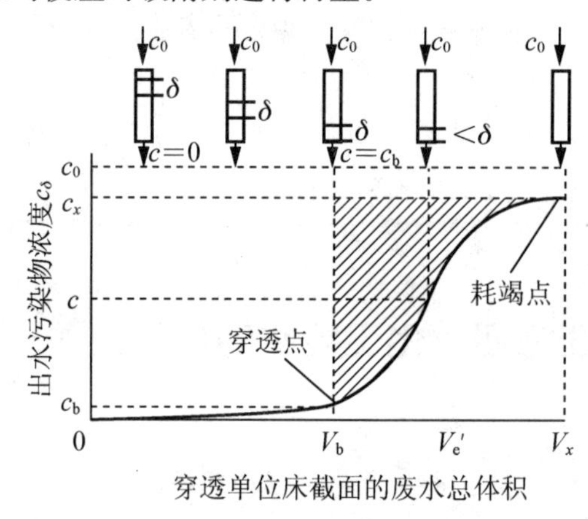

图6-20　吸附柱的工作过程

二、离子交换

离子交换法是利用离子交换剂的交换基团同水中的金属离子进行交换反应，将金属离子态物质置换到交换剂上予以除去。

离子交换剂可分为无机和有机两类。无机离子交换剂有磺化媒、天然绿砂、沸石等。有机离子交换一般是指人工合成的交换树脂，它是一种有机高分子聚合物，其骨架是由高分子电解质和横键交联物质组成的空间网状结构，其上面结合着许多能进行离子交换的基团。

按交换基团的不同，离子交换树脂分为阳离子型和阴离子型两大类。阳离子交换树脂含有活泼的可与阳离子进行交换的酸性基团；阴离子交换树脂含有可与阴离子进行交换的碱性基团。

离子交换设备主要有固定床、移动床和流动床。目前使用最广泛的是固定床，包括单床、多床、复合床和混合床。图6-21为典型的固定床离子交换器。

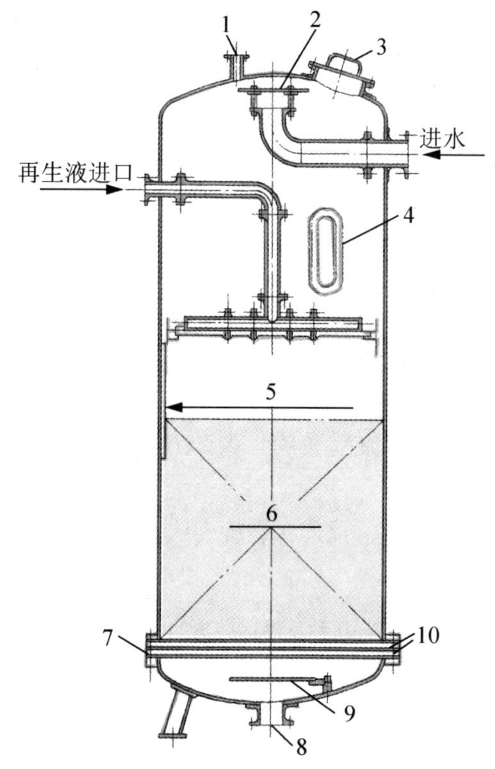

图 6-21　固定床离子交换器

1—放空气管；2—挡水板；3—入孔盖；4—窥孔；5—交换器内径（未包括防腐层）；
6—交换剂层；7—滤布层；8—出水口；9—挡水板；10—多孔板

三、膜分离

膜分离主要包括反渗透、电渗析和超滤等，此外还包括扩散渗析、液膜等。

1. 反渗透

反渗透分离原理如图 6-22 所示。图 6-22（a）表示，当盐水和纯水被一张半透膜隔开时，纯水透过半透膜向盐水侧扩散渗透，渗透的推动力是渗透压。图 6-22（b）表示扩散渗透使盐水侧溶液液面升高直至达到平衡为止，此时半透膜两侧溶液的液位差被称为渗透

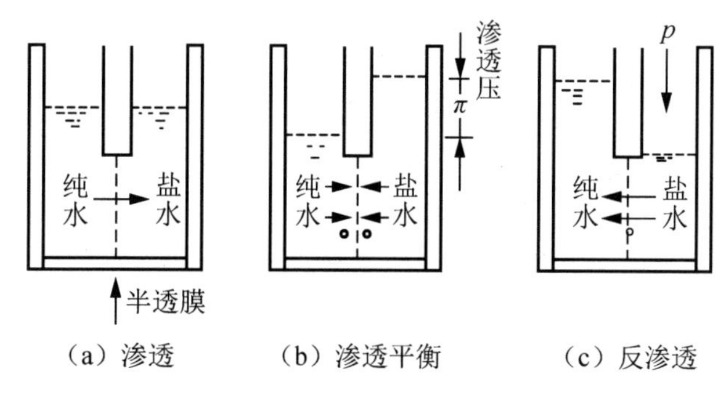

图 6-22　反渗透分离原理图

压（π），这种现象称为正渗透。图 6-22（c）表示在盐水侧施加一个外部压力 p，当 $p>\pi$ 时，盐水侧的水分子将渗透到纯水侧，这种现象被称为反渗透。任何溶液都有相应的渗透压，渗透压的大小与溶液的种类、浓度及温度有关。

反渗透膜是实现反渗透过程的关键。要求反渗透膜具有良好的分离透过性和物化稳定性。分离透过性主要通过溶质分离率、溶剂透过流速以及流量衰减系数来表示；物化稳定性主要是指膜的允许最高温度、压力、适用 pH 范围，膜的耐氯、耐氧化及耐有机溶剂性。反渗透膜按化学组成可分为纤维素酯类膜和非纤维素酯类膜两大类。

国内外广泛使用的纤维素酯类膜为醋酸纤维素膜（简称 CA 膜）。它具有透水速度快、脱盐率高、耐氯性好、价格便宜等特点。缺点是易受微生物侵蚀、易水解和对某些有机物分离率低。CA 膜易分解，适用 pH 范围为 3～8，工作温度应低于 35℃。

非纤维素酯类膜主要有芳香族聚酰胺膜、聚苯并咪唑酮（PBIL）膜、PEC-1000 复合膜和 NS-100 复合膜等。

目前常用的反渗透装置有板式、管式、螺旋卷式及中空纤维式四种。各类装置性能见表 6-2。

表 6-2　几种反渗透装置的性能比较

类　　型	膜的装填密度 m^2/m^3	压力 kg/cm^2	透水量[①] $L/(m^3\cdot d)$	透水量密度 $m^3/(m^3\cdot d)$
管式（d=13mm）	330	56	1 000	330
螺旋卷式	656	56	1 000	660
中空纤维式	9 200	28	73	670
板式	490	56	1 000	490

①系指以 3000mg/L 的 NaCl 溶液为原液，去除率为 92%～96%时的透水量。

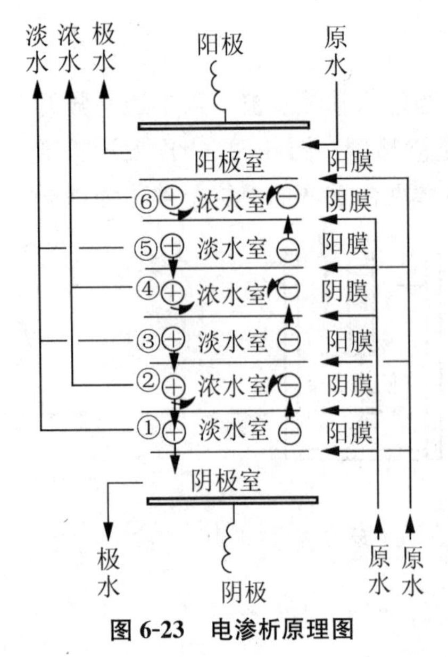

图 6-23　电渗析原理图

2. 电渗析

电渗析是在直流电场的作用下，利用离子交换膜对溶液中阴、阳离子的选择透过性（即阳膜只允许阳离子通过、阴膜只允许阴离子通过），而使溶液中的溶质与水分离的一种物理化学过程。

电渗析过程的基本原理如图 6-23 所示。在阳极和阴极之间交替放置着若干张阳膜和阴膜，膜和膜之间形成隔室，其中充满盐水。当接通直流电后，各隔室中的离子进行定向迁移，由于离子交换膜的选择透过作用，①、③、⑤隔室中的阴、阳离子分别迁出，进入相邻隔室，而②、④、⑥隔室中的离子不能迁出，还接受相邻隔室中的离子，从而①、③、⑤隔室成为淡水室，②、④、⑥隔室成为浓水室。阴、阳电极与膜之间形成的隔室，分别为阳极室和阴极室。阳极发生氧化反应，产生

O_2 和 Cl_2，极水呈酸性。因此，选择阳极材料时，应考虑其耐氧化和耐腐蚀性；阴极发生还原反应，产生 H_2，极水呈碱性；当水中含有 Ca^{2+}、Mg^{2+}、HCO^-、${CO_3}^{2-}$ 时，易产生水垢，在运行时，应采取防垢和除垢措施。值得注意的是，每个室内离子的正负电荷仍是平衡的。电渗析离子交换膜在使用期内无所谓失效，也不需要再生。

电渗析工艺装置由电渗析器及其附属设备组成。电渗析器可分为电极部分、膜堆和锁紧装置三部分，如图 6-24 所示。

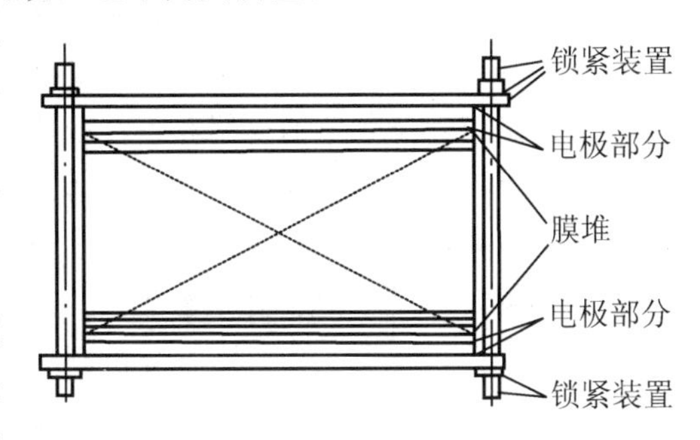

图 6-24　电渗析器构造示意图

电极部分包括电极、极水框和导水板。电渗析器的阳极和阴极分别与直流电源的正、负极相接，在电解质溶液中形成直流电场，构成电渗析的推动力，使溶液中的离子进行定向迁移。电极材料应具有导电性好、耐腐蚀、强度好、质轻价廉等特点。常用的电极材料有：钛涂钌、不锈钢、石墨等。电极形式可以是板状、网状和丝状。极水框放置在电极和膜之间起支撑和保证极水畅通的作用，极水框的结构形式可以与隔板类似，也可以与电极一体化。导水板作为浓、淡水进出口的通道，与浓、淡水进出口管连接。

膜堆是被处理的水通过的部件，也是电渗析器的主体，隔板可分为网式隔板和冲隔式隔板两种。网式隔板由隔板框和隔板网组成，隔板框上设有沟通膜堆内浓、淡水流的配水与集水孔，以及将水流分布和汇集到各个隔室的布水与集水槽。隔板网一般与隔板框粘在一起，起搅拌水流和支撑膜的作用。隔板应具有一定的化学稳定性和耐热性，表面平整、厚度均匀，有效脱盐面积率要大，并对液流有较好的搅拌且布水均匀，常用材料有聚丙烯、聚乙烯等。常用隔板的厚度为 0.5～0.9mm。隔板上的水流通道可分为有回流式和无回流式两种。隔板上布水槽、集水槽的形式有网式、敞开式和单拐式等。离子交换膜是膜堆的主要部件，膜的质量关系到整台电渗析器的技术经济指标，因此，应按膜的质量要求严格选用。

锁紧装置分为压机锁紧型和螺杆锁紧型，国内多用螺杆锁紧型。

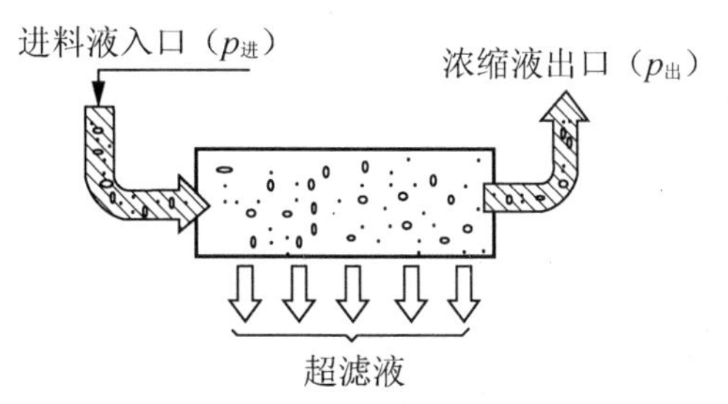

图 6-25　超滤原理

3. 超滤

超滤与反渗透类似，也是依靠压力和膜进行工作，超滤膜的制膜原料也是醋酸纤维素或聚砜酰胺等，但删去热处理工序，使制成的超滤膜的孔比较大，能够在较小的压力下（几百 kPa）工作，而且有较大的通水量。超滤基本原理如图 6-25 所示。超滤的机理除了有小孔的筛分作用、不受渗透压力的阻碍之外，对于高分子溶质，还与溶质－水－膜之间的相互作用有关。膜对物质的拒斥性，取决于溶质分子的大小、形状与性质。超滤一般用来分离分子量大于500的物质，如细菌、蛋白质、颜料、油类等。

相关知识拓展一

吸附法的基本概念和原理

在相界面上物质的浓度自动发生变化的现象称为吸附。在水处理中，主要利用固体物质表面对水中污染物质的吸附作用。吸附法是利用多孔性的固体物质，将污水中的一种或多种物质吸附在固体表面并去除。这种有吸附能力的多孔性物质也称为吸附剂，能作为吸附剂的固体物质必须具有较大的吸附容量、一定的机械强度及较好的化学稳定性，在水中不至于溶解，并且不能含有毒物质。

溶质在固体表面上的吸附分为物理吸附和化学吸附两类。吸附剂和吸附质之间通过分子间力所产生的吸附称为物理吸附，物理吸附可以形成单分子吸附层和多分子吸附层，由于分子间力是普遍存在的，所以一种吸附剂可以吸附多种吸附质。但是物理吸附的吸附剂和吸附质之间吸附力较弱，容易解吸。当吸附剂和吸附质之间发生化学作用，由于化学键作用而产生的吸附称为化学吸附。化学吸附是一个吸热过程，温度提高将促进化学吸附，化学吸附对吸附质有选择性，只能形成单分子吸附层，吸附剂和吸附质之间的吸附作用较强，解吸较困难。

相关知识拓展二

阳离子交换树脂的基本原理

阳离子交换树脂是以钠离子（钠型）或氢离子（氢型）置换废水中的阳离子，其交换反应如下。

$$钠型：2NaR + M^{2+} \rightleftharpoons 2MR + 2Na^{+}$$

$$氢型：H_2R + M^{2+} \rightleftharpoons MR + 2H^{+}$$

式中R代表树脂，M代表阳离子（如Cu^{2+}、Zn^{2+}、Ni^{2+}、Cd^{2+}、Mg^{2+}、Ca^{2+}……）。交换结果为废水中的金属离子被截留在树脂上，因而得到净化，出水主要含有钠盐（如使用钠型）或酸类（如使用氢型）。

阴离子交换树脂是以羟基离子（OH^-）交换溶液中的阴离子，从而将阴离子从废水中除去，其交换反应如下：

$$R(OH)_2 + A^{2-} \rightleftharpoons RA + 2OH^-$$

式中A^{2-}代表阴离子。

离子交换过程是可逆性平衡吸附过程，树脂达到吸附饱和后，即失去交换能力。此时可以进行解吸再生，以恢复树脂的交换能力。阳离子型树脂可用酸溶液或盐溶液进行再生，通常用硫酸或盐酸（氢型），或用氯化钠（钠型）溶液进行树脂再生。阴离子交换树脂通常用氢氧化钠或氢氧化钾溶液进行再生。

阳离子交换树脂再生反应如下。

$$钠型：MR + 2NaCl \rightleftharpoons Na_2R + MCl_2$$

$$氢型：MR + 2HCl \rightleftharpoons H_2R + MCl_2$$

$$MR + H_2SO_4 \rightleftharpoons H_2R + MSO_4$$

阴离子交换树脂的再生反应为：

$$RA + 2NaOH \rightleftharpoons R(OH)_2 + Na_2A$$

用离子交换法处理重金属废水时，一般金属离子，如 Cu^{2+}、Zn^{2+}、Cd^{2+} 等，可以采用阳离子交换树脂；而以阴离子形式存在的金属离子络合物或酸根（如 $HgCl_4^{2-}$、$Cr_2O_7^{2-}$ 等）则需用阴离子交换树脂予以去除。为了同时去除废水中的阴、阳离子，可以将阴离子和阳离子交换器串联使用。

离子交换法从本质上讲是一种浓缩方法。离子交换前废水的离子浓度（单位为 mg/L）一般数值为几十至几百，而吸附饱和后树脂再生洗脱液的离子浓度数值被浓缩到几万，再生液的体积一般占处理水体积的 10%～15%。因此采用离子交换法处理重金属废水时，必须事先考虑再生液的处理问题。

离子交换法的优点是可以除去用其他方法难于分离的重金属离子，既可去除废水中的金属阳离子，也可以去除阴离子，从而使废水净化到较高的纯度，还可以从含多种金属离子的废水中选择性地回收贵重金属。这种方法的缺点是离子交换树脂价格较高，树脂再生时需用酸、碱或盐，运行费用较高，再生液需要进一步处理。因此，离子交换法在较大规模的废水处理工程中较少采用，一般用于处理电镀废水、人造纤维含锌废水、水量小毒性大（如含汞）废水或有较高回收价值的含金、银、铂等废水。

学生课外任务 4

作　　业：

试比较吸附法、离子交换法、膜分离法处理化工废水工艺要求和特点。

项目任务：

讨论吸附、离子交换、膜分离等物化处理方法在化工废水处理中应用的场合，并比较各种方法的异同点与优缺点。

任务五　化工废水的生物处理

知识目标： 理解活性污泥法、好氧生物膜法、厌氧生物法处理化工废水的原理，掌握活性污泥法的典型工艺设施与活性污泥法的运行方式、好氧生物膜法处理化工废水的典型工艺设施、厌氧生物法的主要工艺类型。

能力目标： 具有化工废水生物处理方法应用的初步能力。

态度目标： 培养严谨细致的工作态度和团队合作精神。

【案例 6-5】

四川天华富邦化工有限责任公司的污水主要来源是年产 10 000t 的 γ-丁内酯系列产品项目，该项目设计规模约 $40m^3/h$，废水中主要含有 1,4-丁二醇、γ-丁内酯、2-吡咯烷酮、N-甲基-2-吡咯烷酮、乙烯基吡咯烷酮、聚乙烯基吡咯烷酮、氨、设备润滑油、低组分等物质。该项目应用了复合高效厌氧反应器及流离生物反应器的生化处理，污染物得以彻底降解，同时使用臭氧活性炭技术保证了出水稳定。

一、活性污泥法

1. 曝气方法

在用活性污泥法处理工业废水时，必须使微生物、有机物和氧充分接触，只有密切的接触才有相互作用。所以，在充氧的同时，还必须使混合液悬浮固体处于悬浮状态。充氧和混合是通过曝气设备来实现的。

通常采用的曝气方法有鼓风曝气和机械曝气两种，有时也可将两种方法联合使用。

（1）鼓风曝气。

鼓风曝气是常用的曝气方法。鼓风曝气系统主要由鼓风机、空气输配管系统、浸没于混合液中的扩散器以及空气净化器组成。鼓风机供应一定的风量，风量要满足生化反应所需的氧量，同时应能保持混合液悬浮固体呈悬浮状态；风压则要满足克服管道系统和扩散器的摩阻损耗以及扩散器上部的静水压；空气净化器主要是改善整个曝气系统的运行状态和防止扩散器阻塞。

扩散器是整个鼓风曝气系统的关键部件，它的作用是将空气分散成空气泡，增大空气和混合液之间的接触面积，把空气中的氧溶解于水中。根据分散气泡的大小，扩散器又可分成以下几种类型：小气泡扩散器、中气泡扩散器、大气泡扩散器和微气泡扩散器。

（2）机械曝气。

鼓风曝气是水下曝气，而机械曝气则是表面曝气。机械曝气一般是利用装设在曝气池内叶轮的转动，剧烈地搅动水面，将空气吸入水中，迅速更新气-液界面，使空气中的氧溶入水中。机械曝气设备可分为叶轮和转刷两类。

2. 曝气池

曝气池是微生物组成的活性污泥与污水中有机污染物质充分混合接触，并进而降解、吸收并分解的场所。曝气池的构造和型式很多，从混合液的流型可分为推流式、完全混合式和循环混合式三种；从平面形状可分为长方廊道形、圆形、方形和环状跑道形四种；从曝气池与二次沉淀池的关系可分为分建式和合建式两种。

（1）推流式曝气池。

推流式曝气池为长方廊道形池子，常采用鼓风曝气。根据横断面上的水流情况，推流曝气池又可分为平移推流和旋转推流。平移推流是曝气池底铺满扩散器，池中的水流只有沿池长方向的流动。旋转推流是在曝气池中，扩散器装于横断面的一侧。由于气泡形成的密度差，池水产生旋流。为运转和维修方便，常将所需要的曝气池总容积分为可独立操作的两个或更多的单元，每个单元包括几个池子，每个池子由 1～4 个折流的廊道组成。

曝气池的长有时可达 150m，为防止短流，廊道长、宽比应大于 4～5。池内水深应保持在 3～5m，使空气扩散器能有效地进行工作。一般正常水位以上留有 0.3～0.6m 的超高。曝气池出水设备可用溢流堰或出水孔，通过出水孔的流速宜小些（不大于 0.1～0.2m/s），以免污泥受到破坏。每个池子应设置泄水管或排水坑。

（2）完全混合式曝气池。

此种曝气池多为圆形、方形或多边形池子，常采用叶轮式机械曝气。为节省占地面积，可以把几个方形池子连接在一起，组成一个长方形池子。图 6-26所示是一种采用较多的圆形完全混合式曝气池。它由曝气区、导流区、沉淀区和回流区四部分构成。池子可以是圆形或方形，进水口在中心，出水口为位于四周的溢流槽。在曝气区，废水、回流污泥和混合液充分迅速混合后，经导流区使污泥凝聚和气水分离，然后流入沉淀区，澄清水经

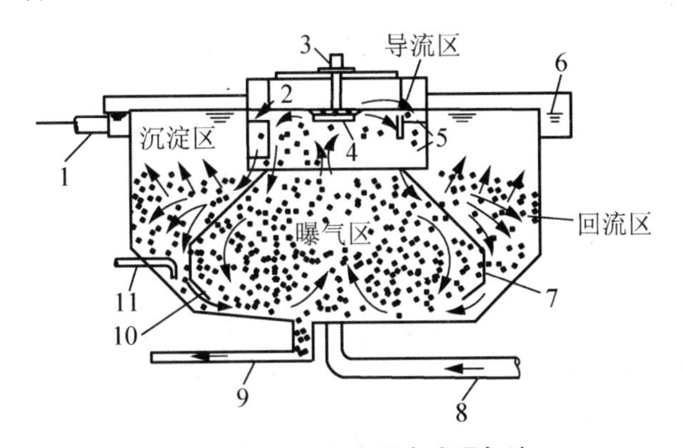

图 6-26　圆形完全混合式曝气池

1—出水管；2—活门；3—驱动装置；4—曝气器；5—挡流板；
6—出水槽；7—池裙；8—进水管；9—放空管；10—回流缝；11—排泥管

出流堰排出，沉淀污泥沿曝气区底部的回流缝流入曝气区。在导流区设径向整流挡板，以阻止混合液在导流区和沉淀区旋转，影响气水和泥水分离。这种类型的池子，由于曝气和沉淀两部分合建，故称“合建式完全混合式曝气池”或“曝气沉淀池”。它布置紧凑，流程短，有利于新鲜污泥及时回流，特别适用于小型污水处理厂。

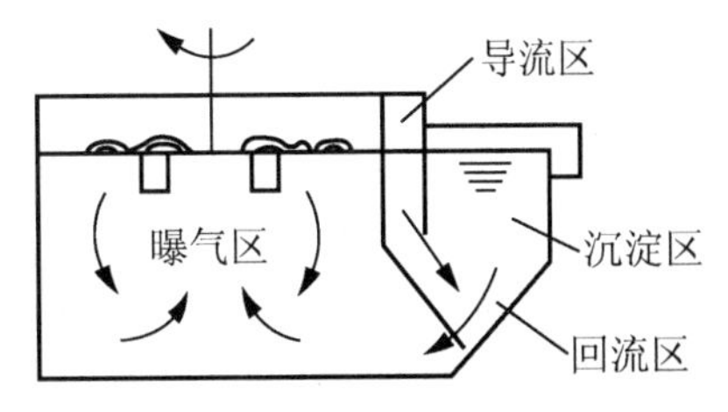

图 6-27　方形完全混合式曝气池

完全混合式曝气池也有采用方形或矩形的，如图 6-27 所示。采用叶轮供氧的完全混合式曝气池，也可建成分建式，即曝气区与沉淀区分开。

（3）循环混合式曝气池（氧化沟）。

循环混合式曝气池多采用转刷曝气，其平面形状像跑道，如图 6-28 所示。转刷设在直段上，转刷转动使混合液曝气并在池内循环流动，活性污泥呈悬浮状态。一般混合液的环流量为进水量的数百倍以上，接近完全混合，氧化沟断面可为矩形或梯形，一般有效深度为 0.9～2.5m。

氧化沟连续运行时，需另设二次沉淀池和污泥回流系统。间歇运行可省去二次沉淀池，停止曝气时，氧化沟作沉淀池用，剩余污泥通过设于沟内的污泥收集器排除。一般采用两个池，交替进行曝气和沉淀操作。氧化沟流程简单，施工方便，曝气转刷易制作，布置紧凑，是一种有前途的活性污泥处理方法。

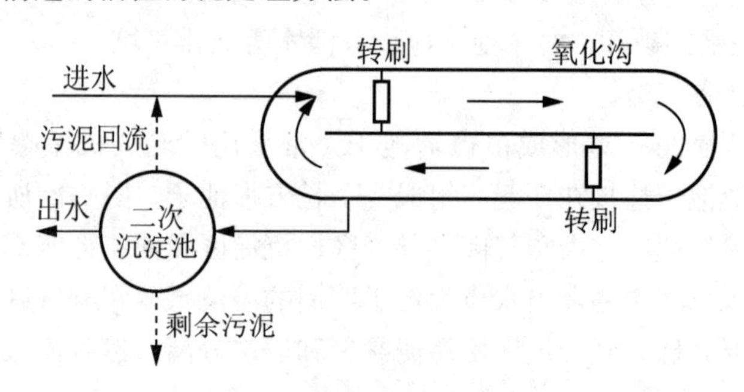

图 6-28　氧化沟平面形状

3. *活性污泥法的运行方式*

活性污泥法的工作效率除了与活性污泥的质量和充足的氧气供应有关外，还与运行方式有密切的关系。

（1）普通活性污泥法。

普通活性污泥法又称为传统活性污泥法。该法曝气池采用长方形，水流形态为推流式。污水净化的吸附阶段和氧化阶段在一个曝气池中完成，进口处有机物浓度高，沿池长逐渐降低。需氧量也是沿池长逐渐降低，在池子起端，活性污泥一般处于生长率的上升阶段，当进水有机物浓度低，回流污泥量大时，也可能处于生长率下降阶段。通常情况下，普通活性污泥法对有机物和悬浮物去除率高，可达到90%～95%，特别适用于处理要求高而水质比较稳定的废水。它的主要缺点是：①不能适应冲击负荷；②需氧量沿池长前大后小，而空气的供应是均匀的，这就造成前段氧量不足、后段氧量过剩的现象。而若要维持前段足够的溶解氧，则会造成后段大大超过需要，造成浪费。此外，普通活性污泥法由于曝气时间长，曝气池体积大，占地面积和基建费用也相应较大。

（2）阶段曝气法。

阶段曝气法又称逐步曝气法，是为了克服普通法的第二个缺点而发展起来的。在阶段曝气法中，污水沿池长分段多点进入，使有机物负荷分布较为均匀，对氧的需求变得较为均匀。而且微生物在有机物比较均匀的条件下，能充分发挥其分解有机物的能力。该法的另一个特点是污泥浓度沿池长逐步降低，所以出流污泥浓度低，有利于二次沉淀池的运行。因此，阶段曝气法可以提高空气利用率和曝气池的工作能力，并且能减轻二次沉淀池的负荷。阶段曝气法特别适用于大型曝气池及浓度高的废水。

（3）完全混合法。

完全混合法又分为加速曝气法和延时曝气法两种。加速曝气法是一种利用处于对数增长阶段的微生物处理废水的方法。由于微生物活力强，分解有机物快而多，大大提高了曝气池的处理能力。它的主要缺点是微生物活力强，凝聚性能较差，出水中含有机物较多，处理效果不如普通法。延时曝气法又称完全氧化活性污泥法，其特征是曝气时间长（约1～3天），微生物生长在内源代谢阶段，不但去除了水中污染物，而且氧化了合成的细胞物质，基本上没有污泥外排，省去了污泥处理设施，管理方便，处理效果稳定。缺点是池容积大，曝气时间长，基建费和动力费都较高。这种方法一般适用于要求高而又不便于污泥处理的中小城镇或工业废水处理。

（4）生物吸附法。

此法又称接触稳定法或吸附再生法。由于活性污泥法净化水质的第一阶段是吸附阶段，良好的活性污泥同生活污水混合后10～30min内就能基本完成吸附作用，污水中的BOD_5可除去85%～90%。生物吸附法就是根据这一发现发展起来的，它的流程如图6-29所示。污水和活性污泥在吸附池内混合接触0.5～1h，使污泥吸附大部分悬浮胶体状及部分溶解有机物后，在二次沉淀池中进行分离，分离出的回流污泥先在再生池内进行2～3h曝气，进行生物代谢，充分恢复活性后再回到吸附池。吸附池和再生池可分建，也可合建。

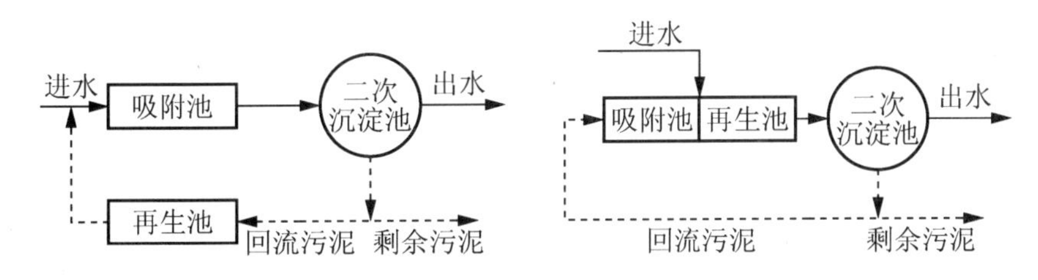

图6-29 生物吸附法流程

生物吸附法采用推流式流型。由于吸附时间短，再生池和吸附池内污泥浓度高，在相同污泥负荷率时，生物吸附法两池总容积比普通法要小得多，而空气量并不增加，因而可大大降低建筑费用。其缺点是处理效果稍差，不适于含溶解性有机物多的废水。

除上述几种常用的运行方式外，还有高负荷活性污泥法、纯氧曝气活性污泥法、浅层低压曝气法、深水曝气活性污泥法以及深井曝气活性污泥法等运行方式。

（5）间歇式活性污泥法。

间歇式活性污泥法又称为序批式活性污泥法（SBR法）。它由一个或几个SBR池组成。运行时，从污水分批进入池中，经活性污泥的净化，到净化后的上清液排出池外，完成一个运行周期。SBR法的一个完整运行工序由5个阶段组成：进水、反应、沉淀、排水和待机，如图6-30所示。

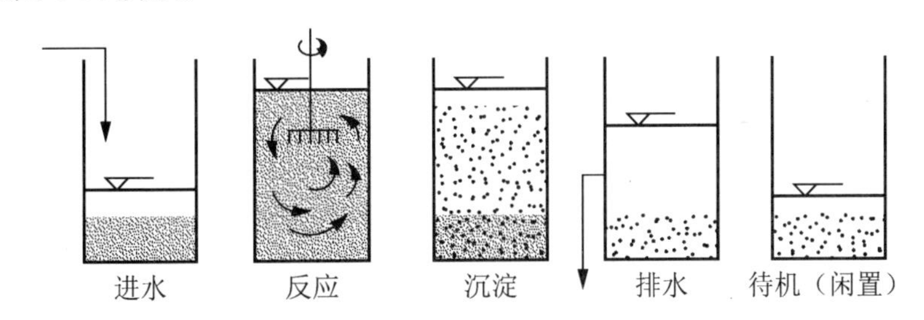

图6-30 间歇式活性污泥法运行工序

SBR法的主要工艺特点如下。

① 运行操作灵活，效果稳定。SBR 法在运行操作过程中，可以根据废水水量水质的变化、出水水质的要求，调整一个运行周期中各个工序的运行时间、反应器内混合液容积的变化和运行状态。SBR 法可以通过调节曝气时间来满足出水要求，因此运行可靠，效果稳定。

② 耐冲击负荷。SBR 池在充水期相当于一个均化池，容易保持较高的污泥浓度，在不降低出水水质的情况下，可以承受高峰流量和有机物浓度的冲击负荷，采用非限制曝气运行方式，更能大大增强 SBR 法处理有毒有机废水的能力。

③ 有效防止污泥膨胀。采用限制曝气方式运行，有机物的变化在时间上是一个理想的推流状态，即有机物浓度存在较大的浓度梯度，有利于菌胶团细菌的增殖，抑制丝状菌的生长，有效防止污泥膨胀。

④ 固液分离效果好。SBR 法在沉淀时没有进出水流的干扰，可以避免短流和异重流的出现，是一种理想的静态沉淀，出水水质好。

⑤ 流程简单，运行费用低。SBR 法的工艺简单，管理方便，易于实现自动化控制。其系统构筑物少，占地面积小，投资省，运行费用低。

⑥ 适于处理高浓度有机废水。SBR 法的污泥沉降性能好，且不需污泥回流设备，可使反应池中的 MLSS 维持较高的浓度，通常可达 8 000～20 000mg/L，是常规法的 4～10 倍。因此，SBR 法特别适合于处理间歇排放且流量不大的高浓度工业有机废水。

二、好氧生物膜法

好氧生物膜法最具代表性的处理工艺有：生物滤池、生物转盘和生物接触氧化等。其中，生物滤池包括普通生物滤池、高负荷生物滤池和塔式生物滤池等。

1. 普通生物滤池

普通生物滤池由滤料、池壁、池底、布水装置和排水沟渠所组成，如图 6-31 所示。其中，滤料可以是碎石或碎砖；池壁用于围挡载体，保护布水，一般由砖、毛石等砌筑；池底用于支撑滤料、排水和通风，一般用多孔砖支撑滤料的承托层（直径为 10～15cm、高为 20～30cm 的卵石层）；布水装置用于向滤池表面均匀布水，有固定式和旋转式两种；排水沟渠由一定坡度的排水沟将出水汇集到总排水出口。

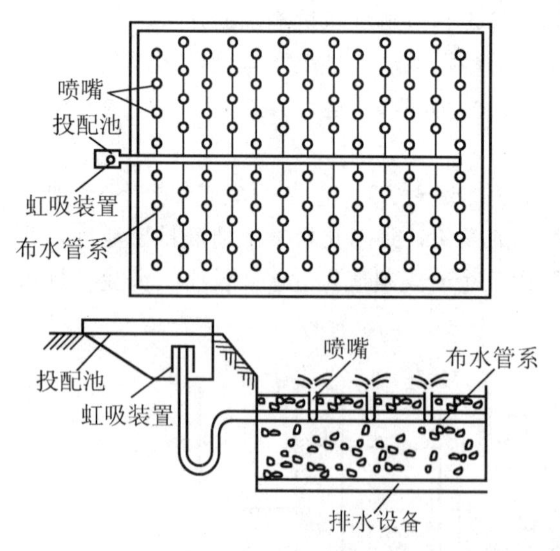

图 6-31　普通生物滤池结构示意

普通生物滤池又称为滴洒滤池。其滤率很低，只有 1～2m/d，处理能力小，易堵塞，供氧能力较弱。改进措施有：增加水力负荷，提高水力冲刷效果，消除堵塞现象，并防止滤池蝇的滋生；增加滤池高度，延长废水的净化时间，保证出水水质，同时增加通风能力。基于这些措施，后来又开发出高负荷生物滤池和塔式生物滤池（超高负荷生物滤池）。

2. 高负荷生物滤池

高负荷生物滤池在普通生物滤池的基础上，通过加大进水流量或将出水回流来提高滤率和污染物负荷率，加强水力冲刷效果，避免堵塞和灰蝇生长；同时，辅以机械通风加强供氧，提高滤池净化效果。该类滤池的剖面图如图 6-32 所示。

高负荷生物滤池的水力负荷率和有机负荷率分别是普通生物滤池的 6～10 倍和 4～6 倍。

但由于高负荷滤池水力停留时间较普通式的短（5min～15s），故其出水水质较普通式的差，消化作用也不明显。

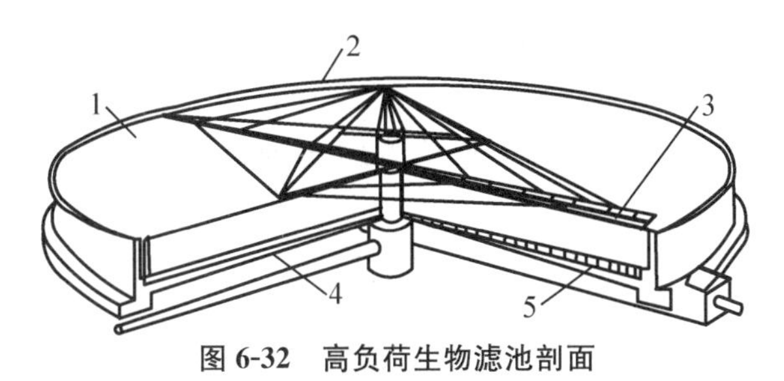

图 6-32 高负荷生物滤池剖面

1—滤料；2—池壁；3—布水器；4—池底；5—排水沟

3. 塔式生物滤池

塔式生物滤池是根据化学工程中气体洗涤塔的原理开创的，其结构与一般的生物滤池相似。一般塔高 8～24m，直径为 1～4m。由于滤池较高，使池内部形成拔风状态，因而改善了通风。当污水自上而下滴落时，产生强烈紊动，使污水、空气、生物膜三者接触更加充分，可大大提高传质速度和滤池的净化能力。

塔式生物滤池负荷远比高负荷生物滤池高，因此，滤池内生物膜生长迅速，同时受到强烈水力冲刷，脱落、更新快，生物膜具有较好的活性。为防止上层负荷过大，使生物膜生长过厚造成堵塞，塔式生物滤池可采用多级布水的方法来均衡负荷。同时进水的 BOD_5 浓度应控制在 500mg/L 以下，否则必须采用处理水回流稀释。

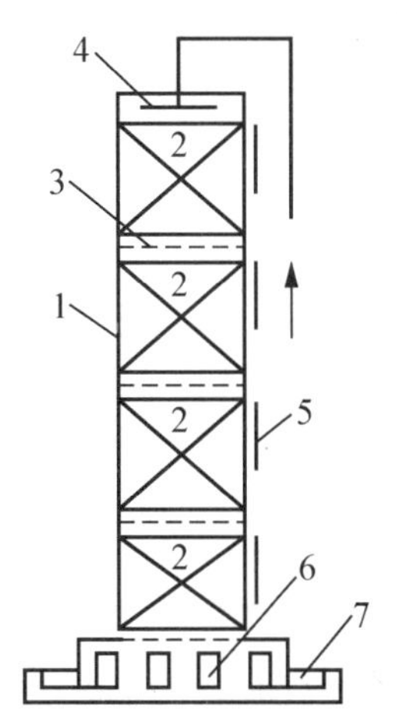

图 6-33 塔式生物滤池构造示意

1—塔身；2—滤料；3—格栅；4—布水器；5—检修口；6—通风口；7—集水槽

图 6-33 为塔式生物滤池构造示意图。塔式生物滤池平面呈圆形、方形或矩形。塔身可用砖结构、钢结构、钢筋混凝土结构或钢框架和塑料板围护结构。塔身分层建造，每层有测温孔、观测孔和检修孔，层之间设格栅，承托在塔身上，使滤料重量分层负担，每层的高度以不大于 2m 为宜。布水装置大多采用旋转布水器，小型塔式滤池也可采用固定喷嘴式布水器。

塔式生物滤池宜采用轻质塑料滤料，目前广泛使用的是环氧树脂固化的玻璃布蜂窝滤料和大孔径波纹板滤料。

塔式生物滤池一般采用自然通风，当供氧不足时，需采用机械通风。

4．生物转盘

生物转盘广泛应用于石油化工等行业的废水处理中。

生物转盘由转轴、盘片、接触反应槽和转盘的驱动装置组成，如图 6-34 所示。生物转盘的供氧主要靠大气复氧和转盘的转动，也可以向其中通入鼓风空气（兼起驱动作用）。在转盘转动过程中，盘片上的生物膜完成吸氧、吸收有机污染物、分解污染物的循环。

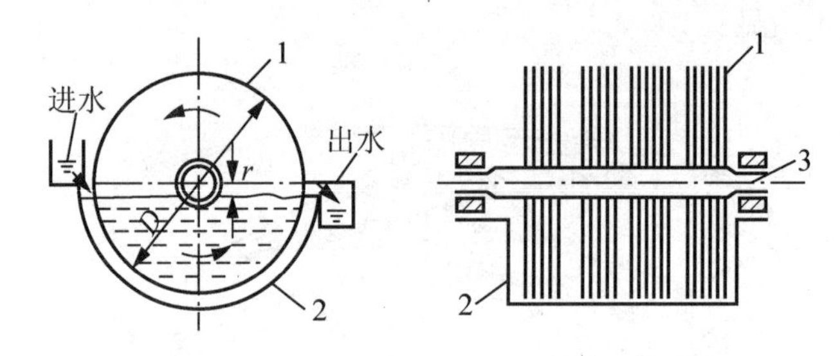

图 6-34　生物转盘构造示意

1—盘片；2—接触反应槽；3—转轴

生物转盘的盘片可以是竹片，也可以是聚乙烯硬质塑料板或玻璃钢波纹板等，要求有一定的机械强度和抗腐蚀性，盘片直径一般为 2～3m，盘片间距为 20～30mm。接触槽由混凝土浇筑或钢板焊制，其断面直径比盘片大 20～40mm，以便盘片自由转动，脱落的生物膜流出接触槽。

生物转盘转速为 0.8～3.0r/min，线速度为 15～18m/min；转盘浸没面积为其总面积的 20%～40%；去除 1 kg BOD 的产泥量为 0.3～0.5kg 污泥；转盘级数不小于 3 级。

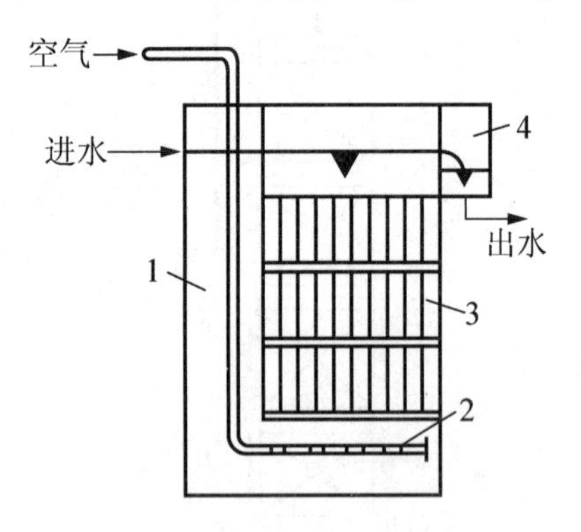

图 6-35　鼓风机曝气生物接触氧化池

1—配水室；2—空气扩散装置；3—填料；4—集水槽

5．生物接触氧化

生物接触氧化法是一种介于活性污泥法与生物滤池之间的生物膜法工艺，其特点是在生物接触氧化池（如图 6-35 所示）内设置填料，池底曝气对污水进行充氧，并使池体内污水处于流动状态，以保证污水与污水中的填料充分接触，避免池中污水与填料接触不均。

该法中微生物所需氧由鼓风曝气供给，生物膜生长至一定厚度后，填料壁的微生物会因缺氧而进行厌氧代谢，产生的气体及曝气形成的冲刷作用会造成生物膜的脱落，并促进新生物膜的生长，此时，脱落的生物膜将随出水流出池外。

三、厌氧生物法

1. 厌氧消化池

厌氧消化池外观形状一般有圆柱形和蛋形两种，如图 6-36 所示。对于中小型污水处理厂，一般采用圆柱形，其直径为 6～35m，池总高度与池直径之比取 0.8～1.0，其池底、池盖倾角一般为 15°～20°，池顶集气罩直径取 2～5m，高度为 1～3m。大型污水处理厂一般采用蛋形消化池，其容积可以做到 10 000m^3 以上。蛋形消化池有如下优点：搅拌充分、均匀，无死角，污泥不会在池底固结；池内污泥的表面积小，即使形成浮渣，也容易去除；在池容积相等的情况下，池总表面积较圆柱形的小，这有利于池体保温；蛋形结构的受力条件较好。

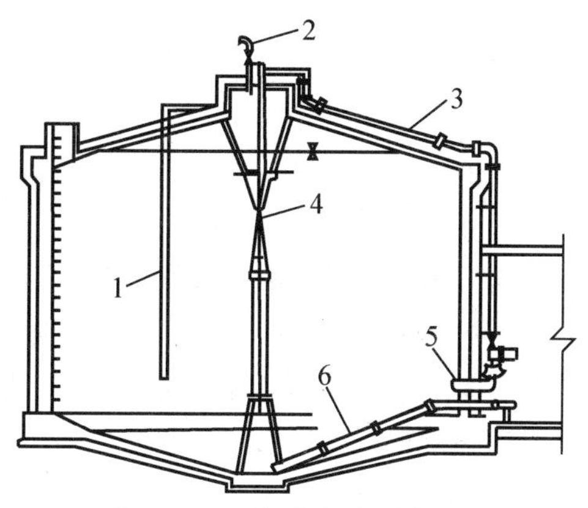

图 6-36 厌氧消化池构造示意

1—蒸汽管；2—消化气管；3—进泥管；4—水射器；5—中心管；6—排泥管

2. 厌氧接触法

厌氧接触法在消化池后增设污泥或污水的真空脱气装置，并设置二沉池分离，并对厌氧污泥进行回流，又称为厌氧活性污泥法。

厌氧接触法由于增设了脱气装置和二沉池，因此出水水质好。同时，由于污泥得以回流，故提高了池中的悬浮固体浓度量（可达到 6～10g/L），相应地，其负荷率可达到 6kgCOD/(m^3 · d)，是普通消化池的两倍左右。厌氧接触法工艺流程如图 6-37 所示。

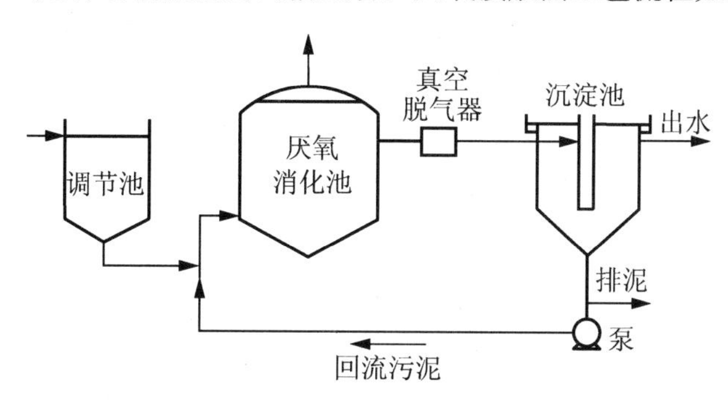

图 6-37 厌氧接触法工艺流程

3. 厌氧滤池

除无需供氧这一点外，厌氧滤池与好氧生物接触氧化的原理相同，其结构类似一般的生物滤池，但池顶密封。池中放置填料（碎石、卵石、焦炭或各种形状塑料制品），填料表面附生着一层厌氧性生物膜。当污水向上通过滤层时，微生物吸附污水中有机物，并将其分解为甲烷和二氧化碳，生物膜不断新陈代谢，老化生物膜随水带出，产生的消化气从滤池顶部引出。填料上生物膜量较高，达 10～20g/L，污泥龄较长，有可能长达 100 天以上所以运行稳定，处理效果较好。试验表明，当温度为 25～35℃，块石填料（粒径约40mm），滤池 COD 体积负荷约为 3～6kg/(m^3·d)。使用塑料填料时，COD 负荷可提高至3～16kg/(m^3·d)，且空隙率高，重量轻，不易堵塞。

厌氧滤池的主要缺点是易堵塞，主要适用于含悬浮物较少的中等浓度与低浓度有机废水。但当废水 COD<750mg/L，特别是温度低于 20℃时，不能获得满意的处理效果。厌氧生物滤池一般采取升流方式运行，早期的填料为 30～50mm 的碎石、焦炭等，其比表面积为 40～50m^2/m^3，孔隙率为 50%～60%左右，滤料高度不宜超过 1.5m。后来用蜂窝、波纹塑料等材料，其比表面积可提高到 100～200m^2/m^3，孔隙率为 80%～90%左右，滤料层高度可达到 5m 左右。厌氧生物滤池不进行污泥回流，不进行搅拌和污泥脱气；污泥浓度高，泥龄长（100d），耐冲击负荷能力较强，容积负荷率为 3～15kgCOD/(m^3·d)。但厌氧生物滤池容易堵塞，因而进水 SS 应控制在 200mg/L 以内。

4. 厌氧膨胀床和厌氧流化床

在厌氧膨胀床和流化床中，投加石英砂、无烟煤粒、GAC 和陶粒等生物膜载体，以升流方式运行，其中膨胀床的膨胀率为 10%～20%，流化床的膨胀率为 20%～70%。

在厌氧膨胀床中，由于细小的载体给厌氧微生物的生长和附着提供了很大的比表面积，使得床内具有很高的污泥浓度，其值可达 30～60g/L；容积负荷率为 10～40kgCOD/(m^3·d)，耐冲击负荷。同时，由于载体及生物膜处于膨胀或流化状态，因而处理装置基本无堵塞问题，并且膨胀床对出水中夹带的污泥具有一定的过滤与阻留作用，这对保证出水水质和防止污泥流失有利。另外，厌氧膨胀床和流化床中生物膜薄活性高。两种厌氧法装置既能处理高浓度的有机废水和污泥，也能处理低浓度的城市污水。但载体的流化能耗较大，运行管理较为复杂。

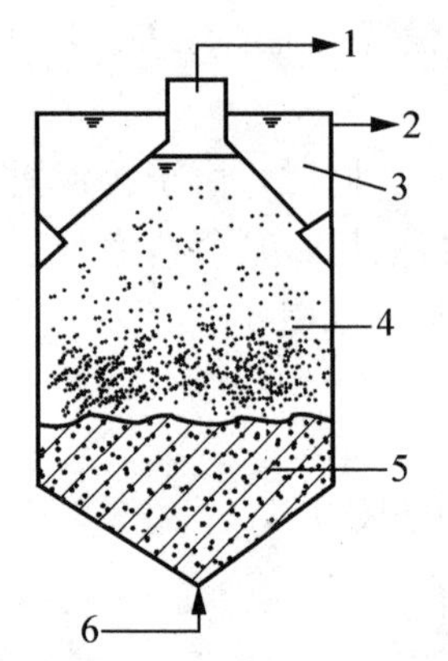

图 6-38　升流式厌氧污泥床

1—消化气；2—出水；
3—澄清区；4—悬浮污泥层；
5—污泥层；6—进水

5. 升流式厌氧污泥床

升流式厌氧污泥床（UASB）将厌氧消化与固一气一液的三相分离集中在一起，结构紧凑，如图 6-38 所示。整个 UASB 由底部进水区、池内反应区、气一液一固三相分离器、沼气罩、出水区五部分组成的。在反应区中，下部为颗粒污泥床，上部为悬浮污泥层。底部进水区的关键在于布水的均匀性。在反应区内沼气的上升对污泥床起到了一定的浮升和搅拌作用，污水穿过污泥区时与污泥得以充分的接触。三相分离器对保证系统出水质量、污泥回流和沼气释放均很重要。污泥床中污泥浓度很高：悬浮区中为 40～50g/L；污泥床中为 70～100g/L，装置运行后期将形成 0.5～4.0mm 的颗粒污泥，颗粒污泥的存在有利于进一步提高污泥浓度和三相分离，耐冲击负荷能力很强。UASB 处理污水的水力停留时间为 4～24h，接近于好氧生物法；而容积负荷率为 5～40 kgCOD/(m^3·d)，是好氧生物法的几倍到上百倍。UASB 处理系统不设机械搅拌设施，污泥进行自身回流，因而动力消耗低。

6. 厌氧塘

厌氧塘一般是水深 2.5m 以上的池塘，塘表面往往形成浮渣层，使塘水维持厌氧状态并保持塘水温度，塘内生长着厌氧细菌，污水于下部进入塘内与厌氧菌接触，有机物被分解成 CH_4 和 CO_2，污水得到净化。

处理化工废水时深度一般为 2.5～4.5m。厌氧塘有机负荷较高，停留时间也较长。由于受地理位置、气候条件等影响，有机负荷应根据试验确定。

厌氧塘适于处理高浓度高温度有机废水，由于厌氧塘对有机物的去除率不高，出水有机物浓度仍很高，一般很少单独使用，多作为兼性塘等后续处理单元的前处理。

相关知识拓展一

活性污泥法的基本原理

向投加了营养物质的化工废水中不断地注入空气，维持水中有足够的溶解氧，经过一段时间后，废水中即生成一种絮凝体。这种絮凝体由大量繁殖的微生物构成，易于沉淀分离，使废水得到澄清，这就是“活性污泥”。活性污泥法就是以悬浮在水中的活性污泥为主体，在微生物生长有利的环境条件下和污水充分接触，使污水净化的一种方法。它的主要构筑物是曝气池和二次沉淀池，基本流程如图 6-39 所示。

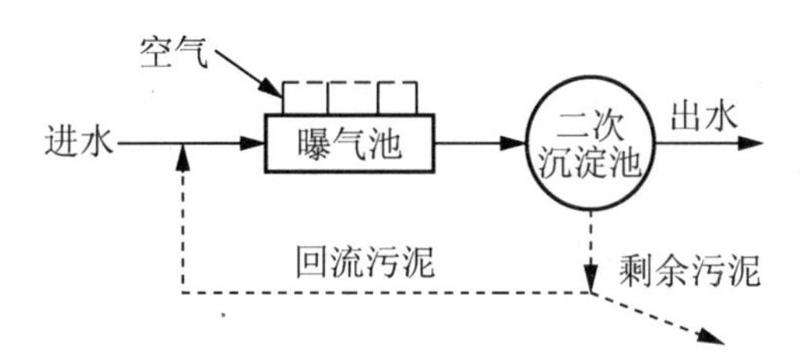

图 6-39　活性污泥法基本流程

需处理的废水和回流活性污泥一起进入曝气池，成为悬浮混合液，沿曝气池注入压缩空气曝气，使污水和活性污泥充分混合接触，并供给混合液足够的溶解氧。这时污水中的有机物被活性污泥中的好氧微生物群体分解，然后混合液进入二次沉淀池，活性污泥与水澄清分离，部分活性污泥回流到曝气池，继续进行净化过程，澄清水则溢流排放。由于在处理过程中活性污泥不断增长，所以需要有部分剩余污泥从系统中排出，以维持系统的稳定。

1. 活性污泥法的净化过程与机理

活性污泥法去除水中有机物，主要经历三个阶段。

(1) 吸附阶段。

污水与活性污泥接触后的很短时间内，水中有机物（BOD）迅速降低，这主要是由吸附作用引起的。由于絮状的活性污泥表体比很大（约 2 000～10 000m^2/m^3），表面具有多糖类黏液层，污水中悬浮的和胶体的物质被絮凝和吸附迅速去除。活性污泥的初期吸附性能取决于污泥的活性。

（2）氧化阶段。

在有氧的条件下，微生物将吸附阶段吸附的有机物一部分氧化分解获取能量，另一部分则合成新的细胞。从污水处理的角度来看，不论是氧化还是合成都能从水中去除有机物，只是合成的细胞必须易于絮凝沉淀而能从水中分离出来。这一阶段比吸附阶段慢得多。

（3）絮凝体形成与凝聚沉淀阶段。

氧化阶段合成的菌体有机体絮凝形成絮凝体，通过重力沉淀从水中分离出来，使水得到净化。

2. 影响活性污泥增长的因素

活性污泥法是水体自净过程的人工强化。要充分发挥活性污泥微生物的代谢作用，必须创造有利于微生物生长繁殖的良好条件。影响活性污泥增长的主要因素有以下几个方面。

（1）营养物。

微生物生长繁殖必须要有一定的营养物质。碳元素的需要量一般以 BOD_5 负荷率表示，它直接影响到污泥的增长、有机物降解速率、需氧量和沉淀性能。若以混合液悬浮固体 MLSS 表示活性污泥，一般活性污泥法 BOD_5 负荷率控制在 0.3kg/(kg·d)左右；而高负荷活性污泥法高达 2 左右。除碳外，一般微生物生长繁殖还需氮、磷、硫、钾、镁、钙、铁以及各种微量元素。

（2）溶解氧。

活性污泥法处理废水时，氧是好氧微生物生存的必要条件，供氧不足会妨碍微生物代谢过程，造成丝状菌等耐低溶解氧的微生物滋长，使污泥不易沉淀，这种现象称为污泥膨胀。一般来说，活性污泥混合液中溶解氧浓度以 2mg/L 左右为宜。

（3）其他因素。

为维持活性污泥法处理设施正常运转，混合液的 pH 值应控制在 6.5～9.0，温度应以 20～30℃为宜。同时还应控制对生物处理有毒害作用的物质的浓度。

相关知识拓展二

生物膜的构造及其对有机物降解机理

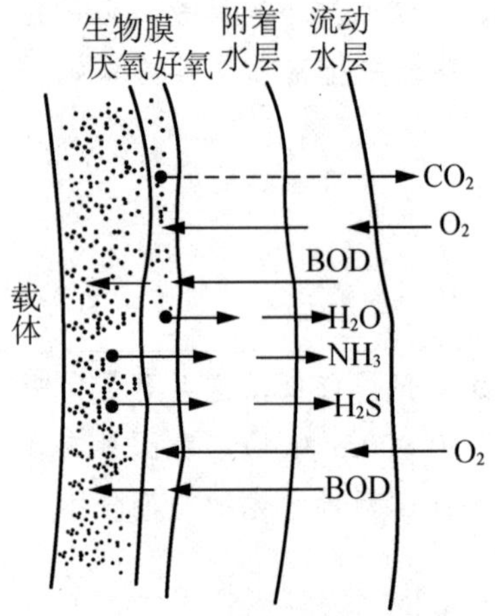

当污水与滤料等载体长期流动接触，在载体的表面上就会逐渐形成生物膜。生物膜主要由细菌（好氧菌、厌氧菌和兼性菌）的菌胶团和大量的真菌菌丝组成。

生物膜的构造如图 6-40 所示。空气中的氧溶于流动水层中，从那里通过附着水层传递到生物膜，而在生物膜内部可能因缺氧而出现厌氧层；污水中的有机物由流动水层经附着水层传递到生物膜上，同样地由于物质扩散的限制，内部微生物可能难于直接得到这些有机物；微生物的代谢产物包括好氧层产生的二氧化碳和水，也包括中间兼性好氧层产生的有机酸和厌氧层的氨气、硫化氢和甲烷等，这些代谢产物大多扩散到流动水层，也有在穿越好氧

图 6-40　生物膜构造示意图

层时进一步被微生物所利用，如氨氮可被硝化细菌氧化为硝酸盐氮、硫化氢可被氧化为硫酸根等，而有机酸则可能被厌氧层微生物利用；微生物同化和吸附有机物的结果使得生物膜逐渐变厚，其中厌氧层的增厚、气态代谢物的扩散等，都会削弱生物膜与载体之间的黏着力，若辅以适当的水力冲刷或空气振动，则表层的污水可能会脱落下来，形成生物膜剩余污泥，此过程称为生物膜更新。生物膜的厚度、膜的更新速度与有机物浓度、溶解氧(DO)、载体表面情况和搅拌等因素有关。适当的搅拌不仅有利于有机物、代谢物、DO等的有效扩散和接触，也加快了膜的更新速度。

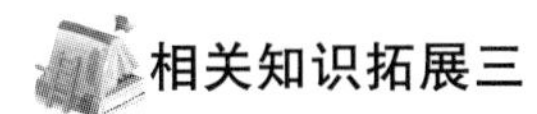

相关知识拓展三

厌氧生物法的基本原理及影响因素

1. 厌氧生物法的基本原理

厌氧生物处理是一个复杂的微生物化学过程，主要依靠水解产酸细菌、产氢产乙酸细菌和产甲烷细菌的联合作用完成。所以可以将厌氧消化过程分为三个连续的阶段，即水解酸化阶段、产氢产乙酸阶段和产甲烷阶段。

第一阶段为水解酸化阶段。复杂的大分子、不溶性有机物先在细胞外酶的作用下水解为小分子、溶解性有机物，然后渗入细胞体内，分解产生挥发性有机酸、醇类、醛类等。这个阶段主要产生较高级脂肪酸。

第二阶段为产氢产乙酸阶段。在产氢产乙酸细菌的作用下，第一阶段产生的各种有机酸被分解转化为乙酸和 H_2，在降解奇数碳素有机酸时还形成 CO_2。

第三阶段为产甲烷阶段。产甲烷细菌将乙酸、乙酸盐、CO_2 和 H_2 等转化为甲烷。此过程由两组生理上不同的产甲烷菌完成，一组把 H_2 和 CO_2 转化成甲烷，另一组从乙酸或乙酸盐脱羧产生甲烷，前者约占总量的1/3，后者约占2/3。

2. 厌氧生物法的影响因素

(1) 温度。

厌氧微生物按其适应的温度分为高温细菌和中温细菌两类。高温细菌适宜的温度区为50～53℃，高于或低于此温度范围均会造成其代谢活力的下降；中温细菌最适宜的温度区为30～36℃，高于或低于此温度范围均会造成其代谢活力的下降。

(2) pH。

产甲烷细菌对pH变化的适应性很差，其最佳pH范围为6.8～7.2，pH低于6.5或高于8.2都会造成严重的抑制。厌氧消化中的pH情况除与进水pH有关外，与厌氧消化过程也有密切关系：脂肪酸积累会引起pH下降；产甲烷细菌消耗 CO_2 会引起pH值上升。

(3) 氧化还原电位（ORP）。

产甲烷菌是专性厌氧菌，它要求体系有较好的还原环境，即低ORP。其最低的ORP范围为：−150～400mV。

(4) 营养。

虽然厌氧微生物对N、P的需求相对较少，但由于许多厌氧微生物自身缺乏合成必要的维生素与氨基酸的能力，因而必须进行人为的投加，以提高其酶活力。

（5）有毒物质。

S^{2-}（SO_4^{2-}、蛋白质的分解是其主要来源）、NH_3、NH_4^+、CN^-、Cl^-、有机氯化合物等对厌氧微生物都有抑制与毒害作用。如当消化池中 SO_4^{2-} 浓度大于 5 000mg/L 时或 S^{2-} 浓度大于 100mg/L 时，对厌氧过程将产生明显的抑制作用：硫酸盐还原细菌过度增殖，其还原 1 份的 SO_4^{2-} 时将消耗 8 个 H 原子，从而使得甲烷的生成减少了两份。当池中 NH_4^+ 浓度大于 150mg/L 时，将出现氨中毒现象。

（6）底物投配率和污泥龄。

底物投配率有两种表示方法：①日投加的原污水量占消化池容积的百分比，其倒数即为污泥龄；②单位消化池容积每日接纳的有机物量，单位为 kg COD/(m^3 · d)。底物投配率高，可以减少消化池容积，但过高会引起有机酸积累，导致系统 pH 值下降，抑制甲烷菌活动；投配率过低会引起相反的情况。

（7）搅拌。

要保证消化系统高效运行，则在消化池中应有适当的搅拌。通过搅拌使得各种物质相互混合，利于反应的有效进行；均衡消化池中的 pH，防止局部有机酸积累；有利于沼气的释放。搅拌方式通常有机械搅拌、水力搅拌和沼气搅拌。

学生课外任务 5

作　　业：

1. 简述活性污泥法的一般工艺流程。

2. 活性污泥法常用的曝气方法有哪些？活性污泥法的运行方式有哪些？

3. 试述好氧生物膜不同工艺的特点和应用。

4. 简述厌氧生物处理法的典型工艺。

项目任务：

1. 对某化工厂废水处理站（有机废水处理）现场见习，熟悉该废水处理站对有机废水处理的流程，并根据老师给定的模拟案例和数据，完成一项关于化工有机废水处理的方案设计任务。

2. 利用所学知识，对某一给定废水水样进行 COD 测定。

第七单元　化工废气治理技术

任务一　化工废气治理技术基础

知识目标： 了解化工废气的来源；掌握大气污染的综合防治措施。
能力目标： 具有选择化工废气治理方法的初步能力。
态度目标： 树立化工环保的意识，培养科学细致的工作态度。

【案例 7-1】

浙江某铝业公司是出口咖啡壶的企业，在产品表面处理过程中，产生大量的氮氧化物废气，该公司曾建有废气通风净化装置，然而废气排放仍见“黄龙”，处理效果不尽如人意，随风飘逸扩散对周边居民生活与生态环境造成公害，周边纠纷不断。

一、化工废气的来源

化学工业生产中，各个部门及各个环节都有废气的产生，其来源主要有以下几个方面。

(1) 化学反应中产生的副反应和反应进行不完全所产生的废气。

(2) 产品加工和使用过程产生的废气，以及搬运、破碎、筛分及包装过程中产生的粉尘等。

(3) 生产技术路线及设备陈旧落后，造成反应不完全，生产过程不稳定，产生不合格的产品或造成的物料跑、冒、滴、漏。

(4) 化工生产中排放的某些气体，在光或雨的作用下，也能产生有害气体。

(5) 开停车或因操作失误，指挥不当，管理不善造成废气的排放。

(6) 化工生产中使用煤炭、重油、柴油、燃料油等能源物质，在燃烧过程中产生二氧化硫、氮的氧化物及烟尘等。

二、大气污染的综合防治措施

1. 全面规划，合理布局

大气污染防治的主要任务有两个，一是解决区域的经济和社会发展与环境保护之间的矛盾；二是对已造成的环境污染和环境问题，提出改善和控制污染的最优化方案。因此，做好城市和大工业区的环境规划设计工作，采取区域性综合防治措施，是控制环境污染（包括大气污染）的一个重要途径。现在我国及各工业国家都规定，在兴建大中型工业企业时，要先作环境影响评价，提出环境质量评价报告书，论证该地区是否建厂，应采取的环境保护措施，以及建厂后对未来环境可能造成的影响。

2. 严格环境管理

完整的环境管理体制是由环境立法、环境监测和环境保护管理机构三部分组成的。环境法是进行环境管理的依据，它以法律、法令、条例、规定、标准等形式构成一个完整的体系。环境监测是环境管理的重要手段，没有及时、准确和在主要环境领域内完善的监测网，要进行有效的环境管理和监督是不可能的。环境保护管理机构是实施环境管理的领导者和组织者。

3. 技术措施

（1）改革生产工艺，优先采用无污染的工艺，是防治环境污染的根本途径。

（2）严格生产工艺操作，选配合适的原材料，有利于减轻污染或对所产生的污染物进行处理。

（3）合理利用能源，改革能源构成，改进燃烧设备和燃烧条件，是节约能源和控制大气污染的重要途径。

（4）建立综合性工业基地，开展综合利用，使废气、废水、废渣资源化，减少污染物的总排放量。

4. 经济政策

（1）保证必要的环境保护设施的投资。

（2）对治理环境污染从经济上给予鼓励，如低息长期贷款，对综合利用产品实行利润留成和减免税政策。

（3）贯彻“谁污染谁治理”的原则，并把排污收费的制度和行政、法律制裁措施具体化。惩罚一般分三种形式：排污收费，赔偿损失和罚款，追究行政责任以及刑事责任。

5. 高烟囱扩散稀释

采用高烟囱扩散稀释的方法，可以使大气污染物向更高、更广的范围扩散，减轻局部地区大气污染。因为我们即使是采用最好的气体净化装置，其排气中总会含有少量有害物质，至少是其中惰性气体含量高、氧气含量小，所以不能直接排到地面上。目前世界上很多国家都主要采用高烟囱扩散的方法防止 SO_2 污染。但是，这种高烟囱扩散的方法，只能减轻局部地区大气污染，排放污染物绝对量并没有减少，而且烟囱越高造价越高（一般是烟囱的造价与其高度的平方成正比），所以在实际工作中，还应根据各地区大气污染情况，同时控制污染物的总排放量。

6. 绿化造林

绿化造林，不仅能美化环境，调节空气温度、湿度及城市小气候，保持水土，防风防沙，而且在净化大气、减低噪声方面也有显著作用。

7. 安装废气净化装置

在充分考虑环境规划、合理布局、改革燃料、原料以及大气和绿地的自净能力的情况下，若污染物排放浓度（或排放量）或地面浓度仍达不到大气环境标准时，则必须安装废气净化装置。对污染源进行治理，安装废气净化装置是控制大气环境质量的基础，也是实行环境规划等综合防治措施的前提。

三、化工废气治理技术

1. 颗粒污染物的治理

大气中的颗粒污染物一般质量较大，可通过外力作用将其分离出来，这一过程称为除尘。除尘的方法有很多，根据作用原理，可以分为四种类型。

（1）机械法。

机械法是通过颗粒本身的重力和离心力，使气体中的颗粒污染沉降，而从气体中去除的方法，例如重力除尘、惯性除尘和离心除尘。常用的设备有重力沉降室、惯性除尘器和旋风除尘器等。

（2）湿法。

湿法是用水或其他液体使颗粒湿润，而加以捕集去除的方法，例如气体洗涤、泡沫除尘等。常用的设备有喷雾塔、旋风洗涤器、文丘里洗涤器等。

（3）过滤法。

过滤法是使含有颗粒污染物的气体通过具有很多毛细孔的滤料，而将颗粒污染物截留下来的方法，例如填充层过滤、布袋过滤等。常用的设备有颗粒层除尘器和袋式除尘器。

（4）静电法。

静电法是使含有颗粒污染物的气体通过高压电场，在电场力的作用下，使其去除的过程。常用的设备有干式静电除尘器和湿式静电除尘器。

2. 气态污染物的治理

（1）吸收法。

吸收法是利用气体在液体中溶解度不同的这一现象，以分离和净化气体混合物的一种技术。这种技术也用于气态污染物的处理，例如从工业废气中去除二氧化硫（SO_2）、氮氧化物（NO_x）、硫化氢（H_2S）以及氟化氢（HF）等有害气体。

吸收法可分为化学吸收和物理吸收两大类。

化学吸收是指被吸收的气体组分和吸收液之间产生明显的化学反应的吸收过程。从废气中去除气态污染物多用化学吸收法。例如用碱液吸收烟气中的 SO_2，用水吸收 NO_x 等。

物理吸收是指被吸收的气体组分与吸收液之间不产生明显的化学反应的吸收过程，仅仅是被吸收的气体组分溶解于液体的过程。例如用水吸收醇类和酮类物质。

（2）吸附法。

吸附法是一种固体表面现象。它是利用多孔性固体吸附剂处理气态污染物，使其中的一种或几种组分，在固体吸附剂表面，在分子引力或化学键力的作用下，被吸附在固体表面，从而达到分离的目的。

吸附处理工艺在处理气态污染物领域也得到了应用。

常用的固体吸附剂有骨炭、硅胶、矾土、沸石、焦炭和活性炭等，其中应用最为广泛的是活性炭。活性炭对常见污染物具有吸附功能，除 CO、SO_2、NO_x、H_2S 外，还对苯、甲苯、二甲苯、乙醇、乙醚、煤油、汽油、苯乙烯、氯乙烯等物质都有吸附功能。

气态污染物种类繁多，特点各异，因此采用的净化方法也不相同，除了上述的吸收法、吸附法以外，还可采用催化法、燃烧法和冷凝法等。

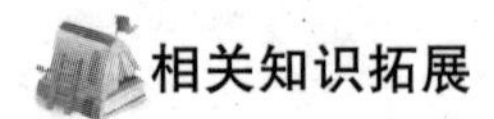
相关知识拓展

化工废气的分类及特点

1. 化工废气的分类

化工废气按所含污染物性质可分为三大类。

第一类为含无机污染物的化工废气，废气中含有 SO_2、H_2S、CO、NO_2、Cl_2、HCl、HF、NH_3 等无机物，主要来自氮肥、磷肥（含硫酸）、无机盐等化工企业；

第二类为含有机污染物的废气，废气中含苯系物、酚、醛、醇、卤代苯、丙烯腈、氰化物、环氧化合物等有机物，主要来自有机原料及合成材料、农药、染料、涂料等化工企业；

第三类为既含无机污染物又含有机污染物的废气，来自排放的废气。主要来自石油炼制和石油化工行业、氯碱、炼焦等化工企业。

各化学行业废气来源及主要污染物见表 7-1。

表 7-1 化学工业主要行业的废气来源及主要污染物

行业	主要来源	废气中主要污染物
氮肥	合成氨、尿素、碳酸氢氨、硝酸铵、硝酸	NO_x尿酸粉尘、CO、Ar、NH_3、SO_2、CH_4
磷肥	磷矿石加工、普通过磷酸钙、钙镁磷肥、重过磷酸钙、磷酸铵类氮磷复合肥、磷酸、硫酸	氟化物、粉尘、SO_2、酸雾、NH_3
无机盐	铬盐、二硫化碳、钡盐、过氧化氢、黄磷	SO_2、P_2O_5、Cl_2、HCl、H_2S、CO、CS_2、As、F、S、氯化铬酰、重芳烃
氯碱	烧碱、氯气、氯产品	Cl_2、HCl、氯乙烯、汞、乙炔
有机原料及合成材料	烯类、苯类、含氧化合物、含氮化合物、卤化物、含硫化合物、芳香烃衍生物、合成树脂	SO_2、Cl_2、HCl、H_2S、NH_3、NO_x、CO、有机气体、烟尘、烃类化合物
农药	有机磷类、氨基甲醛酯类、菊酯类、有机氯类等	HCl、Cl_2、氯乙烷、氯甲烷、有机气体、H_2S、光气、硫醇、三甲醇、二硫脂、氨、硫代磷酸酯农药
染料	染料中间体、原染料、商品染料	H_2S、SO_2、NO_x、Cl_2、HCl、有机气体、苯、苯类、醇类、醛类、烷烃、硫酸雾、SO_3
涂料	涂料：树脂漆、油脂漆 无机颜料：钛白粉、立德粉、铬黄、氧化锌、氧化铁、红丹、黄丹、金属粉、华蓝	芳烃
炼焦	炼焦、煤气净化及化学产品加工	CO、SO_2、NO_x、H_2S、芳烃、尘、苯并芘、CO_2

化工废气按所含污染物的存在状态可分为两大类。

(1) 气溶胶状态污染物。

在大气污染中，气溶胶系指固体粒子、液体粒子或它们在气体介质中的悬浮体。从大气污染控制的角度，按照气溶胶的来源和物理性质，可将其分为以下几种。

① 粉尘。粉尘指悬浮于气体介质中的小固体粒子，能因重力作用发生沉降，但在某一段时间内能保持悬浮状态。它通常是由于固体物质的破碎、研磨、分缎、输送等机械过程，或土壤，岩石的风化等自然过程形成的。粒子的形状往往是不规则的。粒子的尺寸范围，在气体除尘技术中，一般为1～200μm左右。属于粉尘类的大气污染物的种类很多，如黏土粉尘、石英粉尘、煤粉、水泥粉尘、各种金属粉尘等。

在大气污染控制中，还根据大气中的粉尘（或烟尘）颗粒的大小，将其分为飘尘、降尘和总悬浮微粒。

② 烟。一般指由冶金过程形成的固体粒子的气溶胶。它是由熔融物质挥发后生成的气态物质的冷凝物，在生成过程中总是伴有诸如氧化之类的化学反应。烟的粒子尺寸很小，一般为0.01～1μm左右。产生烟是一种较为普遍的现象，如有色金属冶炼过程中产生的氧化铅烟、氧化锌烟，在核燃料后处理厂中的氧化钙烟等。

③ 飞灰。飞灰指随燃料燃烧产生的烟气飞出的分散得较细的灰分。

④ 黑烟。黑烟一般指由燃料燃烧产生的可见气溶胶。

⑤ 雾。是气体中液滴悬浮体的总称，如水雾、酸雾、碱雾、油雾等。

(2) 气体状态污染物。

气体状态污染物是以分子状态存在的污染物，简称气态污染物。

气态污染物的种类很多，大部分为无机气体。常见的有五大类：以二氧化硫为主的含硫化合物，以氧化氮和二氧化氮为主的含氮化合物，碳氧化物、碳氢化合物及卤素化合物等。

2. 化工废气的特点

化工废气的特点主要有以下几点。

(1) 种类繁多。

化工行业多，每个行业所用原料不同，工艺路线也有差异，生产过程化学反应繁杂，因此造成化工废气种类繁多。

(2) 组成复杂。

化工废气中常含有多种有毒成分。例如，农药、染料、氯碱等行业废气中，既含有多种无机化合物，又含有多种有机化合物。此外，从原料到产品，由于经过许多复杂的化学反应，产生多种副产物，致使某些废气的组成非常复杂。

(3) 污染物含量高。

不少化工企业工艺设备陈旧，原材料流失严重，废气中污染物含量高。例如国内常压吸收法生产硝酸，尾气中NO_x含量高达6 696mg/m^{3}以上，而采用先进的高压吸收法，尾气中NO_2含量仅为446mg/m^3。此外，由于受生产原料限制，例如硫酸生产主要采用硫铁矿为原料，个别的甚至使用含砷、氟量较多的矿石，使我国化工生产中废气排放量大，污染物含量高。

(4) 污染面广，危害性大。

我国有6 000多个化工企业，其中，小型企业约占90%，中小型企业遍布全国各地。这些中小型企业大多工艺落后，设备陈旧，技术力量薄弱，防治污染所需要的技术、设备和资金难以解决。中小型企业生产每吨产品的原料、能源消耗都很高，排放的污染物大大超过大中型化工企业的排放量，而得到治理的很少。而且化工废气常含有致癌、致畸、致突变、恶臭、强腐蚀性及易燃、易爆性的组分，对生产装置、人身安全与健康，及周围环境造成严重危害。

学生课外任务1

作　业：

1. 简述化工废气的来源。
2. 化工废气的特点有哪些？
3. 大气污染的综合防治措施有哪些？

项目任务：

针对不同类型的化工废气，分组讨论治理方法的选择。

任务二　除尘技术

知识目标：了解各类除尘器的结构与优缺点，熟悉除尘器的选用与设计。
能力目标：根据各类除尘器的特点和适用范围，培养对除尘器的选择和初步设计的能力。
态度目标：树立化工环保的意识，培养团队合作精神。

【案例7-2】

伦敦烟雾事件：1952年，英国伦敦由于冬季燃煤排放的烟尘和二氧化硫在浓雾中积聚不散，短短4天内就导致4 000人死亡，以后的两个月内又有8 000多人死亡。

一、机械式除尘器

机械式除尘器通常指利用质量力（重力、惯性力或离心力等）的作用使尘粒与气流分离的装置，包括重力沉降室、惯性除尘器和旋风除尘器等。

1. 重力沉降室

重力沉降室是通过重力作用使尘粒从气流中自然沉降分离的除尘装置。常见的重力沉降室有水平气流沉降室、单层重力沉降室和多层重力沉降室，其基本结构如图7-1所示。含尘气流进入沉降室后，由于扩大了流动截面积而使气体流速大大降低，使较重颗粒在重力作用下缓慢向灰斗沉降。

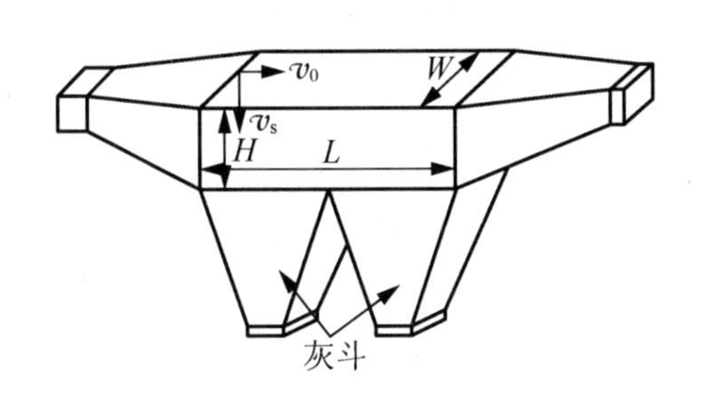

(a) 单层重力沉降室

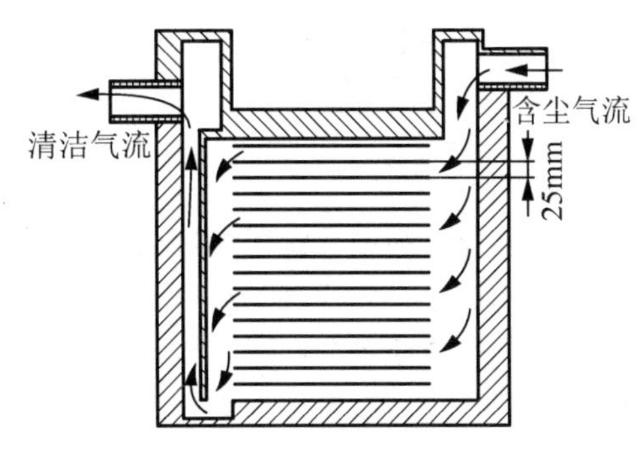

(b) 多层重力沉降室

图 7-1 重力沉降室

重力沉降室的主要优点是：结构简单、投资少、阻力损失小（一般为 50～130Pa）、维护管理方便。主要缺点是：体积大，效率低，因此常作为高效除尘的预除尘装置，用以捕集较大和较重的粒子。

2. 惯性除尘器

惯性除尘器是利用惯性力的作用使尘粒从气流中分离出来的除尘装置。为改善沉降室的除尘效果，可在沉降室内设置各种形式的挡板，使含尘气流冲击在挡板上，气流方向发生急剧转变，借助尘粒本身的惯性力作用，使其与气流分离。

惯性除尘器结构多种多样，可分为以气流中粒子冲击挡板捕集较粗粒子的冲击式，和通过改变气流方向而捕集较细粒子的反转式。图 7-2 为冲击式惯性除尘器结构示意图，其中(a)为单级型，(b)为多级型。在这种设备中，沿气流方向设置一级或多级挡板，使气体中的尘粒冲撞挡板而被分离。图 7-3 为几种反转式惯性除尘器，(a)为弯管型，(b)为百叶窗型，(c)为多层隔板型。弯管型和

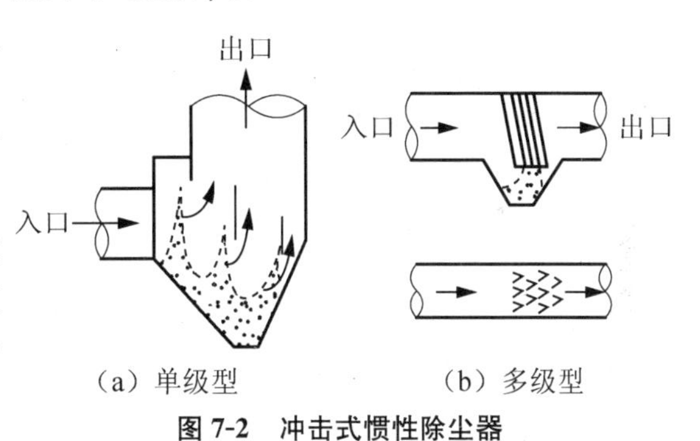

(a) 单级型 (b) 多级型

图 7-2 冲击式惯性除尘器

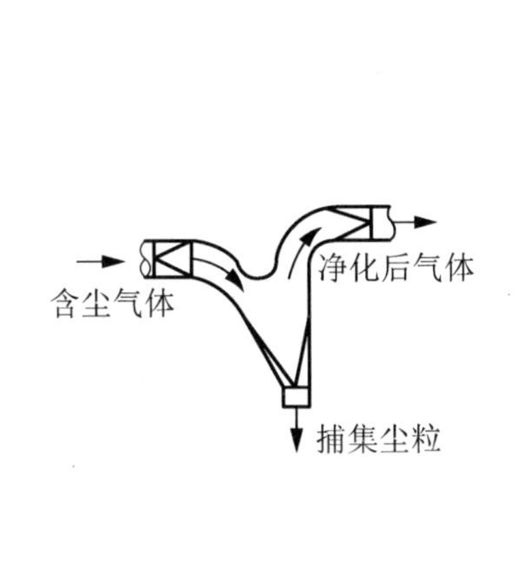

(a) 弯管型

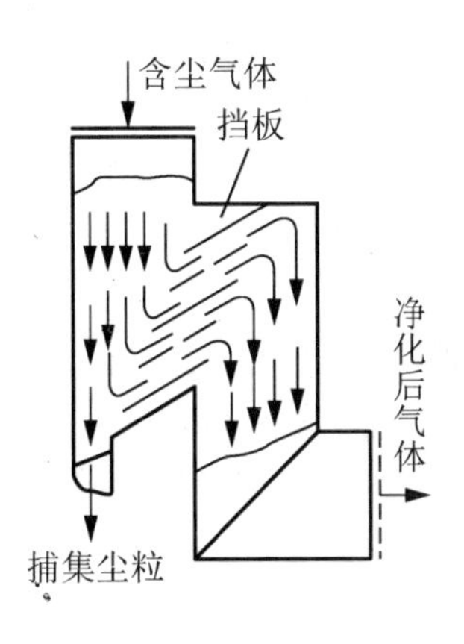

(b) 百叶窗型

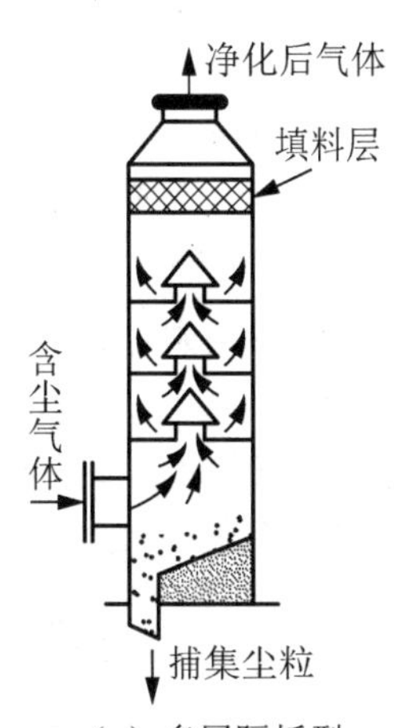

(c) 多层隔板型

图 7-3 反转式惯性除尘器

百叶窗型反转式惯性除尘器和冲击式惯性除尘器一样都适于烟道除尘，多层隔板型惯性除尘器主要用于烟雾的分离。

3. 旋风除尘器

旋风除尘器是利用气流在旋转运动中产生的离心力来清除气流中尘粒的设备。旋风除尘器具有结构简单、体积小、造价低、维护管理方便、耐高温等优点，因而在工业除尘及锅炉烟气净化中应用十分广泛。它主要用于处理粒径较大（10μm 以上）和密度较大的粉尘，既可单独使用，也可作为多级除尘的第一级。

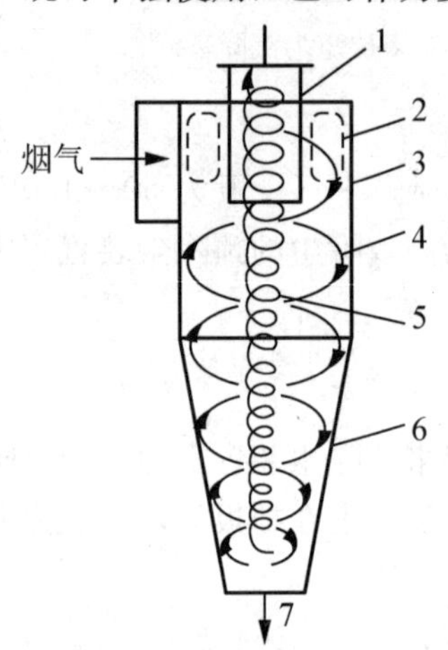

图 7-4　普通旋风除尘器的结构及内部气流

1—排出管；2—上涡旋；3—圆柱体；4—外涡旋；5—内涡旋；6—锥体；7—储灰斗

（1）旋风除尘器内气流与尘粒的运动。

图 7-4 所示为普通旋风除尘器的结构及内部气流。含尘气体由除尘器入口沿切线方向进入后，沿外壁由上向下作旋转运动，这股向下旋转的气流称为外涡旋，外涡旋到达锥体底部后，沿轴心向上旋转，这股向上旋转的气流称为内涡旋，气流最后从排出管排出。向下的外涡旋和向上的内涡旋的旋转方向相同。气流做旋转运动时，尘粒在离心力的作用下向外壁面移动。到达外壁的粉尘在下旋气流和重力的共同作用下沿壁面落入储灰斗。

（2）影响旋风除尘器性能的因素。

影响旋风除尘器性能的主要因素有除尘器的比例尺寸、操作条件和粉尘的物理性质等。

① 旋风除尘器尺寸的影响。例如进风口尺寸、出风口尺寸、桶体直径与长度等，均对除尘器性能有影响。

② 进口风速的影响。提高旋风除尘器的进口风速，会使粉尘受到的离心力增大，分割直径变小，除尘效率提高，烟气处理量增大。但若进口风速过大，不仅使除尘器阻力急剧上升，而且还会将有些已分离的尘粒重新扬起带走，导致除尘效率下降。从技术、经济两方面综合考虑，进口风速一般控制在 12～25m/s 之间为宜，但不应低于 10m/s，以防进气管积尘。

③ 除尘器底部的严密性。如果除尘器的底部不严密，从外部漏入的空气就会把正在落入灰斗的粉尘重新带起，使除尘效率显著下降。

④ 粉尘的物理性质对除尘效率也有很大影响，其密度和粒径增大，效率明显提高。而气体温度升高、黏度增大，则会使效率下降。

（3）旋风除尘器的结构。

目前，生产中使用的旋风除尘器类型很多，有 100 多种。按结构可将旋风除尘器分为多管组合式、旁路式、扩散式、直流式、平旋式、旋流式等。按型号可分为 XLT（CLT）型、XLP（CLP）型、XLK（CLK）型、XZT（CZT）型和 XCX 型五种型号。

二、过滤式除尘器

过滤式除尘器是用多孔过滤介质分离捕集气体中固体或液体粒子的净化装置。过滤介质亦称滤料。过滤除尘器简称为滤料器。过滤式除尘器主要有两类。一类是利用纤维编织物作为过滤介质的袋式除尘器；另一类是采用砂、砾、焦炭等颗粒物作为过滤介质的颗粒层除尘器。

1. 袋式除尘器

袋式除尘器是将棉、毛或人造纤维等材料加工成织物作为滤料，制成滤袋对含尘气体进行过滤。当含尘气流通过滤料孔隙时粉尘被阻留下来，清洁气流穿过滤袋之后排出。沉积在滤袋上的粉尘通过机械振动，从滤料表面脱落至灰斗中。简单的袋式除尘器如图 7-5 所示。

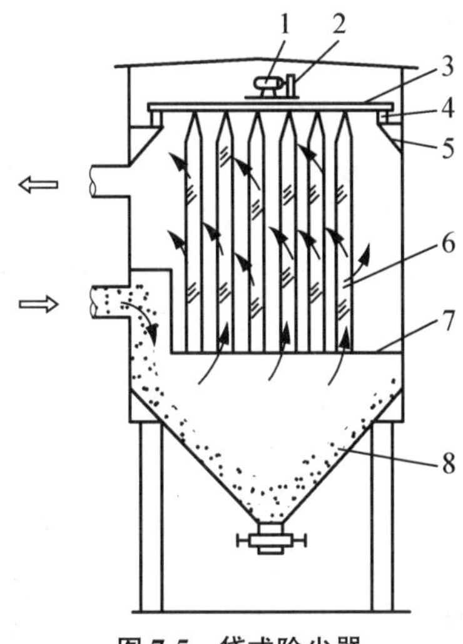

图 7-5 袋式除尘器

1—电机；2—偏心块；3—振动器；4—橡胶垫；5—支座；6—滤袋；7—花板；8—灰斗

袋式除尘器的滤料种类较多。按滤料材质可分为天然纤维、无机纤维和合成纤维等；按滤料结构可分为滤布和毛毡两类。滤料是组成袋式除尘器的核心部分，其性能对袋式除尘器的工作影响极大。选用滤料时必须考虑含尘气体的特性，例如粉尘和气体的性质（温度、湿度、粒径和含尘浓度等)。性能良好的滤料应具有容尘量大、吸湿性小、效率高、阻力低、使用寿命长，同时还应具备耐高温、耐磨、耐腐蚀、机械强度高等优点。滤料的特性除了与纤维本身的性质有关外，还与滤料表面结构有很大关系。表面光滑的滤料容尘量小，清灰方便，适用于含尘浓度低、黏性大的粉尘，此时采用的过滤速度不宜太高。表面起毛（有绒）的滤料（例如羊毛毡）容尘量大，粉尘能深入滤料内部，可以采用较高的过滤速度，但清灰周期短，必须及时清灰。

清灰是袋式除尘器运行中十分重要的环节。袋式除尘器的效率、压力损失、过滤速度及滤袋寿命等均与清灰方式有关，因此实际中多数袋式除尘器是按清灰方式命名和分类的。通常可分为简易清灰、机械清灰和气流清灰三种。

袋式除尘器的除尘效率高，广泛地用于各种工业生产除尘中，对于微细的干燥颗粒物，采用袋式除尘器净化是适宜的。袋式除尘器不适用于含有油雾、凝结水和粉尘黏性大的含尘气体，一般也不耐高温。还要注意，若在袋式除尘器附近有火花，则可能有爆炸的危险。此外，袋式除尘器占地面积较大，更换滤袋和检修不太方便。

2. 颗粒层除尘器

颗粒层除尘器是利用颗粒状物料（例如硅石、砾石、焦炭等）作为填料层的一种内滤式除尘装置。在除尘过程中，气体中的粉尘粒子主要是在惯性碰撞、截留、扩散、重力沉降和静电力等多种作用下将气体中的尘粒分离出来。

(1) 颗粒层除尘器的种类。

颗粒层除尘器的种类很多，按床层位置可分为垂直床层与水平床层颗粒层除尘器；按床层状态可分为固定床、移动床和流化床颗粒层除尘器；按床层数可分为单层和多层颗粒层除尘器；按清灰方式分为振动式反吹清灰、梳耙式反吹清灰及沸腾式反吹清灰颗粒层除尘器等。下面主要介绍梳耙式反吹清灰和移动床颗粒层除尘器。

① 梳耙式反吹清灰颗粒层除尘器。图 7-6 为单层梳耙式反吹清灰颗粒层除尘器的结构示意图，过滤时含尘气体进入下部预分离器（旋风筒），粗粉尘被分离下来进入灰斗。然后，气体经中心管进入过滤室，自上而下通过颗粒滤料层，粉尘便被阻留在硅石颗粒表面或颗粒层空隙中，气体通过净化室和切换阀从出口排出。随着床层内粉尘的沉积，阻力加大，过滤速度下降，达到一定程度时，需及时进行清灰。此时，控制机构操纵换向阀，关闭净气排气口，同时打开反吹风入口，反吹气流按相反方向进入颗粒床层，使颗粒层处于流化态。与此同时，梳耙旋转搅动颗粒层，使凝聚沉积在颗粒上的粉尘松动、脱落，并随反吹气流沿着过滤时相反的路线，经芯管进入旋风筒内。此时由于流速的突然降低及气流急剧转变，粉尘块在惯性力和重力的作用下，掉入灰斗。含少量粉尘的反吹气流，经含尘烟气进口，汇入含尘烟气总管。进入并联的其他筒体内进一步净化。

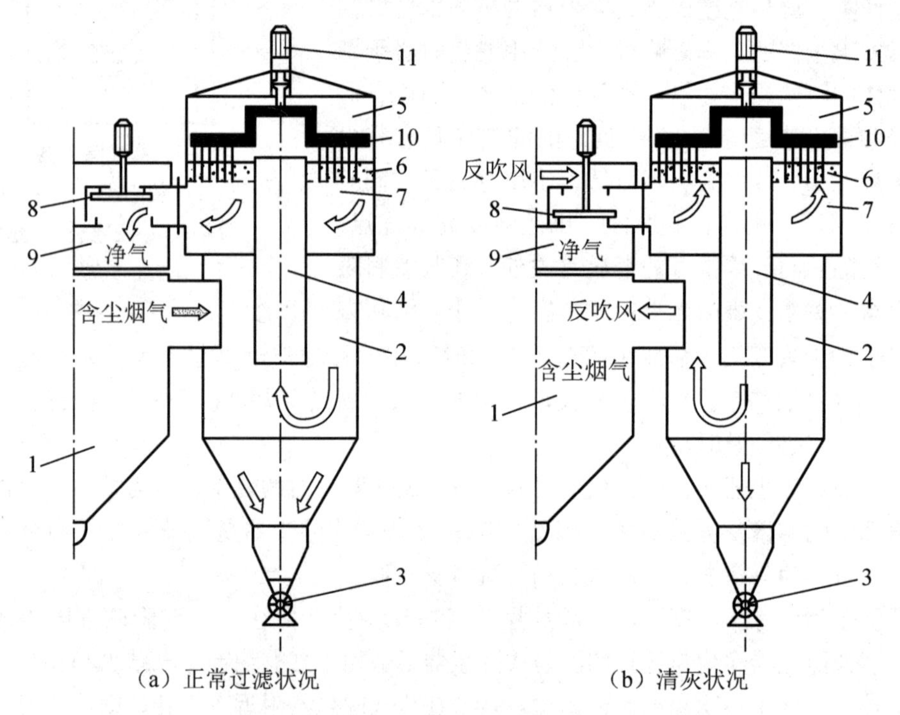

图 7-6　单层梳耙式反吹清灰颗粒层除尘器

1—含尘烟气总管；2—旋风筒；3—卸灰阀；4—中心管；5—净化室；6—颗粒滤料床；7—干净气体室；8—换向阀；9—净气排口管；10—梳耙；11—驱动电机

② 移动床颗粒层除尘器。根据气流方向与颗粒滤料移动的方向，一般可将移动床颗粒层除尘器分为平行流式和交叉流式。图 7-7 为移动床颗粒层除尘器结构示意图。

除尘器工作时，含尘气流从输入管路进入具有大蜗壳的旋风体上体内，在旋转离心力作用下，粗大的尘粒被分离出来落入集灰斗；而其余的微细粉尘随内旋气流切向进入颗粒滤床（即由内滤网 6、外滤网 5、颗粒滤料 4 所构成的过滤床层），借其综合的筛滤效应进

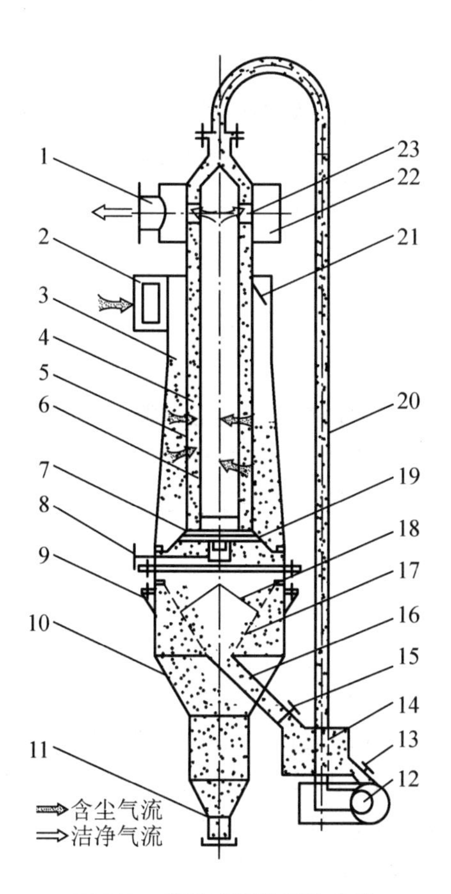

图 7-7　移动床颗粒层除尘器

1—洁净气流出口管；2—含尘气流进口管；3—旋风体上体；4—颗粒滤料；
5—颗粒床外滤网筒；6—颗粒床内滤网筒；7—调控阀固定盘；8—调控阀操纵机构；
9—旋风体下体；10—集灰斗；11—集灰斗出口管；12—滤料输送装置；13—贮料箱出口阀；
14—储料箱；15—溜道管出口阀；16—溜道口管；17—锥形筛；18—反射导流屏；
19—调控阀活动盘；20—滤料输送管道；21—气流导向板；22—出风道；23—出风连通道

一步得到净化。净化后的洁净气流沿颗粒床的内滤网筒旋转上升，最后经过出气管道 22、23 和 1，再经风机排入大气。

被污染了的颗粒滤料，经过床下部的调控阀门 7 与 19，按设定的移动速度缓慢落入滤料清灰装置 17 与 18，除去收集到的微细粉尘。微细粉尘穿过倒锥形清灰筛 17 落入集灰斗，而被清筛过的洁净滤料沿锥筛孔及其相衔接的溜道流进储料箱 14，最后通过气力输送装置或小型斗式提升机将其再度灌装到颗粒床内，继续循环使用。

(2) 颗粒滤料的选择。

对颗粒滤料的材质要求是耐磨、耐腐蚀、价廉、对高温气体还要求耐热。一般选择二氧化硅含量 99%以上的石英砂作为颗粒滤料，它具有很高的耐磨性，在 300～400°C 下可长期使用，化学稳定性好，价格也便宜。也可使用无烟煤、矿渣、焦炭、河砂、卵石、金属屑、陶粒、玻璃珠、橡胶屑、塑料粒子等。

颗粒大小、过滤速度和颗粒层厚度是影响颗粒层除尘器性能的重要因素。

实践证明，颗粒的粒径越大，床层的孔隙率也越大，粉尘对床层的穿透越强，除尘效率越低，但阻力损失也比较小；反之，颗粒的粒径越小，床层的孔隙率越小，除尘的效率就越高，阻力也随之增加。因此，在阻力损失允许的情况下，为提高除尘效率，最好选用小粒径的颗粒。床层厚度增加以及床层内粉尘层增加，除尘效率和阻力损失也会随之增加。

（3）颗粒层除尘器的特点。

颗粒层除尘器具有以下四个特点：

① 耐高温、抗磨损、耐腐蚀；

② 过滤能力不受灰尘比电阻的影响，除尘效率高；

③ 能够净化易燃易爆的含尘气体，并可同时除去 SO_2 等多种污染物；

④ 维修费用低。因此这种除尘器广泛用于高温烟气的除尘。

三、湿式除尘器

1. 湿式除尘器的分类

湿式除尘器是使含尘气体与液体（一般为水）密切接触，利用水滴和颗粒的惯性碰撞及其他作用捕集颗粒或使粒径增大的装置，又称湿式气体洗涤器。采用湿式除尘器可以有效地去除气流中直径在 0.1～20μm 的液滴或固体颗粒，同时，也能脱除部分气态污染物（气体吸收），并对高温气体起到降温作用。湿式除尘器具有结构简单、造价低、占地面积小、操作维修方便和净化效率高等优点，适用于净化非纤维性和不与水发生化学作用的各种粉尘，尤其适宜净化高温、高湿、易燃和易爆气体。但采用湿式除尘器时要特别注意设备和管道腐蚀以及污水和污泥的处理等问题。湿式除尘过程也不利于副产品的回收。如果设备安装在室外，还必须考虑设备冬季防冻问题。再则，如要使去除微细颗粒的效率也较高，则需使液相更好地分散，增大能耗。

主要湿式除尘装置的性能及操作范围如表 7-2 所示。

表 7-2 主要湿式除尘装置的性能及操作范围

洗涤器名称	气流速度/(m/s)	液气比/(L/m^3)	压力损失/Pa	分割直径/μm
喷雾塔	0.1～2	2～3	100～500	3.0
填料塔	0.5～1	2～3	1 000～2 500	1.0
旋风洗涤器	15～45	0.5～1.5	1 200～1 500	1.0
转筒洗涤器	300～750r/min	0.7～2	500～1 500	0.2
冲击式洗涤器	10～20	10～50	0～150	0.2
文丘里洗涤器	60～90	0.3～1.5	3 000～8 000	0.1

2. 主要湿式除尘装置

（1）重力喷雾洗涤器。

重力喷雾洗涤器又称喷雾塔或洗涤塔，是一种最简单的湿式除尘装置。按尘粒和水滴的流动方式，可分为逆流式、并流式和横流式。图 7-8 为逆流式喷雾塔。在逆流式喷雾塔中，含尘气体向上运动，液滴由喷嘴喷出向下运动。由于尘粒和液滴之间的惯性碰撞、拦截和凝聚等作用，使较大的尘粒被液滴捕集。若气体流速较小，夹带了尘粒的液滴因重力作用而沉降下来，与洗涤液一起从塔底排走。为保证塔内气流分布均匀，常采用孔板型气流分布板。通常在塔的顶部安装除雾器，以除去那些十分小的液滴，减少气体带水。

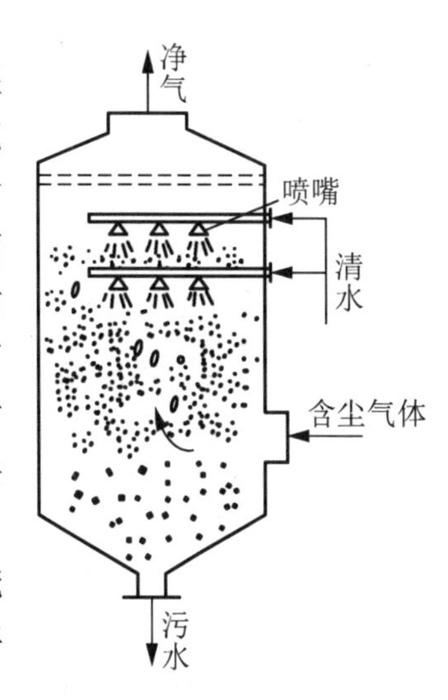

图 7-8　逆流式喷雾塔

喷雾塔结构简单、压力损失小、操作稳定，但其设备庞大、除尘效率低，耗液量及占地面积都比较大，因此，经常将其与高效洗涤器联用捕集粒径较大的颗粒。

（2）旋风洗涤器。

与干式旋风除尘器相比，旋风洗涤器由于附加了水滴的捕集作用，除尘效率明显提高。由于旋风洗涤器中带水现象比较少，因此，可以采用比喷雾塔中更细的喷雾。

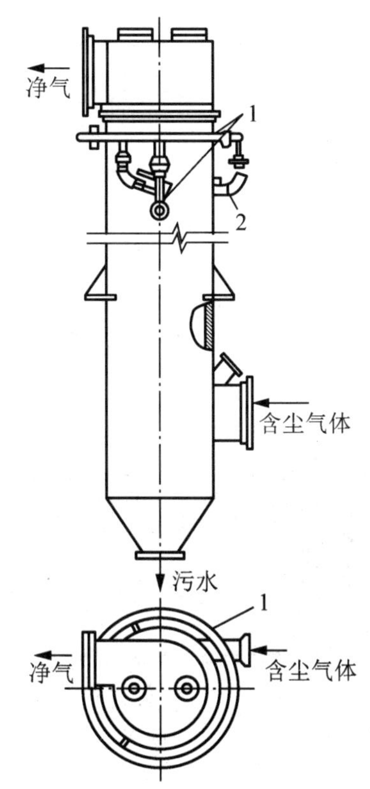

图 7-9　立式旋风水膜除尘器
1—水管；2—喷嘴

旋风洗涤器适于净化大于 5μm 的粉尘。在净化亚微米大小的粉尘时，常将其串联在文丘里洗涤器之后，作为凝聚水滴的脱水器。旋风洗涤器也用于吸收某些气态污染物。

旋风洗涤器的除尘效率一般可以达到 90%以上，压力损失为 250～1 000Pa，特别适用于气量大和含尘浓度高的烟气除尘。

旋风洗涤器主要有以下几种类型。

① 环形喷雾旋风洗涤器。在干式旋风分离器内部以环形方式安装一排喷嘴，就构成了最简单的旋风洗涤器。喷雾作用发生在外涡旋区，并捕集颗粒，载有尘粒的液滴在离心力作用下被甩向旋风洗涤器的内壁，然后沿内壁面降落到器底。在气体出口处通常需要安装除雾器。

② 旋风水膜除尘器。旋风水膜除尘器一般可分为立式旋风水膜除尘器和卧式旋风水膜除尘器两类。

立式旋风水膜除尘器是应用比较广泛的一种洗涤式除尘器，其构造如图 7-9 所示。在圆筒体上部设置切向喷嘴，水雾喷向器壁，使内壁形成一层很薄的不断向下流动的水膜。含尘气体由筒体下部切向导入，形成旋转上升的气流，气流中的尘粒在离心力作用下甩向器壁，从而被液滴和器壁的水膜所捕集，最终沿器壁流向下端集水槽，净化后的气体由顶部排出。立式旋风水膜除尘器的净化效率随气体入口速度增加和筒体直径减小而提高，但入口速度过高，压力损失也会大大增加，而且还会破坏水膜层，造成尾气带水，从而降低除尘效率。因此气体入口速度一般控制在 15～22m/s。筒体高度对净化效率影响也比较大，对于小于 2μm 的细粉尘影响更为显著。

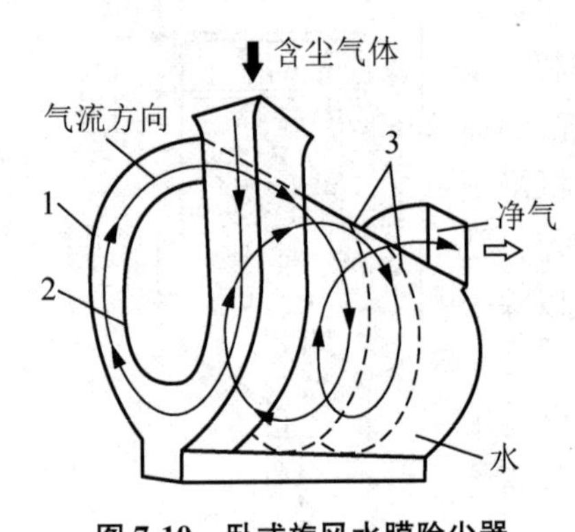

图 7-10　卧式旋风水膜除尘器

1—外筒；2—内筒；3—螺旋导流片

立式旋风水膜除尘器不但净化效率比干式旋风除尘器高得多，而且对器壁磨损也较轻，效率一般在 90%～95%，气流压力损失为 500～750Pa。

卧式旋风水膜除尘器又称旋筒式水膜除尘器，其构造如图 7-10 所示，含尘气体沿切线方向进入除尘器，气体在内外筒形成的螺旋通道内做旋转运动，在离心力的作用下粉尘被甩向筒壁。当气流以高速冲击到水箱内的水面上时，一方面尘粒因惯性作用落于水中，另一方面气流冲击水面激起的水滴与尘粒碰撞，也会将一部分尘粒捕获。由于这种卧式旋风水膜除尘器综合了旋风、冲击水浴和水膜三种除尘形式，因而其除尘效率一般为 90%以上，最高可达 98%。

影响卧式旋风水膜除尘器效率的主要因素是气速和集水槽的水位。在处理风量一定的情况下，若水位过高，螺旋形通道的断面积减小，气流通道的流速增加，使气流冲击水面过分激烈，造成设备阻力增加；反之，若水位过低，通道断面积增大，气体流速降低会使水膜形成不完全或者根本不能形成，使除尘效率下降。试验表明，槽内水位至内筒底之间距离以 100～150mm 为宜，相应螺旋形通道内的断面平均风速范围应为 11～17m/s。

为了防止或减少卧式旋风水膜除尘器排出气体带水，通常将除尘器后部做成气水分离室，并增设除雾装置。

卧式旋风水膜除尘器的阻力损失大约为 800～1 000Pa，平均耗水 0.05～0.15L/m³。由于它具有结构简单、压力损失小、除尘效率高、负荷适应性强、运行维护费用低等优点，因此应用十分广泛。

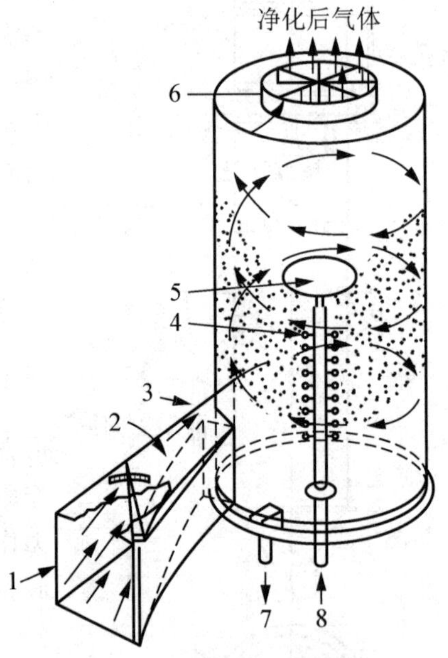

图 7-11　中心喷雾旋风洗涤器

1—污染气体进口；2—调节板；3—切向气体入口；4—喷雾多孔；5—挡木；6—直翼扇；7—出水口；8—进水口

③ 中心喷雾旋风洗涤器。中心喷雾旋风洗涤器是在一个中空圆筒下部的中心轴线上设一根喷雾多孔管，为防止液滴夹带，在多孔管上端安装一个圆形挡水盘，如图 7-11 所示。含尘气流由除尘器下部进气口以切线方向进入除尘器，尘粒在离心力的作用下被甩向器壁。

水由喷雾多孔管喷出后形成水雾，利用水滴与尘粒的碰撞作用和器壁水膜对尘粒的黏附作用而除去尘粒。

中心喷雾旋风洗涤器结构简单、造价低、操作运行稳定可靠。这种洗涤器的入口风速通常在15m/s以上，洗涤器断面风速一般为1.2～24m/s，压力损失为500～2 000Pa，耗水量为0.4～1.3L/m^3，对粒径在5μm以下粉尘的净化率可达95%～98%。这种洗涤器也适于吸收锅炉烟气中的SO_2，当用弱碱溶液作洗涤液时，吸收率在94%以上。

(3) 文丘里洗涤器。

文丘里洗涤器是一种高效湿式洗涤器，常用在高温烟气降温和除尘上，由引水装置（喷雾器）、文氏管本体及脱水器三部分组成，如图7-12所示。文氏管本体由渐缩管、喉管和渐扩管组成。含尘气流由进气管进入渐缩管后，流速逐渐增大，气流的压力逐渐转变为动能；进入喉管时，流速达到最大值，静压下降到最低值；以后在渐扩管中则进行着相反的过程，流速渐小，压力回升。除尘过程如下：水通过喉管周边均匀分布的若干小孔进入，然后被高速的含尘气流撞击成雾状液滴，气体中尘粒与液滴凝聚成较大颗粒，并随气流进入旋风分离器中与气体分离。因此，可将文丘里洗涤器的除尘过程分为雾化、凝聚和分离除尘（脱水或除雾）三个阶段。

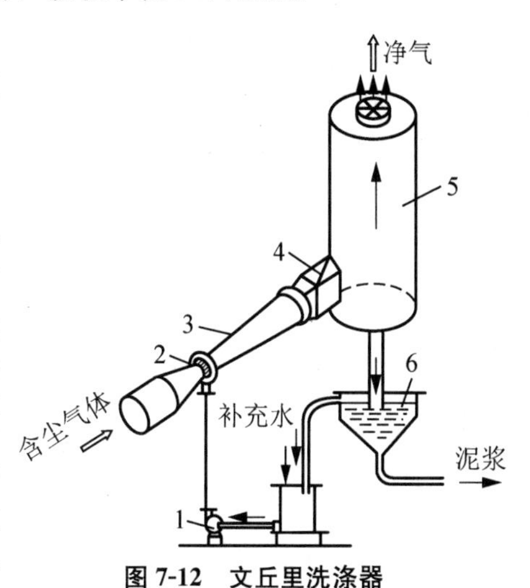

图7-12　文丘里洗涤器

1—循环泵；2—喷水；3—文氏管；4—挡板；5—脱水器；6—沉淀池

文丘里洗涤器是一种高效除尘器，对1μm的微细粉尘，除尘效率也能够达到97%。它结构简单、体积小、除尘效率高、布置灵活、投资费用低，可处理高温烟气。其最大缺点是压力损失大。

四、电除尘器

电除尘器是利用高压电场使尘粒荷电，然后在电场力（主要是静电力）的作用下使粉尘从气体中分离出来并沉积在电极上的除尘装置。

1. 电除尘器的工作原理

电除尘过程首先需要产生大量的供粒子荷电的气体离子。现今的所有工业电除尘器中，都是采用电晕放电的方法实现的。

电除尘器的基本原理主要包括电晕放电、粉尘荷电、粉尘沉积和清灰四个基本过程。图7-13为电除尘器的除尘过程示意图。

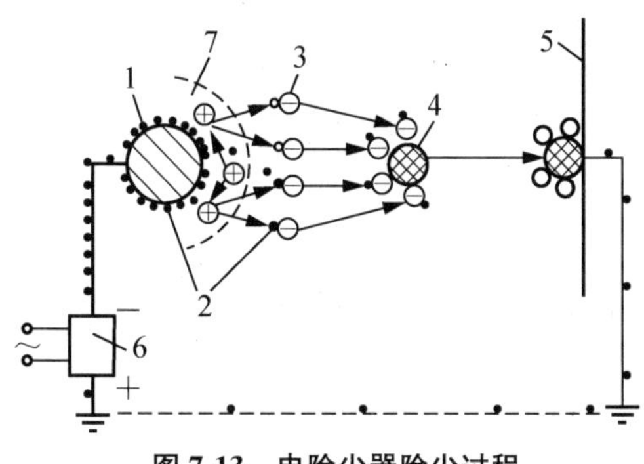

图7-13　电除尘器除尘过程

1—电晕极；2—电子；3—离子；4—粒子；5—集尘极；6—供电装置；7—电晕区

（1）电晕放电。

电除尘器内设置高压电场，电极间的空气离子在电场的作用下向电极移动而形成电流。开始时，空气中的自由离子少，电流较小。当电压升高到一定数值后，电晕极附近离子获得较高的能量和速度，它们撞击空气中性分子时，中性分子会电离成正、负离子，从而发生空气电离。空气电离后，由于连锁反应，在极间运动的离子数大大增加，表现为极间电流（电晕电流）急剧增大。当电晕极周围的空气全部电离后，形成了电晕区，此时在电晕极周围可以看见一圈蓝色的光环，这个光环称为电晕放电。电晕极上加的是负电压，则产生负电晕；电晕极上加的是正电压，则产生正电晕。

在达到起始电晕电压的基础上，如果进一步升高电压，电晕电流会急剧增加，电晕放电更加激烈。当电压升至某一值时，电场击穿，发生火花放电，电路短路，电除尘器停止工作。在相同的情况下，由于负电晕起晕电压低，电晕电流大，击穿电压高，所以电除尘器均采用稳定性强的负电晕极。而用于空气调节的小型电除尘器大多采用正电晕极。

（2）粉尘荷电。

在放电电极附近的电晕区内，正离子立即被电晕极表面吸引而失去电荷；自由电子和负离子则因受电场力的驱使和扩散作用，向集尘电极移动，于是在两极之间的绝大部分空间内部都存在着自由电子和负离子，含尘气流通过这部分空间时，粉尘与自由电子、负离子碰撞而结合在一起，实现粉尘荷电。

（3）粉尘沉积。

电晕范围一般局限于电晕区。电晕区以外的空间称为电晕外区。电晕区内的空气电离之后，正离子很快向负极（电晕极）移动，只有负离子才会进入电晕外区，向阳极（集尘极）移动。含尘气流通过电除尘器时，由于电晕区的范围很小，只有少量的尘粒在电晕区通过，获得正电荷，沉积在电晕极上。大多数尘粒在电晕外区通过，获得负电荷，在电场力的驱动下向集尘极运动，最后沉积在集尘极上。

（4）清灰。

当集尘极表面上粉尘集到一定厚度时，为保证除尘效率，防止粉尘重新进入气流，需要定期进行清灰。电晕极上也会附有少量粉尘，它会影响电晕电流的大小和均匀性，隔一段时间也要清灰。

2. 电除尘器的结构

电除尘器的类型多种多样，但不论哪种类型的电除尘器都包括以下几个主要部分：电晕电极、集尘极、两极的清灰装置、气流均匀分布装置。除此之外，还有壳体、保温箱、供电装置及输灰装置等。

（1）电晕电极。

电晕电极的形状有很多，目前常用的有直径 3mm 左右的圆形线、星形线、锯齿线和芒刺线等，其形状如图 7-14 所示。

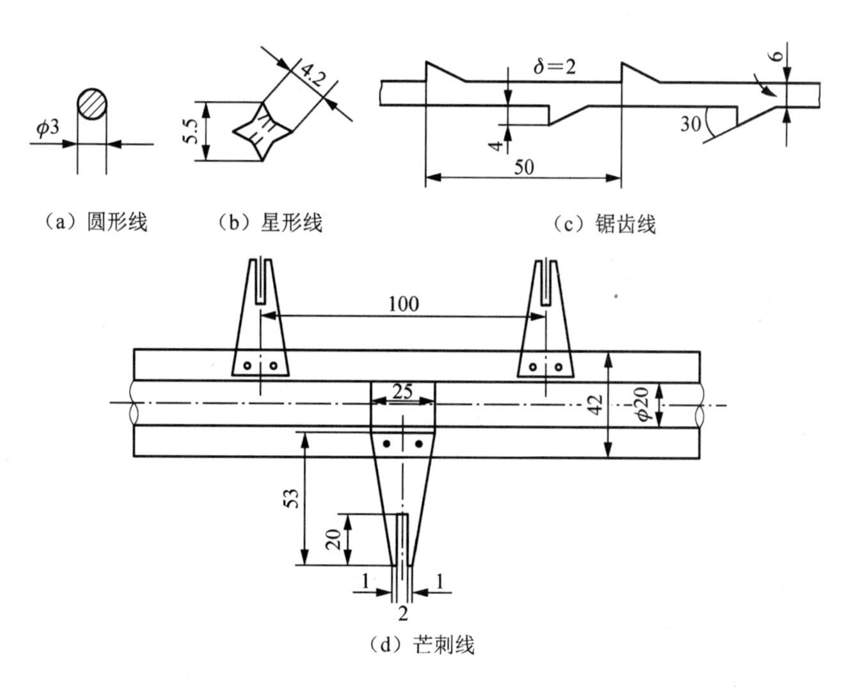

（a）圆形线　（b）星形线　（c）锯齿线

（d）芒刺线

图 7-14　常用电晕极形状

（2）集尘板。

小型管式电除尘器的集尘极为直径约 15cm、长约 3m 的管，大型的可加大到直径 40cm、长 6m。每个除尘器所含集尘管数目少则几个，多则可达 100 个以上。

板式电除尘器的集尘板垂直安装，电晕极置于相邻的两板之间。集尘极一般长 10～20m、高 10～15m，板间距 0.2～0.4m，处理气量 1 000m^3/s 以上。效率高达 99.5%的大型电除尘器含有上百对极板。

集尘极结构类型很多，常用的几种类型如图 7-15 所示。集尘极板的两侧通常设有沟槽或挡板，既能加强板的刚性，又能防止气流直接冲刷板的表面，从而减少二次扬尘。

集尘极和电晕线的制作和安装质量对电除尘器的性能影响较大。在安装之前，极板、极线必须调直，安装时要严格控制极距，安装偏差要控制在±5%以内。如果个别区域极距偏小，会首先发生击穿现象。

（3）电极清灰装置。

粉尘沉积在电晕极上会影响电晕电流的大小和均匀性。保持电晕极表面清洁最一般方法是对电极采取连续振打清灰方式，使电晕极上沉积的粉尘很快被振打干净。常用的电晕极振打方式有提升脱钩振打或挠臂锤振打等。

电磁振打器一般垂直安装在除尘器顶部，通过连接棒平行地振打几块板。挠臂锤型振打装置由传动轴、承打铁砧和振打杆等组成。随着轴的转动，锤头打到一定位置，然后靠自重落下打在铁砧上，振打力通过振打杆传到极板各点，如图 7-16 所示。

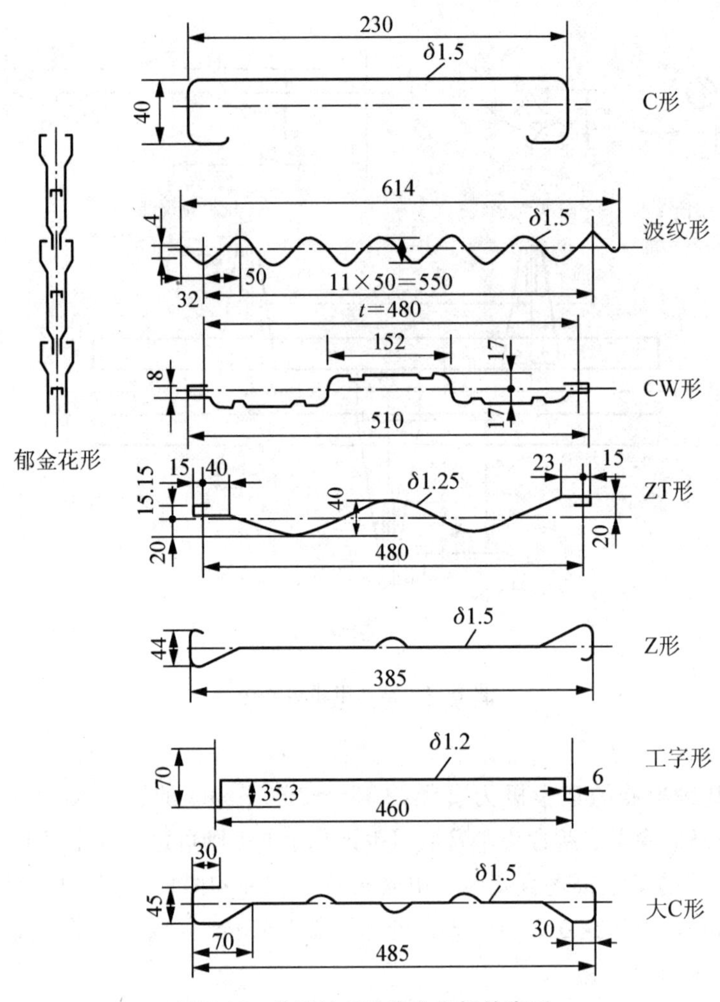

图 7-15　常用的几种集尘极板的类型

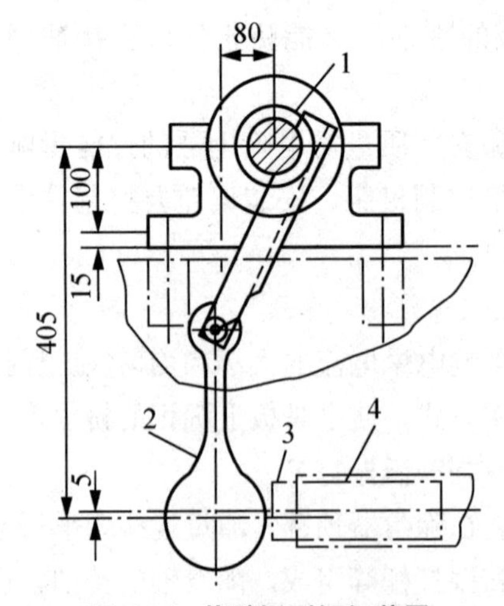

图 7-16　挠臂锤型振打装置

1—传动轴；2—锤头；3—承打铁砧；4—集尘极振打杆

3. 电除尘器的优缺点

电除尘器是一种高效除尘器，与其他类型除尘器相比，其主要优点是：

① 除尘性能好（可捕集微细粉尘及雾状液滴）；

② 除尘效率高（除尘效率最高可达 99.99%，且能分离粒径为 1μm 左右的细粒子）；

③ 处理气体量大（单台设备每小时可处理 $10^5 \sim 10^6 m^3$ 的烟气）；

④ 适用范围广（可以用于高温、高压的场合，能连续运行，并可完全实现自动化）；

⑤ 能耗低（压力损失一般为 200～500Pa），运行费用少。电除尘器可以实现微机控制，远距离操作。

电除尘器的主要缺点是：

① 设备耗钢多，造价高。据估算，平均每平方米收尘面积所用钢材大约为 3.5～4t；

② 除尘效率受粉尘物理性质的影响很大，不适宜直接净化高浓度含尘气体；

③ 对制造、安装和运行管理要求比较严格；

④ 占地面积较大。

相关知识拓展

除尘装置的性能确定

评价除尘装置性能的指标，包括技术指标和经济指标两方面。技术指标主要有气体处理量、除尘效率和压力损失等。经济指标主要包括设备费、运行费、占地面积、使用寿命等。此外，还应考虑装置的安装、操作、检修的难易等因素。其中，除尘效率是除尘装置的重要技术指标。

1. 总除尘效率

总除尘效率是指在同一时间内被除尘装置捕集的粉尘质量占进入除尘装置的粉尘质量的百分数，常用 η 表示。

若进口的气体流量为 Q_1（m^3/s），粉尘流入量为 G_1（g/s），气体含尘浓度 c_1（g/m^3）；出口气体流量为 Q_2（m^3/s），粉尘流出量为 G_2（g/s），气体含尘浓度 c_2（g/m^3），除尘装置捕集的粉尘为 G_3（g/s）。根据除尘效率的定义，除尘效率可用下式表示：

$$\eta=\frac{G_3}{G_1}\times100\%=\frac{G_1-G_2}{G_1}\times100\%=\left(1-\frac{G_2}{G_1}\right)\times100\%$$

由于 $G_1=Q_1c_1$，$G_2=Q_2c_2$，因此

$$\eta=\left(1-\frac{Q_2c_2}{Q_1c_1}\right)\times100\% \tag{7-1}$$

2. 分级除尘效率

除尘装置的总除尘效率与粉尘粒径有很大关系。为了准确地评价除尘装置的除尘效果，说明除尘效率与粉尘粒径分布的关系，提出了分级除尘效率的概念。分级除尘效率是指除尘装置对某一粒径或一定范围内的粒径粉尘的除尘效率，简称分级效率。分级效率可

用质量分级效率 η_i 或浓度分级效率 η_{d_i} 表示。

质量分级效率 η_i 可用下式计算：

$$\eta_i=\frac{G_3 \cdot g_{3d_i}}{G_1 \cdot g_{1d_i}}\times 100\% \tag{7-2}$$

式中 G_1、G_3 分别为除尘装置进口和被除尘装置捕集的粉尘量，单位为 g/s；g_{1d_i}、g_{3d_i} 分别为除尘装置进口和被除尘装置捕集的粉尘中，粒径范围为 d_i 的粉尘质量分数，用百分数表示；η_i 为质量法表示的分级效率。

浓度分级效率 η_{d_i} 可用下式计算：

$$\eta_{d_i}=\frac{Q_1 g_{1d_i} c_1 - Q_2 g_{2d_i} c_2}{Q_1 g_{1d_i} c_1}\times 100\% \tag{7-3}$$

式中 Q_1、Q_2 分别为除尘装置进口和出口的气体流量，单位为 m^3/s；g_{1d_i}，g_{2d_i} 分别为除尘装置进口和出口粉尘中粒径范围为 d_i 的粉尘质量分数，用百分数表示；c_1、c_2 分别为除尘装置进口和出口的气体含尘浓度，单位为 g/m^3；

如已知某一除尘装置进口含尘气体中粉尘的粒径分布 g_{d_i} 及其分级效率 η_{d_i}，则除尘装置的总效率为：

$$\eta=\sum_{i=1}^{n}\eta_{d_i} g_{d_i} \tag{7-4}$$

式中 η_{d_i} 为粒径或粒径范围为 d_i 粉尘的分级效率；g_{d_i} 为除尘装置进口粉尘中，粒径或粒径范围为 d_i 的粉尘的质量分数，用百分数表示。

当入口气体含尘浓度很高，或者要求出口气体含尘浓度较低时，用一种除尘装置往往不能满足除尘效率的要求。此时，可将两种或多种不同类型的除尘装置串联起来使用，形成两级或多级除尘系统。

设第一级和第二级除尘装置的除尘效率分别为 η_1 和 η_2，则两级除尘系统的总效率为：

$$\eta=\eta_1+(1-\eta_1)\eta_2=1-(1-\eta_1)(1-\eta_2) \tag{7-5}$$

同理，n 级除尘装置串联使用时，其总除尘效率为：

$$\eta=1-(1-\eta_1)(1-\eta_2)\cdots(1-\eta_n) \tag{7-6}$$

学生课外任务 2

作　业：

1. 简述各类除尘器的除尘机理。
2. 试比较各类除尘器的特点和使用范围。

项目任务：

根据老师给定的模拟案例和数据，完成一项关于除尘器选型方案设计的任务。

任务三　气态污染物的治理技术

知识目标： 理解吸收法、吸附法、催化法、燃烧法、冷凝法治理化工废气的原理，掌握吸收法、吸附法、催化法、燃烧法、冷凝法治理化工废气的典型工艺和主要设备。

能力目标： 根据吸收法、吸附法、催化法、燃烧法、冷凝法的特点和适用范围，培养对化工废气治理方法选择和应用的能力。

态度目标： 树立化工环保的意识，培养团队合作精神。

一、吸收法

吸收法是利用气体混合物中不同组分在吸收剂中的溶解度不同，或与吸收剂发生选择性化学反应，将有害组分从气流中分离的过程。

吸收法治理气态污染物按反应类型可分为物理吸收法和化学吸收法。例如用水吸收醇类和酮类物质、用洗油吸收烃类蒸气，都是物理吸收法。化学吸收法常用在处理化工废气中，例如用碱液吸收烟气中的 SO_2，用水吸收 NO_x 等。

吸收法治理化工废气一般采用逆流操作，被吸收的气体由下向上流动，吸收剂由上而下流动，在气、液逆流接触中完成传质过程，去除污染物。

吸收法具有设备简单、捕集效率高、应用范围广、一次性投资低等特点，已被广泛用于有害气体的治理，例如含 SO_2、H_2S、HF 和 NO_x 等污染物的废气，均可用吸收法净化。但吸收法只是将气体中的有害物质转移到了液相中，因此必须对吸收液进行处理，否则容易引起二次污染。此外，低温操作下吸收效果好，在处理高温烟气时，必须对排气进行降温处理，可以采取直接冷却、间接冷却、预置洗涤器等降温手段。

1. 吸收工艺

吸收法净化气态污染物的工艺配置应考虑以下问题。

（1）废气除尘。

若废气中含烟尘，吸收前应除去烟尘。可使用干式电除尘器、布袋除尘器、湿式除尘器，其中湿式除尘器效果更好，能同时起到冷却和除尘作用。

（2）高温废气的预冷却。

当废气温度较高时，不宜直接吸收，需要对废气降温，通过降温还可提高吸收效率。废气冷却可通过设置间接冷却器冷却、直接增湿冷却、用预洗涤塔除尘增湿降温等方法。高温废气冷却到 333K 左右适宜。

（3）设备、管道结垢和堵塞的解决。

吸收净化过程产生一些固体物质，易导致设备、管道结垢和堵塞。可以通过以下方法予以解决。首先在工艺操作上，严格控制水分蒸发量，控制溶液 pH，严格控制进入吸收系统的粉尘量等；其次在设备选择上，选择不易结垢和堵塞的吸收器，减少吸收器内部构件，增加其内部的光滑度；最后在操作上，提高流体的流动性和冲击性。

（4）吸收操作。

吸收操作是提高吸收效果的关键。操作中气液接触方式有顺流、逆流和错流三种，一般采用逆流操作。在操作方式上可选择一次吸收和循环吸收。一个吸收塔内可选择分为一段吸收和多段吸收。多个吸收塔，可选择并联吸收和串联吸收等。

（5）除雾。

在吸收操作中，处理后烟气经过除雾器（折流式、旋风、丝网和电）之后再排放，可以减少吸收器内易生成的“水雾”“酸雾”或“碱雾”，减少对设备、管道造成腐蚀，减少结垢的产生。

（6）气体再加热。

高温烟气净化后，温度下降很多，直接排入大气，在一定的气象条件下，将出现“白烟”现象，且如果烟气温度低，热力抬升作用减少、扩散能力降低，容易造成局部污染。净化后的烟气可与一部分未净化高温烟气混合，或设置尾部燃烧炉，在炉内燃烧天然气或重油，产生高温燃烧气，再与净化气混合后排放。

（7）吸收液的后处理。

液体吸收气态污染物会产生富液，如富液被直接排放，一方面会造成资源浪费，另一方面还可能造成二次污染。所以必须对吸收液进行妥善处理，回收有用物质，减少污水的排放。

2. 吸收设备

吸收的主要设备包括：筛板塔、喷淋塔、填料塔、湍球塔、文丘里吸收器。最常用的是填料塔，其次是筛板塔。文丘里吸收器则是近代使用较多的高效率吸收设备之一。

（1）填料塔。

填料塔的典型结构如图 7-17 所示。塔内装有支撑板，板上堆放填料层，喷淋的液体通过安装在填料上部的分布器洒向填料。在吸收塔内，气体和液体经常逆流接触，即吸收剂自塔顶向下喷淋，气体从塔底被送入，沿填料间空隙上升，填料的润湿表面作为气液接触的传质表面。常用的填料塔填料种类有拉西环、鲍尔环、鞍形和波纹填料等。

为保证填料塔运行稳定，一般要求液体喷淋密度在 $10m^3/(m^2 \cdot h)$以上，并力求喷淋均匀。填料塔的空塔气速一般为 0.3～1.5m/s，压降通常为 0.15～0.60kPa/m，液气比为 0.5～2.0kg/m^3。

填料塔具有结构简单、便于制造、气液接触良好、压降较小等优点。缺点是当烟气中含有悬浮颗粒时，填料容易堵塞，清理检修时填料损耗大。

（2）筛板塔。

筛板塔的结构如图 7-18 所示。在截面为圆形的塔内，沿塔高装有多层筛板。筛板上开有 2～15mm 的小孔，开孔率一般为 6%～25%。操作时，气体从下而上经筛孔进入筛板上的液层，塔板上的液层厚度为 30mm 左右，气液在筛板上交错流动，通过气体的鼓泡进行吸收。气液可以进行逐级的多次接触。

操作时一般控制气体通过筛板塔的空塔速度为 1.0～2.5m/s，气体穿过筛孔的气速约为 4.5～12.8m/s，每块板的压降为 0.8～2.0kPa。

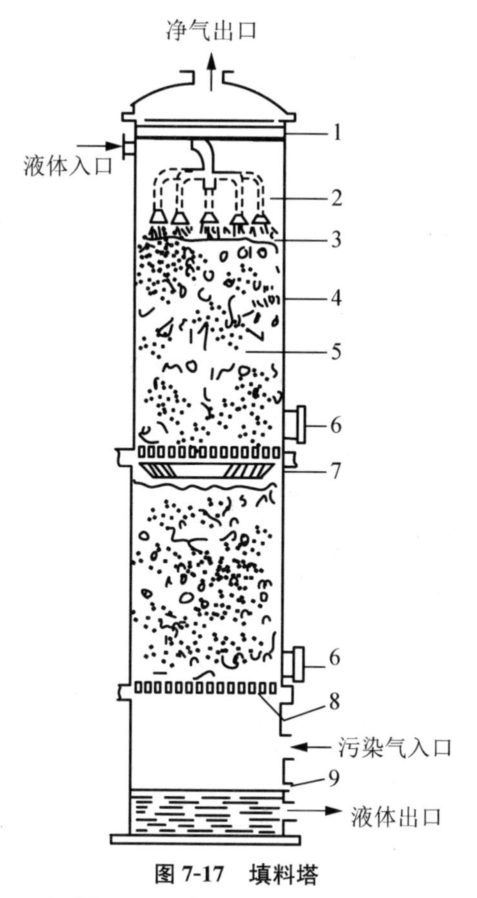

图 7-17　填料塔

1—除雾器；2—液体分布器；3—填料限制器；
4—外壳；5—乱堆；6—卸填料孔；
7—液体再分布器；8—填料支承板；9—溢流口

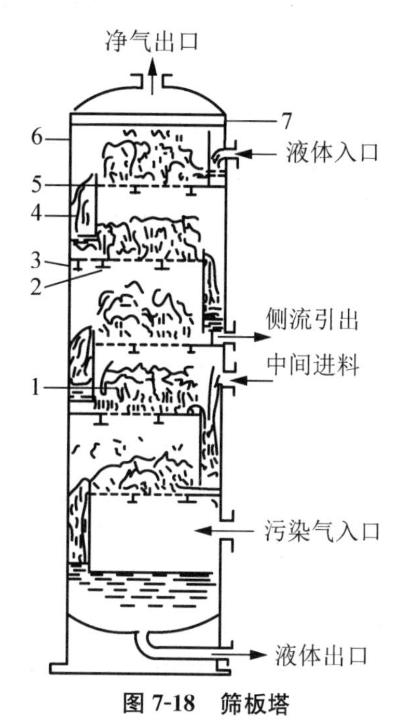

图 7-18　筛板塔

1—泡沫；2—塔板加强肋；3—塔板支撑环；
4—降液管；5—塔板；6—外壳；7—除雾器

3. 吸收设备的选择原则

吸收设备的选择要把握以下原则：

（1）若气液反应速度非常快，可以优先选用喷淋塔、填料塔等；

（2）反应极快、热效应大时，也可以考虑采用筛板吸收塔；

（3）如果反应物浓度高，可选用文丘里或喷雾塔洗涤器；

（4）当气液传质速度慢时，需要提供大量的液体，可采用鼓泡塔；

（5）在吸收过程产生固体时，宜选用内部构件少、阻力小、压降小的设备，例如泼水轮吸收室等；

（6）在达到吸收要求的前提下，尽可能选用结构简单、造价低廉、容易操作的设备。在常见的吸收设备中，结构的复杂程度为：喷淋吸收塔＜填料塔＜板式。

4. 吸收剂的选择

（1）吸收剂的选择原则。

① 吸收剂应对混合气体中被吸收组分具有良好的选择性和较大的吸收能力；

② 吸收剂的蒸气压要低，以减少吸收剂损失，避免吸收液成分进入气相，造成新的污染；此外，吸收剂还应具备沸点高、熔点低、黏度低、不易起泡等特性；

③ 化学性能稳定，腐蚀性小、无毒性、难燃烧；

④ 价廉易得；

⑤ 易于解吸再生或综合利用。

任何一种吸收剂很难同时满足以上要求，实际上可根据具体情况，权衡各方面因素而定。

（2）吸收剂的选择。

① 对于物理吸收，要求溶解度大，可以按照相似相溶规律选择吸收剂，即从与吸收质结构相近物质中筛选吸收剂；

② 对于化学吸收过程，可以选择容易与被吸收气体发生反应的物质作吸收剂；

③ 对于酸性气体，例如 CO_2、NO_2、HF 等，可以优先选用碱或碱性盐溶液吸收；

④ 水是一种常用的吸收剂，是许多吸收过程的首选对象。

用水做吸收剂，主要是利用物质在水中溶解度较大的特性，一般在加压和低温下吸收，在降压和升温下解吸。用水作吸收剂的优点是价廉易得，吸收流程、设备和操作都比较简单；缺点是设备庞大、净化效率低、动力消耗大。

⑤ 碱金属钠、钾、铵或碱土金属钙、镁等的溶液是另一类常用吸收剂。由于这一类吸收剂能与被吸收的气态污染物例如 SO_2、HCl、HF、NO_2 等，之间发生化学反应，因而使吸收能力大大增加。

⑥ 吸收碱性气体常用各种酸进行吸收。

化学吸收的流程较长、设备较多、操作较复杂，吸收剂价格较贵且再生困难，能耗和化学品消耗大。因而在选择吸收剂时，要权衡多方面的因素来确定。

5. 典型治理技术——SO_2 废气吸收治理技术

（1）亚硫酸钾（钠）吸收法（WL 法）。

以亚硫酸钾（K_2SO_3）或亚硫酸钠（Na_2SO_3）为吸收剂，SO_2 的脱除率达 90%以上。吸收母液经冷却、结晶、分离出 $KHSO_3$（$NaHSO_3$），再用蒸汽将其加热分解生成 K_2SO_3（Na_2SO_3）和 SO_2。K_2SO_3（Na_2SO_3）可以循环使用，SO_2 回收去制硫酸。工艺流程如图 7-19 所示。反应过程为：

$$K_2SO_3 + SO_2 + H_2O \longrightarrow 2KHSO_3 \text{（吸收过程产物）}$$

$$\text{或} \quad Na_2SO_3 + SO_2 + H_2O \longrightarrow 2NaHSO_3 \text{（吸收过程产物）}$$

亚硫酸钾（钠）吸收法的主要优点有：吸收液可循环使用，吸收剂损失少；吸收液对 SO_2 的吸收能力高，液体循环量少，泵的容量少；副产品 SO_2 的纯度高；操作负荷范围大，可以连续运转；基建投资和操作费用较低，可实现自动化操作。

亚硫酸钾（钠）吸收法的主要缺点有：必须将吸收液中可能含有的 K_2SO_4（Na_2SO_4）去除掉，否则会影响吸收速率；另外，吸收过程中会有结晶析出而造成设备堵塞。

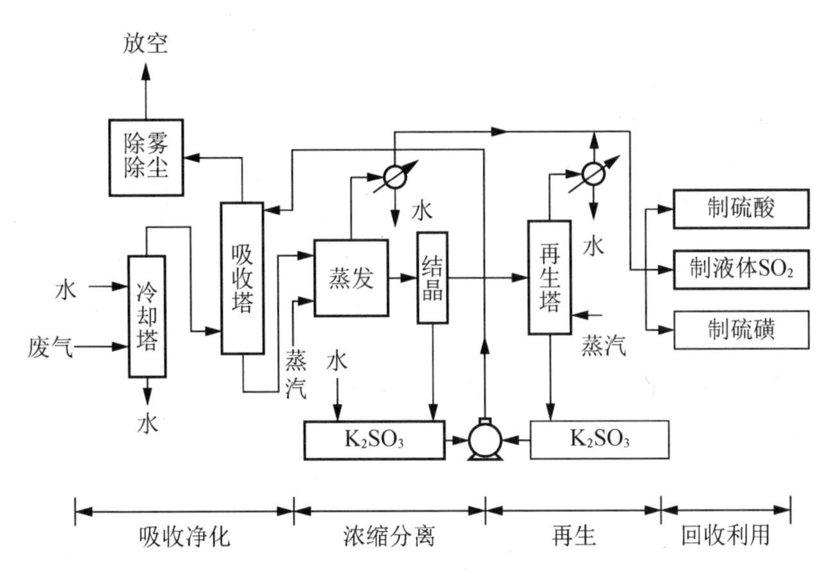

图 7-19　亚硫酸钾吸收法工艺流程

（2）双碱法。

双碱法又称钠碱法，也是为了克服石灰/石灰石法容易结垢的弱点和提高 SO_2 的去除率而发展起来的一种脱硫方法。它采用钠化合物（NaOH、Na_2CO_3 或 Na_2SO_3）和石灰或石灰石来处理烟道气。首先使用钠化合物溶液吸收 SO_2；吸收了 SO_2 的溶液与石灰或石灰石进行反应，生成亚硫酸钙或硫酸钙沉淀；再生后的氢氧化钠溶液返回洗涤器或吸收塔重新使用。工艺流程如图 7-20 所示。此法的特点是，洗涤器或吸收塔内是钠化合物作吸收剂形成溶于水的溶液。

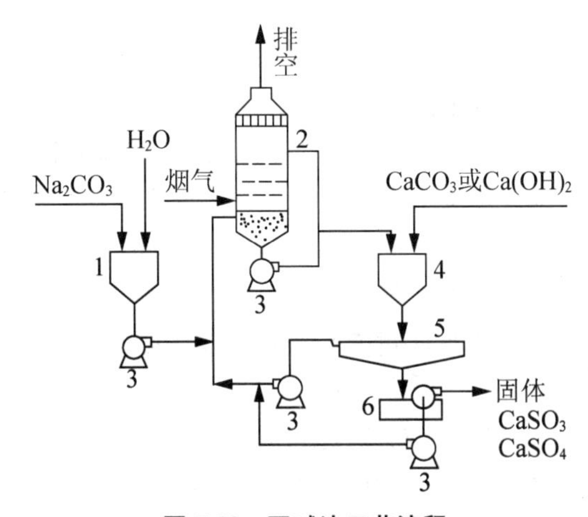

图 7-20　双碱法工艺流程

1—配碱槽；2—洗涤器；3—液泵；4—再生槽；5—增稠器；6—过滤器

含 SO_2 的烟道气进入洗涤器后发生的反应为：

$$Na_2SO_3 + SO_2 + H_2O \longrightarrow 2NaHSO_3$$

洗涤液内含有再生返回的氢氧化钠，及补充的碳酸钠发生吸收反应生成亚硫酸钠，

$$2NaOH+SO_2 \longrightarrow Na_2SO_3$$

$$Na_2CO_3+SO_2 \longrightarrow Na_2SO_3+CO_2\uparrow$$

由于烟气中含有氧气，因此会与洗涤液中一部分 Na_2SO_3 发生反应，生成 Na_2SO_4，

$$2Na_2SO_3+O_2 \longrightarrow 2Na_2SO_4$$

离开洗涤器或吸收塔的溶液在一个开口的容器中进行沉淀和再生，若用石灰浆料再生其反应为：

$$2NaHSO_3+Ca(OH)_2 \longrightarrow Na_2SO_3+CaSO_3\cdot\frac{1}{2}H_2O\downarrow+\frac{3}{2}H_2O$$

$$Na_2SO_3+Ca(OH)_2+\frac{1}{2}H_2O \longrightarrow 2NaOH+CaSO_3\cdot\frac{1}{2}H_2O\downarrow$$

若用石灰石再生，其反应为：

$$2NaHSO_3+CaCO_3 \longrightarrow Na_2SO_3+CaSO_3\cdot\frac{1}{2}H_2O\downarrow+CO_2\uparrow+\frac{1}{2}H_2O$$

此法的缺点是吸收过程中生成的硫酸钠不易除去，为了除去它，可依照下面的反应来完成：

$$Na_2SO_4+Ca(OH)_2+2H_2O \rightleftharpoons 2NaOH+CaSO_4\cdot 2H_2O$$

要保证反应向正方向进行，需保持系统中 OH^- 浓度在 0.14mol/L，同时 SO_4^{2-} 浓度要保持在足够高的水平。也可以向系统中加入硫酸使硫酸钠转变为石膏，其反应为：

$$Na_2SO_4+CaSO_3\cdot\frac{1}{2}H_2O+H_2SO_4+H_2O \longrightarrow 2CaSO_4\cdot 2H_2O+2NaHSO_4$$

因为加入硫酸后，系统的 pH 值下降，使亚硫酸钙转化为亚硫酸氢钙而溶解于溶液中，溶液中 Ca^{2+} 浓度超过石膏的溶解度，从而使石膏沉淀出来。对抛弃法而言，向系统中加入硫酸产生石膏是不经济的。

（3）氨法。

湿式氨法脱硫工艺是采用一定浓度的氨水作吸收剂，最终的脱硫副产物是可做农用肥的硫酸铵，脱硫率在 90%～99%。但相对于低廉的石灰石等吸收剂，氨的价格要高得多，高运行成本及复杂的工艺流程影响了氨法脱硫工艺的推广应用，但在氨有稳定来源、副产品有市场的某些地区，氨法仍具有一定的吸引力。氨法烟气脱硫主要包括 SO_2 吸收和吸收后溶液的处理两大部分。工艺流程见图 7-21。

氨溶液吸收 SO_2 时，其化学反应迅速，质量传递主要受气相阻力控制。吸收塔内发生的主要反应为：

$$2NH_3+SO_2+H_2O \longrightarrow (NH_4)_2SO_3$$

$$(NH_4)_2SO_3+SO_2+H_2O \longrightarrow 2NH_4HSO_3$$

$(NH_4)_2SO_3$ 对 SO_2 有很强的吸收能力，它是氨法中的主要吸收剂。随着 SO_2 的吸收，NH_4HSO_3 的比例增大，吸收能力降低，这时需要补充氨水将 NH_4HSO_3 转化为 $(NH_4)_2SO_3$。含 NH_4HSO_3 量高的溶液，可以从吸收系统中引出，以各种方法再生得到 SO_2 或其他产品。

由于尾气中含有 O_2 和 CO_2，在吸收过程中还会发生下列副反应：

$$2(NH_4)_2SO_3+O_2 \longrightarrow 2(NH_4)_2SO_4$$

$$2NH_4HSO_3+O_2 \longrightarrow 2NH_4HSO_4$$

$$2NH_3+H_2O+CO_2 \longrightarrow (NH_4)_2CO_3$$

用氨吸收 SO_2 与其他碱类的不同之处在于，阳离子和阴离子都是挥发性的，因此设计洗涤吸收器时必须考虑两者的回收。

以氨作为 SO_2 吸收剂的大量研究与各种再生方法的研究密切相关。目前研究较多的再生方法有热解法、氧化法和酸化法。

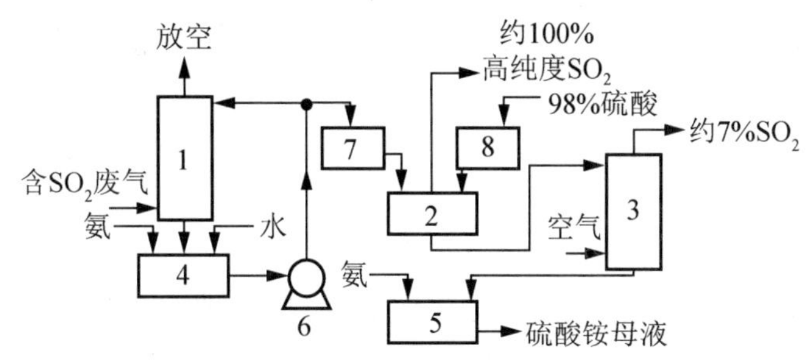

图 7-21　氨法工艺流程

1—吸收塔；2—混合器；3—分解塔；4—循环槽；
5—中和器；6—泵；7—母液；8—硫酸

① 热解法是利用蒸气间接将吸收液加热使 SO_2 放出，该方法的副产品是硫酸铵。一般认为热解法处理硫酸厂尾气更为有效。由于用来解吸的蒸气消耗相当高，化学再生法更为经济。化学再生法主要指氧化法和酸化法。

② 氧化法是为了避免热解法存在的问题而提出来的，即有目的地将所有亚硫酸盐和亚硫酸氢盐氧化为硫酸盐，以硫酸铵为最终产物。

③ 酸化法是基于亚硫酸是一种弱酸而发展出来的。任何强酸加到洗涤器排出液中均可捕获氨，并从亚硫酸盐和亚硫酸氢盐中释出二氧化硫。酸化法可得到两种产品：用放出的 SO_2 制成硫酸或单质硫和所加酸的铵盐。硫酸、硝酸和磷酸都可用来再生洗涤液。

若向引出的吸收液中加入氢氧化钙或碳酸钙浆液，使亚硫酸铵、硫酸铵分解，将产生的氨气返回吸收工序，而含有 $CaSO_3$ 的溶液经过氧化，便得到副产品石膏。主要反应式如下：

$$(NH_4)_2SO_3+Ca(OH)_2 \longrightarrow CaSO_3+2NH_3+2H_2O$$

$$NH_4HSO_3+Ca(OH)_2 \longrightarrow CaSO_3+NH_3+2H_2O$$

$$(NH_4)_2SO_4+Ca(OH)_2 \longrightarrow CaSO_4+2NH_3+2H_2O$$

$$2CaSO_3+O_2+4H_2O \longrightarrow 2CaSO_4+4H_2O$$

二、吸附法

目前常用的吸附净化化工废气的设备有三种：固定床吸附器、移动床吸附器和流化床吸附器。

1. 固定床吸附器

固定床吸附器是把吸附剂固定在一个床层上，床层厚度 0.5～2m，被净化气体通过床层时被吸附。固定床吸附器按气流运动方式分为立式和卧式两种，如图 7-22、图 7-23 所示，立式气流上下运动，卧式气流水平运动。

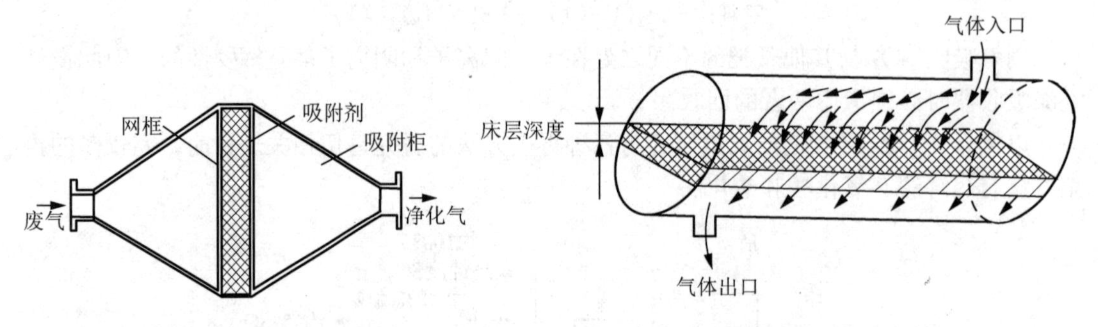

图 7-22　立式固定床吸附器

图 7-23　卧式固定床吸附器

2. 移动床吸附器

移动床吸附器由吸附剂冷却器、吸附剂加料装置、吸附剂卸料装置、吸附剂分配装置和脱附器组成。

移动床吸附器工作时吸附剂从设备顶部进入冷却器，降温后由分配板进入吸附段，借助重力作用不断下降，与从下部引入的气体接触，完成逆流接触吸附，净化后的气体从顶部排出。当吸附剂下降到气提段时，由底部引入的脱附气与其接触，将脱附的气体置换出来，最后进入脱附器对吸附剂进行再生，如图 7-24 所示。

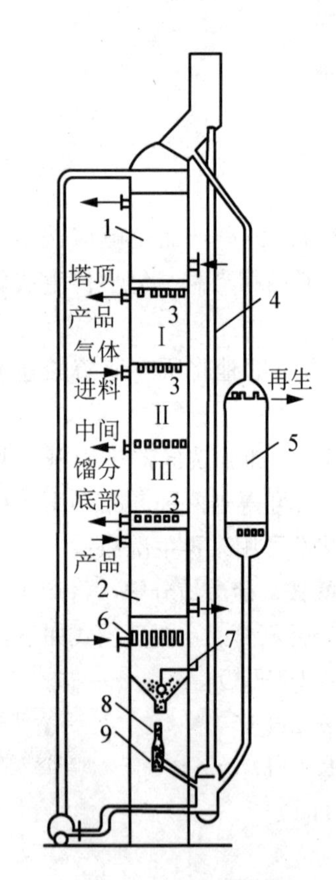

图 7-24　移动床吸附器

1—冷却器；2—吸附器；3—分配板；4—提升管；5—再生器；6—吸附剂控制机械；7—料面控制器；8—封闭装置；9—出料阀门

3. 流化床吸附器

流化床吸附器是由带有溢流装置的多层吸附器和移动式脱附器组成。废气从吸附器的下部引入，气体通过筛板向上移动，将吸附剂吹起，在吸附段完成吸附操作，吸附后的气体进入扩大段，降低气流速度，减少吸附剂的携带。完成吸附从底部另一侧排出的吸附剂直接用蒸气进行脱附和干燥，然后从顶部送回吸附段继续使用，如图 7-25 所示。

吸附净化法的净化效率高，特别是对低浓度气体仍具有很强的净化能力。吸附法常常应用于排放标准要求严格或有害物浓度低，用其他方法达不到净化要求的气体净化。但是，由于吸附剂需要重复再生利用，以及吸附剂的容量有限，使得吸附方法的应用受到一定的限制，如对高浓度废气的净化，一般不宜采用该法，否则需要对吸附剂频繁进行再生，既影响吸附剂的使用寿命，同时会增加操作费用及操作上的繁杂程序。

吸附装置可分为2～3个吸附室，由微电脑控制，自动切换，交替进行吸附解吸（干燥）等工艺过程。放空的废气经过减压过滤后进入吸附器进行吸附。吸附一定数量废气的吸附剂，用水蒸气进行解吸，如吸附处理的是有机物，其解吸出的有机物和水蒸气一起进入冷凝器中，经冷凝的有机物和水进入分层槽，经重力分层，上层的有机物自动溢流至储槽进行回收，下层的冷凝水排入废水处理系统，对溶于水的有机物则需进一步分馏而回收。

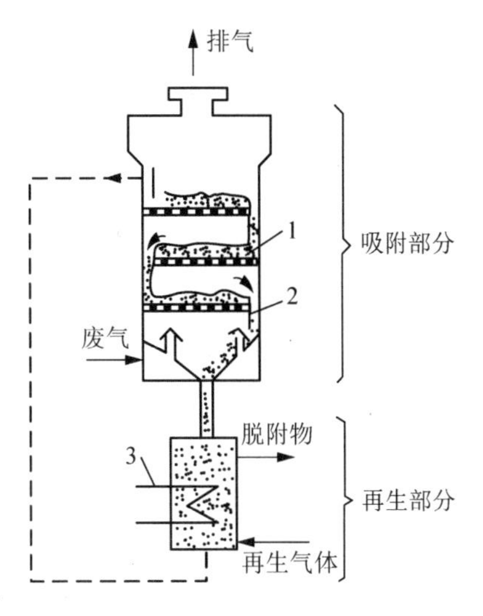

图7-25　流化床吸附器

1—塔板；2—溢流堰；3—加热器

4. 吸附剂

吸附法按常用的吸附剂可分为分子筛吸附法、活性炭吸附法、硅胶吸附法及泥煤吸附法等。分子筛吸附法主要可用来处理 NO_x、H_2S、CO、CS_2、NH_3、C_nH_m、HF、SO_2 等废气；活性炭吸附法主要可用来处理汽油、醛类、酚类、烯烃、氨胺类化合物、碱雾、酸性气体、氯、甲醛、H_2S、HF、SO_2 等废气；硅胶吸附法主要可用来处理 NO_x、C_2H_2、SO_2 等废气；泥煤吸附法主要可用来处理恶臭物质、NH_3、SO_2 等废气。

在化工废气处理中最常用的吸附剂是活性炭。活性炭纤维吸附容量大，耐热、耐酸、碱，它对微生物、细菌也有优良的吸附能力。

三、催化法

1. 催化剂

在化工废气处理中，常用的催化剂一般为金属盐类或金属，例如钒、铂、铅、镉、氧化铜、氧化锰等物质。催化剂载在具有巨大表面积的惰性载体上，典型的载体为氧化铝、铁矾土、石棉、陶土、活性炭和金属丝等。

2. 气态污染物的催化净化工艺

（1）废气预处理。

废气预处理时，应除去废气中的固体颗粒或液滴，以免固体颗粒或液滴覆盖催化剂活性中心而使催化剂活性降低；此外还应除去微量致毒物。

（2）废气预热。

废气温度预热要达到催化剂活性温度范围内，催化反应才能达到合适速度。例如利用催化还原法除 NO_x 时，预热温度应达到200～220℃。

（3）催化反应。

温度是关键参数，控制最佳温度能使催化剂在最少用量下，达到满意的催化效果。

（4）废热和副产品的回收利用。

副产品的回收利用体现了治理方法的经济效益和治理方法有无二次污染。废热常可用于废气的预热。

3. 催化流程和设备

催化净化有害气体采用的反应器有固定床反应器和流化床反应器两种，主要采用固定床反应器。

固定床反应器的优点在于：①反应速度快；②催化剂用量少；③速度、温度便于控制；④催化剂不易碰撞磨损，使用寿命长。缺点是传热性能差，反应中的热量不易导出。

按照反应器的结构，固定床反应器分为管式和径向两种；按照反应器的温度条件，分为等温式、绝热式和非绝热式三种，绝热反应器又分为一段式和多段式。

一段式绝热反应器如图 7-26 所示。被净化气体从上部引入，经过分布器均匀分布于催化剂床层，反应后的气体经下部出气口引出。

多段式绝热反应器是将多个单层绝热床层串联起来，反应的热量由两个相邻床层中间导入或导出，使反应在合适的温度下进行，提高催化效果。图 7-27 为两段式绝热反应器。

管式固定床反应器属于非绝热式反应器，其结构如图 7-28 所示，分为多管式和列管式。

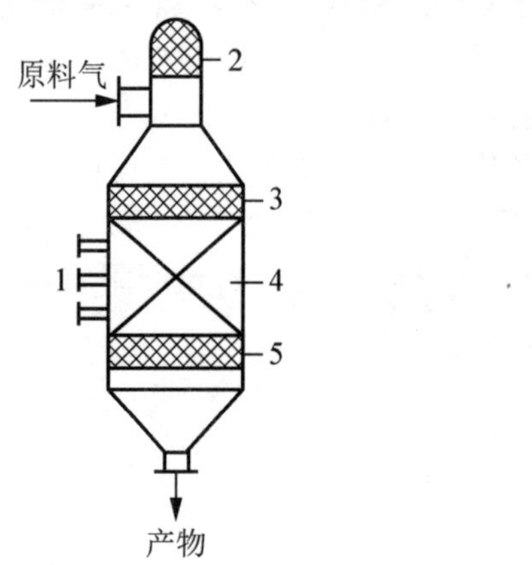

图 7-26　一段式绝热反应器

1—测温口；2—矿渣棉；3—瓷环；4—催化剂

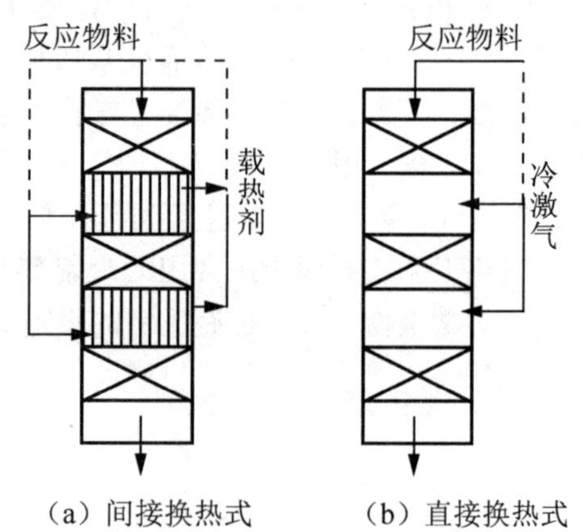

图 7-27　两段式绝热反应器

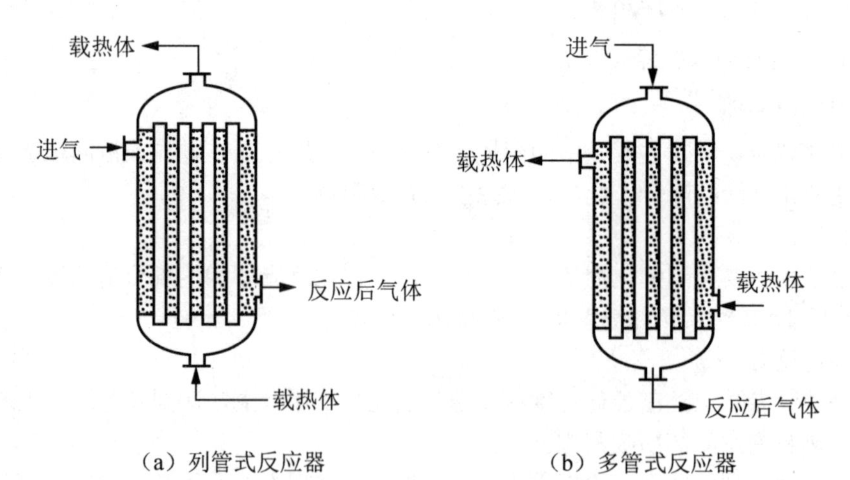

图 7-28　管式固定床反应器

在列管式反应器中［如图 7-28(a)所示］，催化剂在管间放置，热载体或冷却剂由管内通过。在多管式反应器中［如图 7-28(b)所示］，催化剂填充在管内，载热体或冷却剂在管外流动。

与多管式反应器比较，列管式反应器催化剂的装载量大，反应面积大，传热性能好，但催化剂的装填不太方便，当催化剂不易失效时，可以优先采用。

四、燃烧法

化工废气的燃烧处理可分为直接燃烧、热力燃烧、催化燃烧等三种方法。

1. 直接燃烧

直接燃烧就是将废气中的可燃有害组分当作燃料直接烧掉，此法只适用于净化含可燃性组分浓度较高或有害组分燃烧时热值较高的废气。例如利用直接燃烧法来处理高浓度的 H_2S、HCN、CO、有机蒸气废气等。

直接燃烧法可在一般的炉窑中直接燃烧并回收热能，也可进行“火炬”燃烧。“火炬”燃烧就是将废气通入烟筒，在烟筒末端进行燃烧的方法，图 7-29 为典型的火炬燃烧器。“火炬”燃烧常用于石油及石化工业。

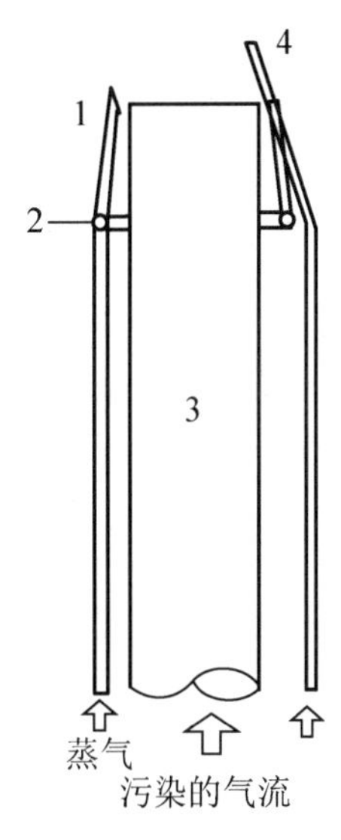

图 7-29 火炬燃烧器

1—蒸气喷嘴；2—蒸气分布环；3—燃烧器；4—小火

“火炬”燃烧中，应保证燃烧彻底，产生的二次污染较少。燃烧彻底的条件为，气流混合良好，且废气污染物中氢碳比应大于 0.3。在操作中应注意观察火焰的状态而判断操作的有效性。若火焰为蓝色（蓝色的火焰以蔚蓝色的天空为衬托显示不出色彩），说明操作良好；若为黄橙色的火焰，并拖着一条黑烟尾巴，说明操作不良。在操作中，若在烟囱顶部喷入蒸气，有助于消除不完全反应。

“火炬”燃烧具有安全、简单、成本低等优点，但燃烧产生的热能不能回收。

2. 热力燃烧

化工废气中的可燃成分如浓度较低，不能用明火点燃，需预热到 600℃以上，才可进行燃烧反应。

热力燃烧是指利用辅助燃料燃烧放出的热量将混合气体加热到要求的温度，使可燃的有害物质进行高温分解变为无害物质。其过程分三步：①燃烧辅助燃料提供预热能量；②高温燃气与废气混合以达到反应温度；③废气在反应温度下充分燃烧。

影响热力燃烧的条件包括：燃烧反应温度和停留在高温燃气与废气燃烧炉中的停留时间。例如对大部分 CH，燃烧温度在 700～800℃，停留时间控制在 0.1～0.3s。

热力燃烧是在燃烧炉中进行的，热力燃烧的燃烧炉按结构可分为配焰燃烧炉、离焰燃烧炉两种。

配焰燃烧炉如图 7-30 所示，在炉中辅助燃料在配焰燃烧器中形成许多小火焰，废气分别围绕小火焰进入燃烧室，废气与火焰充分接触，并能够迅速均匀混合，燃烧完全。

离焰燃烧炉如图 7-31 所示，在炉中辅助燃料先燃烧后混合废气，火焰较大较长，易于控制，结构简单，但气体混合较慢。

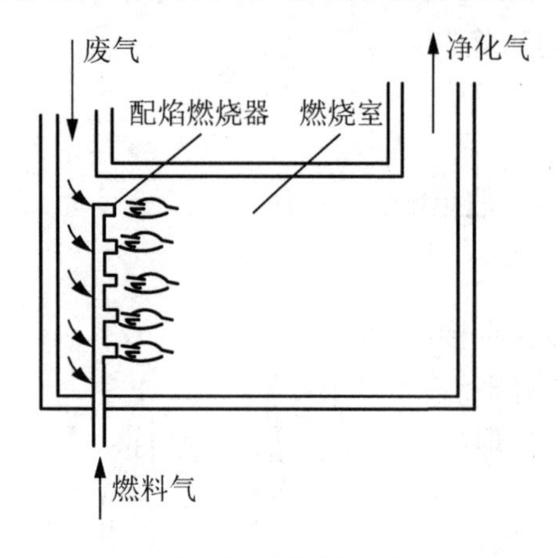

图 7-30 配焰燃烧炉

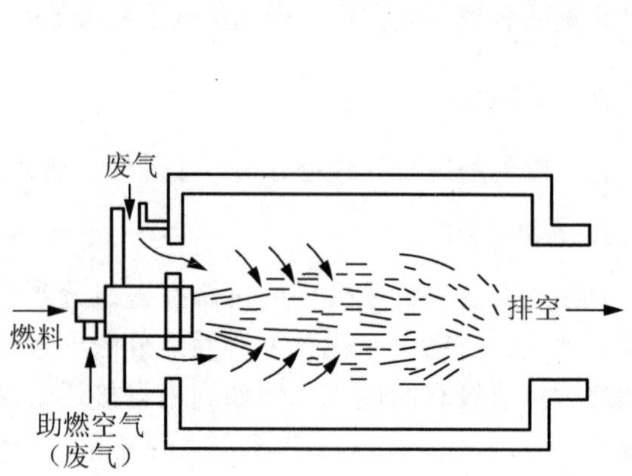

图 7-31 离焰燃烧炉

热力燃烧可除去有机物及超微细颗粒物，具有结构简单、占用空间小、维修费用低等优点。但是热力燃烧的操作费用高，有回火及火灾的可能性。

3．催化燃烧

催化燃烧是在催化剂的存在下，废气中可燃组分预热至 200～400℃便能进行燃烧。这种方法能节约燃料的预热，提高反应速度，减少反应器的容积，提高一种或几种反应物的相对转化率。

催化燃烧催化剂多用 Pt、Pd 等，Pt、Pd 具有活性强、寿命长的特点，但其价格昂贵。

常用催化燃烧器有卧式催化燃烧器和立式催化燃烧器两种，如图 7-32 和图 7-33 所示。

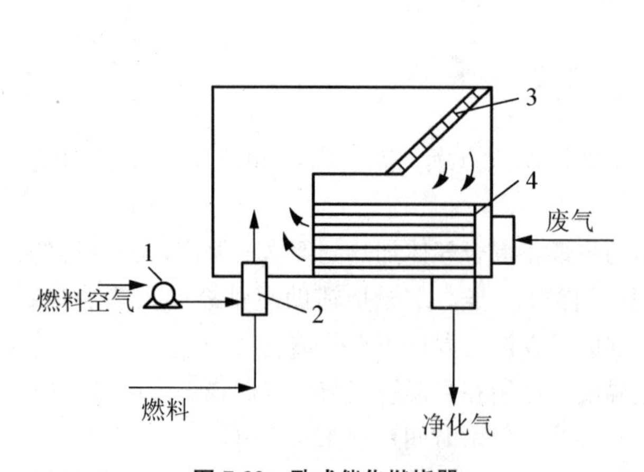

图 7-32 卧式催化燃烧器

1—鼓风机；2—预热燃烧器；3—催化床层；4—换热器

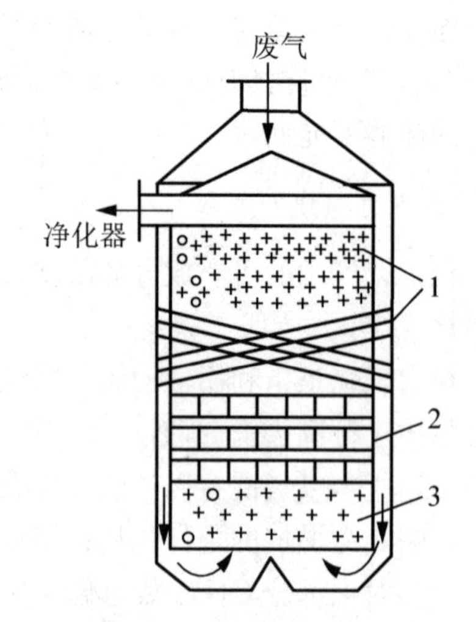

图 7-33 立式催化燃烧器

1—预热器；2—催化剂（燃烧室）；3—电热起动器

催化燃烧具有操作温度较低、燃料耗量低、保温要求不严格、能减少回火和火灾危险以及催化作用提高了反应速度、减少反应器容积、提高转化率等优点。但催化燃烧只适用污染物浓度较低的废气，基本建设投资较高，大颗粒物及液滴应预先除去，不能用于使催化剂中毒的气体。

五、冷凝法

冷凝器的类型有多种，包括表面冷凝器、接触（套管式）冷凝器等。

1. 表面冷凝器

表面冷凝器使用一间壁，将冷却介质与废气隔开，通过间壁传热将废气中的热量转移出来，使废气冷却。列管式冷凝器、喷洒式蛇管冷凝器等均属此类设备。使用此类设备可以回收被冷凝组分，但冷却效率较差。

2. 接触冷凝器

接触冷凝器是将冷却介质（通常采用冷水）与废气直接接触进行换热的设备。使用这类设备冷却效果较好，但冷凝物质不易回收。在有机废气治理时往往只作为预处理设施。喷淋塔、填料塔、板式塔、喷射塔等属此类设备。

由于冷凝法净化对废气的净化程度受冷凝温度的限制，要求净化程度高或处理低浓度废气时，需要将废气冷却到很低的温度，经济上不合算，因此，在大多数情况下，不单独使用冷凝法治理有机废气，而是作为其他处理方法的预处理工序。但冷凝法净化所需设备和操作条件比较简单，回收物质纯度高。

六、化工废气治理技术的选择

气态污染物的净化有多种方法，选择时也必须从技术、经济及排放标准三个方面考虑。应该从废气特性（流量、温度、湿度等）、污染物种类和浓度等方面选择合理的方法。

（1）废气流量。

废气流量很大时，通常采用吸收法处理（例如化工厂烟气脱硫），有时采用催化法（例如化工厂烟气脱硝），由于吸附、燃烧、冷凝等方法适宜的操作气速通常不大，不适宜处理流量过大的废气。

（2）污染物浓度。

无机污染物浓度较高不易冷凝或不能燃烧时，一般应采用吸收法处理，且优先采用化学吸收；对易冷凝或可燃烧的高浓度有机废气，应先冷凝回收大部分有机物后，再作热力或催化燃烧处理，并回收热量。对浓度较低组分单一的有机废气，可采用吸附-回收法处理，对组分复杂的低浓度有机废气（特别是恶臭废气）宜采用吸附浓缩催化燃烧法处理。

（3）温度、湿度。

温度过高的废气，可优先考虑催化、燃烧（对可燃物）等能充分利用废气热能的方法。对不能进行催化、燃烧处理的高温、高湿废气，宜采用吸收法净化，并根据需要，作降温预处理。

气态污染物的净化装置一般需要根据污染源条件和确定的净化方法进行计算和设计，设计中必须考虑设备结构、防腐，阻力或能耗、操作稳定性和操作费用等因素。

化工废气治理技术的选择可参见表 7-3 。

表 7-3　化工废气治理技术的选择

污染物种类	治理方法	方法要点
含碳氢化合物废气及恶臭	燃烧法	在废气中有机物浓度高时，将其作为燃料在燃烧炉中直接烧掉，而在有机物浓度达不到燃烧条件时，将其在高温下进行氧化分解，燃烧温度 600～1 100℃，适于中、高浓度的废气净化
	催化燃烧法	在催化氧化剂作用下，将碳氢化合物氧化为 CO_2 和 H_2O，燃烧温度范围 200～240℃，适用于连续排气的各种浓度废气的净化
	吸附法	用适当的吸附剂（主要是活性炭）对废气中的 HCl 组分进行吸附，吸附剂经再生后可重复使用，净化效率高，适用于低浓度废气的净化
	吸收法	用适当液体吸收剂洗涤废气净化有害组分，吸收剂可用柴油、柴油-水混合物及水基吸收剂，对废气浓度限制小，适用于含有颗粒物（例如漆粒）废气净化
	冷凝法	采用低温或高压，使废气中有 HCl 组分冷却至露点以下液化回收。可回收有机物，只适用于高浓度废气净化或作为多级净化中的初级处理；冷凝法不适用于治理恶臭
含 H_2S 废气	克劳斯法（干式氧化法）	使用铝矾土为催化剂，燃烧炉温度在 600℃，转化炉温度控制在 400℃，并控制 H_2S 和 SO_2 气体摩尔比为 2∶1，可回收硫，净化效率在 97%，适用于处理含 H_2S 浓度较高的气体
	活性炭法	用活性炭作吸附剂，吸附 H_2S，然后通 O_2 将 H_2S 转化为 S，再用 15%硫化铵水溶液洗去硫黄，使用活性炭再生，效率可达 98%，适用于天然气和其他不含焦油的 H_2S 废气
	氧化铁法	用 $Fe(OH)_3$ 作脱硫剂并充以木屑和 CaO，可回收硫，净化效率可达 99%，主要处理焦炉煤气等，脱硫剂需要定期更换或再生，但再生使用不够经济
	氧化锌法	以 ZnO 为脱硫剂，净化温度 350～400℃，效率高可达 99%，适用于处理 H_2S 浓度较低的气体
	溶剂法	使用适当溶剂采用化学结合或物理溶解方式吸收 H_2S，然后使用升温或降压的方法使 H_2S 解析，常用溶剂有一乙醇胺、二乙醇胺、环丁砜、低温甲醇等

续表

污染物种类	治理方法	方法要点
	中和法	用碱性吸收液与酸性 H_2S 中和，中和液经加热、减压，使 H_2S 脱吸吸收液主要用碳酸钠、氨水等，操作简单，但效率较低
	氧化法	用碱性吸收液吸收 H_2S 生成氢硫化物，在催化剂作用下进一步氧化为硫黄，常用吸收剂为碳酸钠、氨水等，常用催化剂为铁氰化物、氧化铁等
含氟废气	湿法	使用 H_2O 或 NaOH 溶液作为吸收剂，其中碱溶液吸收效果更好，可副产冰晶石等；若不回收利用，吸收液需用石灰石/石灰进行中和、沉淀、澄清后才可排放，净化率可达 90%；应注意设备的腐蚀和堵塞问题
	干法	可用氟化钠、石灰石或 Al_2O_3 作为吸收剂，在电解铝等行业中最常用的吸附剂 Al_2O_3，吸附了 HF 的 Al_2O_3 可作为电解铝的生产原料，净化率 99%，无二次污染，可用输送床流程，也可用沸腾床流程
含汞（Hg）废气	吸附法	用充氯活性炭或软锰矿作为吸附剂，效率为 99%
	吸收法	吸收剂可用高锰酸钾、次氯酸钠、热硫酸等，它们均为氧化剂，可将 Hg 氧化为 HgO 或 $HgSO_4$，并可通过电解等方法回收汞
	气相反应法	用某种气体与含汞废气发生反应，常用的为碘升华法，将结晶碘加热使其升华形成碘蒸气与汞反应，特别是对弥散在室内的汞蒸气具有良好去除作用
含铅（Pb）废气	吸收法	含铅废气多为含有细小铅粒的气溶胶，由于它们可溶于硝酸、醋酸及碱液中，故常用 0.025%～0.3%稀醋酸或 1%的 NaOH 溶液作吸收剂，净化效率较高，但设备需耐腐蚀，有二次污染
	掩盖法	为防止铅在二次熔化中向空气散发铅蒸发物，可采用物理隔挡方法，即在熔融铅表面撒上一层覆盖粉，常用物有碳酸钙粉、氯盐、石墨粉等，以石墨粉效果最好
含 Cl_2 废气	中和法	使用氢氧化钠、石灰乳、氨水等碱性物质吸收，其中以氢氧化钠应用较多，反应快、效果好；但吸收液不能回收利用
	氧化还原法	以氯化亚铁溶液作吸收剂，反应生成物为三氯化铁，可用于污水净化；反应较慢，效率较低
含 HCl 废气	冷凝法	在石墨冷凝器中，以冷水或深井水为冷却介质，将废气温度降至露点以下，将 HCl 和废气中的水冷凝下来，适于处理高浓度 HCl 废气
	水吸收法	HCl 易溶于水，可用水吸收废气中的 HCl，副产物为盐酸

相关知识拓展

气态污染物的治理原理

1. 吸收原理

（1）物理吸收原理。

亨利定律描述气液相间的相平衡关系：当总压不高（<0.5Mpa），稀溶液中溶质的溶解度与气相中溶质的平衡分压成正比，即

$$c=H\cdot p^*$$

H 为亨利常数。

物理吸收过程是气液两相间的传质过程，可以用双膜理论来描述（如图 7-34 所示）：

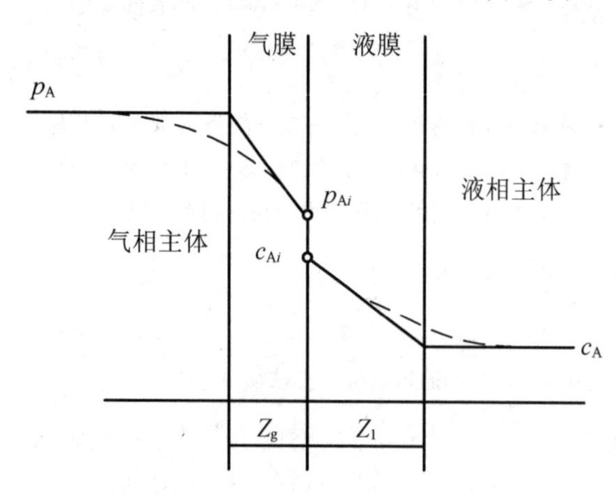

图 7-34　双膜理论示意图

① 气液两相间有个相界面，界面两侧各有一个稳定的滞流膜层，称气膜和液膜；

② 气液膜层将各相主体流与相界面隔开。

气相主体流中的吸收质先以湍流扩散到气膜表面，然后再以分子扩散流通过气膜到相界面，继而进入液膜，吸收质仍以分子扩散方式通过液膜再进入液相主体流中。吸收质量传递的同时，相反的质量传递也存在，达到动平衡状态为止。

根据双膜理论，提高吸收速率可以通过提高气相主体和界面处的分压差、浓度差或膜层的传质系数等来实现。

（2）化学吸收原理。

① 气相中可溶性组分向两相界面传递，与物理吸收相同。

② 气相中可溶性组分穿过界面溶于液相。

③ 气相中可溶性组分在液相中传递并与液相中物质发生化学反应。

因化学吸收过程中伴有显著的化学反应，有较高的选择性和吸收速率，因此能较彻底除去少量有害气体。

化学反应使吸收速率提高原因主要有两个方面：一是在化学吸收过程中，化学反应消耗了进入液相中的溶质，溶质气体的有效溶解度增大而平衡分压降低，增大了吸收过程推动力；另一方面是溶质在液膜内扩散的过程中因化学反应而消耗，减小了传质阻力，吸收系数增大。

2. 吸附原理

吸附法是使化工废气与大表面多孔性固体物质相接触，使废气中的有害组分吸附在固体表面上，使其与气体混合物分离，从而达到净化目的的方法。吸附的推动力主要靠分子间力、静电力和化学键力。

3. 催化法的原理

催化法是利用催化剂的催化作用，将废气中的有害物质转化为无害物质或易于去除的物质的一种废气治理技术。

催化法可分为催化氧化法和催化还原法。催化氧化法是在催化剂的作用下，使废气和氧化剂发生化学反应，转化为无害物质的方法。可利用催化氧化法处理有机废气、SO_2、NH_3 等。催化还原法是在催化剂的作用下，使废气和还原剂发生化学反应，转化为无害物质的方法。例如，NO_x 能在催化剂作用下还原成 N_2 和 H_2O 等。

催化法无须将污染物与主气流分离，可直接将有害物质转变为无害物质，这不仅可避免产生二次污染，而且可简化操作过程。此外，所处理的气体污染物的初始浓度都很低，反应的热效应不大，一般可以不考虑催化床层的传热问题，从而大大简化催化反应器的结构。但是，催化剂的价格较高，废气预热需要一定的能量，即需添加附加的燃料使得废气催化燃烧。

4. 冷凝法的基本原理

同一物质饱和蒸汽压的大小与温度有关。温度越低，饱和蒸汽压值越低。冷凝法是利用物质在不同温度下具有不同饱和蒸汽压这一性质，采用降低废气温度或提高废气压力的方法，使处于蒸气状态的污染物冷凝并从废气中分离出来的过程。

冷凝法常用于处理污染物浓度在 10 000cm/m^3 以上的高浓度有机废气。冷凝法不宜处理低浓度的废气，常作为吸附、燃烧等净化高浓度废气的前处理，以便减轻这些方法的负荷。

学生课外任务 3

作　　业：

1. 简述吸收法、吸附法、催化法、燃烧法、冷凝法治理化工废气的原理。

2. 试比较吸收法、吸附法、催化法、燃烧法、冷凝法治理化工废气的特点和适用范围。

项目任务：

对某化工厂废气体处理工艺参观和实习，熟悉该化工废气治理的工艺，并根据老师给定的模拟案例和数据，完成一项关于化工废气治理的方案设计任务。

第八单元　化工固体废物处置技术

任务一　化工固体废物的来源与危害

知识目标： 了解化工固体废物的来源，熟悉化工固体废物的危害。
能力目标： 初步具有化工固体废物识别、化工固体废物危害和污染分析的能力。
态度目标： 树立化工环保意识，培养严谨细致的工作态度。

【案例 8-1】

2002 年 9 月 11 日，贵州都匀坝固镇多杰村上游一个铅锌矿尾渣大坝崩塌，上千立方米矿渣流入清水江，大量农田被毁，当地环境受到严重污染。现场看到公路旁的一座悬崖上，高达几十米的尾矿大坝几乎全部崩塌，从坝口到坝底四处是裸露的岩石和黄土，剩余的铅锌尾矿渣从悬崖上直泻而下，直接注入山脚的范家河，原丈许宽的小河被几丈高的银灰色矿渣冲击成约 30 多米宽，矿渣覆盖河道十余里，两岸被尾渣浸泡过的树木枯死，沿岸良田被矿渣掩埋，粉末状铅锌尾渣与河水混合成黏稠的泥浆，过范家河，径直排入清水江。事发以后，整个清江水一片浑浊，下游人畜根本不敢饮用江水。

一、化工固体废物的来源

化工固体废物是指化学工业生产过程中产生的固态或液态废弃物，主要包括化工生产过程中排出的不合格产品、副产物、废催化剂、废溶剂、蒸馏残液以及废水处理产生的污泥等。

1. 按化工物料和生产过程分类

化工固体废物按化工物料和生产过程主要可以分为两类。

（1）化工生产的原料、半成品及产品。

① 化学反应不完全。原料不能全部转化为半成品或成品，化工生产中的固体废物实际上是生产过程中流失的原料、中间体、副产品，甚至是宝贵的产品。尤其是农药化工行业的主要原料利用率一般只有 30%～40%，即有 60%～70%以废物形式排入环境。因此，对废物的有效处理和利用，既可创经济效益又可减少环境污染。

② 原料不纯。化工原料有时本身含有杂质，其一般不参与化学反应最后要排放掉，且大多数为有害化学物质，会对环境造成重大污染，有些甚至参与化学反应而生成的反应产物同样是所需产品的杂质，对环境而言同样是有害的污染物。如氯碱工业电解食盐溶液

制取氯气、氢气和烧碱，只能利用食盐中的氯化钠，其余占原料10%左右的杂质则排入环境，成为污染源。

③ 化工企业生产中由于生产设备、管道等封闭不严密，或由于操作管理水平跟不上，物料在储存、运输及生产过程中会造成化工原料、产品的泄漏，习惯上称为跑冒滴漏现象。

（2）生产过程中排出的废弃物。

① 副反应排出的废弃物。由于副反应产生的副产物数量少、成分复杂、回收经济价值低，因此会将副产物作为废料排弃从而引起污染。例如，磷肥工业中用磷矿、焦炭、硅石反应制取黄磷时，同时还会生成一氧化碳和硅酸钙，分别形成废气和固体废物。

$$Ca_3(PO_4)_2+5C+3SiO_2 \longrightarrow 2P+5CO\uparrow+3CaSiO_3$$

又如，纯碱工业中利用氯化镁和氢氧化钙反应制取氢氧化镁时，同时还生成氯化钙，形成废液。

$$MgCl_2+Ca(OH)_2 \longrightarrow Mg(OH)_2\downarrow+CaCl_2$$

② 生产事故造成的化工污染。设备事故是比较经常发生的事故，由于原料多是具有腐蚀性的，设备等检修不及时，就会出现跑冒滴漏等污染现象，流失的原料产品就会对环境造成污染。比较偶然的事故是工艺过程事故，例如反应条件没控制好，或催化剂没有及时更换，或生成了不需要的东西，这些数量比平时多、浓度比平时高的东西，就会造成一时的严重污染。例如某氮肥厂在一次事故中向江水里排放了大量的高浓度的氨水，使两千米长的江段发生死鱼事件。

2. 按不同化工生产类型分类

化工固定废物按照不同化工生产类型，其来源和主要固体废物如表8-1所示。

表8-1　化学工业固体废物来源及主要污染物

生产类型	生产产品	固体废物主要来源	主要污染物
无机盐行业	重铬酸钾 氰化钠 黄磷	氧化焙烧法 氨钠法 电炉法	铬渣 氰渣 电炉炉渣、富磷泥
氯碱工业	烧碱 聚氯乙烯	水银法、隔膜法 电石乙炔法	含汞盐泥、盐泥、汞膏、废石棉隔膜、电石渣泥 电石渣
磷肥工业	黄磷 磷酸	电炉法 湿法	电炉炉渣、泥磷 磷石膏
氮肥工业	合成氨	煤造气	炉渣、废催化剂、铜泥、氧化炉灰
纯碱工业	纯碱	氨碱法	蒸馏废液、岩泥、苛化泥

续表

生产类型	生产产品	固体废物主要来源	主要污染物
硫酸工业	硫酸 有机原料及合成材料 季戊四醇 环氧乙烷 聚甲醛 聚四氟乙烯 聚丁橡胶 钛白粉	硫铁矿制酸 低温缩合 乙烯氯化（钙法） 聚合法 高温裂触法 电石乙炔法 硫酸法	硫铁矿烧渣、水洗净化污泥、废催化剂 高浓度废母液 皂化废渣 稀醛液 蒸馏高沸残液 电石渣 废硫酸亚铁
染料工业	还原艳绿 FFB 双倍硫化氰	苯绕蒽酮缩合法 二硝基氯苯法	废硫酸 氧化滤液
化学矿山	硫铁矿	选矿	尾矿

二、化工固体废物的危害

化工固体废物的危害主要表现在以下三个方面。

（1）对土壤的污染。

化工固体废物特别是危险废物处理处置不当，可使土壤遭受污染，又可导致农作物受到污染，污染物转入农作物或水域后，会给人类健康带来很大的危害。

（2）对水域的污染。

化工固体废物随天然降水和地表径流进入江河湖泊，或随风飘迁落入水体使地面水污染；随渗沥水进入土壤则使地下水污染；直接排入河流、湖泊或海洋，又会造成更大的水体污染。

（3）对大气的污染。

化工固体废物在堆放过程中，在温度、水分的作用下，某些有机物质发生分解，产生有害气体扩散到大气中，对大气造成污染。

相关知识拓展

化工固体废物的分类与污染的特点

1. 化工固体废物的分类

化工固体废物种类繁多，成分复杂。按其化学性质，化工固体废物可分为有机废物和无机废物。无机化工固体废物中有些是有毒的，特别是重金属盐的毒性往往更高。有机固体废物大多是含有高浓度的有机物，其组分比较复杂，有些具有毒性、易燃易爆性。

按化工固体废物形状，化工固体废物可分为固体固废和泥状固废。泥状固废一般为废水处理后的残留物、非有机溶剂的沉淀物等。

按对人体和环境危害状况，化工固体废物可分为危险废渣（有害废渣）和一般化工废渣。危险废渣指的是具有毒性、腐蚀性、反应性、易燃易爆性等的化工废渣；一般化工废渣指的是在化工生产的各个环节中所长生的，对人体的身体健康和环境危害性较小的化工废渣。

2. 化工固体废物污染的特点

(1) 难恢复性。

土壤一旦受到污染，很难得到恢复，甚至永远成为不毛之地。

(2) 刺激性和有毒性。

例如，石油化工厂排出的重油渣及沥青块等，在自然条件的作用下，会产生多环芳烃气体，而多环芳烃被认为是致癌物质，可引发癌症。

总的来说，固体废弃物对环境的污染，虽然还没有废水、废气那样严重，但从其所造成的危害来看，是必须加以治理的。

学生课外任务 1

作　　业：

1. 化工固体废物的来源。
2. 举例说明化工固体废物的危害。

项目任务：

针对作为氯碱化工原料的卤水处理中产生的盐泥，分析其所属类别，分析其若不妥善处置，可能对环境带来哪些危害。

任务二　化工固体废物处理技术

知识目标： 掌握化工固体废物的处理原则、固体废弃物的处理技术。
能力目标： 初步具有化工固体废物处理技术方案选择的能力。
态度目标： 树立化工环保意识，培养严谨细致的工作态度。

【案例 8-2】

2011 年 12 月，安徽省亳州市利辛县旧城镇丰桥村的村民不断闻到刺鼻的味道，后在废弃的砖窑厂找到了罪魁祸首：一堆不知道装着何种液体的铁桶。在发现铁桶后，村民很快就向利辛县环保局进行了举报，环保部门的工作人员也到了现场并进行了取样。安徽省环保厅的化验结果显示，这些倾倒的危险化学品里含有二氯苯、苯己铜等，有毒性，如果被人吸入或者接触皮肤，会对人体造成危害。经测量，仅利辛县境内被污染的土壤量就达 80t。经相关部门联合调查的结果表明，本次事件是一起违法倾倒危险废物事件。

化工固体废物种类繁多，成分复杂，治理的方法和综合利用的工艺多种多样，应重点抓好量大面广的治理和综合利用。

一、固体废物的处理原则

1. 固体废物资源化

固体废物资源化是指对固体废物施以适当的处理技术，从中回收有用的物质和能源。其主要包括以下三方面的内容。

(1) 物质回收：指从废物中回收二次物质。

(2) 物质转换：指利用废物制取新形态的物质。

(3) 能量转换：指从废物处理过程中回收能量，生产热能或电能。

2. 固体废物减量化

固体废物减量化就是通过合适的技术手段，减少固体废物的产生量和排放量。

第一，选用合适的生产原料，尽量在源头上减少和避免固体废物的产生；第二，采用无废或低废工艺，尽量减少和避免在生产过程中产生的固体废物；第三，提高产品质量和使用寿命，使用寿命延长，一定时间内废物的累积量也能减少；第四，对产生的废物进行有效的处理和最大限度的回收利用，减少固体废物的最终处置量。

3. 固体废物无害化

将固体废物经过相应的工程处理，使其达到不影响人类健康、不污染周围环境的目的。

二、固体废物的处理技术

1. 物理处理技术

物理处理技术包括各种相分离法及固化法。最普通的相分离法有蓄液池储存分离技术、污泥在干化床中的干化技术、在储存槽延长储存时间的分离技术等。这三种方法均与重力沉降有关。蓄液池及储存槽广泛用于从混合废物中分离油和水，有时接着再用破乳剂进行预处理，偶尔也在储存槽中与加热过程组合使用。

2. 化学处理技术

化学处理技术是指将危险废物完全分解成无毒气体；另一种更常见的处理技术是改变危险废物的化学性质（例如降低水溶性或中和其酸碱性）。常用的化学处理技术包括化学氧化，沉淀及絮凝、沉降、重金属沉淀、化学还原、中和、油水分离、溶剂与燃料回收等。

3. 生物处理技术

有毒有害废水虽然所含的有毒有害化学物质浓度高，常会杀死微生物，但有时仍适宜用生物法处理。生物处理可用于石油精炼、工业有机化学品、木材防腐、石油生产、塑料废料和油池以及同类产品生产过程中产生的废水和液态危险废物。在生物处理系统中，添加营养成分将工业废水和生活废水共同处理的方法在实践中已经成功地得到了应用。农业中也常利用表土中的天然活性微生物来降解有机化学品，特别是油状废物。堆肥也可以用于降解某些化学品。由于危险废物的有毒有害特性，生物处理技术应用范围受到了一定的限制。

4. 固化稳定化技术

固化稳定化是最常用的物理化学技术之一。将危险废物变成高度不溶性的稳定物质，这就是固化、稳定化。固化、稳定化是一种将废物与能聚结成固体的材料混合，从而将废物捕获或者固定在这个固体结构中的技术。虽然固化和稳定化这两个专业术语通常是可以相互通用的，但在控制废物方面它们代表不同的概念。固化是在危险废物中添加固体剂，使其转变为不可流动团体或形成紧密固体的过程。固化的产物是结构完整的密实固体，这种固体可以以方便的尺寸大小进行运输，而无需任何辅助容器。稳定化是将有毒有害污染物转变为低溶解性、低迁移性及低毒性物质的过程。

三、固体废物的预处理技术

预处理方法有收集和运输、压实、破碎、脱水、分选、固化等。

1. 收集和运输

固体废弃物因其类型和产生途径不同，其收集和运输的方式也不同。

危险废物的收集与运输应按照分类集中处理、处置原则，在产生、收集、储存、运输各环节实行转移联单管理制度，实行全过程管理。

（1）收集与储存。

收集与储存时，放置在场内的桶或袋装危险废物可直接运往场外的收集中心或回收站。典型的收集站由砌筑的防火墙及铺设有混凝土地面的若干库房式构筑物所组成，储存物的库房室内应保证空气流通，以防具有毒性和爆炸性的气体积聚产生危险。收进的废物详实记录类型和数量，并应按不同性质分别妥善存放。转运站的位置宜选择在交通路网的附近，由设有隔离带或埋于地下的液态危险废物罐、油分离系统及盛装废物的桶或罐的库房群所组成。站内工作人员应负责办理废物的交接手续，按时将所收存的危险废物如数装进运往处理场的运输车内，并责成运输者负责途中安全。

（2）包装。

危险废物的包装应足够安全，并经过周密检查，严防在装载、搬移或运输途中出现渗漏、溢出、抛洒或挥发等。所有装满废物待运走的容器或贮罐都应清楚地标明内盛物品的类别与危害说明、数量和装进日期。选择容器的大小和材质时，应根据对人类或其他危险废物的性质和形态确定。

（3）运输。

危险废物在运输中，运输车辆需经过主管单位检查，并持有相关单位签发的许可证，负责运输的司机应通过专门的培训，持有证明文件。承载危险废物的车辆必须有明显的标志或适当的危险符号以引起关注。载有危险废物的车辆在公路上行驶时，需持有运输许可证，其上应注明废物来源、性质和运往地点，必要时要有专门单位的人员负责押运工作。

危险废物的运输单位，应事先做出周密的运输计划和行驶路线，其中包括有效的废物泄漏的应急措施。

2. 压实技术

在固体废弃物运输和处理处置前通常采用一定的方法对其进行压实或压缩，以减小其体积和重量，便于装卸、运输、储存和处理处置。在垃圾运输过程中，有些垃圾车本身同时具有垃圾压实功能，操作机械化程度也较高。

压实适用对象是固体废弃物中压缩性能大、复原性能小的物质，对于污泥和油污等一般不宜进行压实处理。

压缩设备主要有三向联合式压实机和回转式压实机等，如图 8-1 和图 8-2 所示。

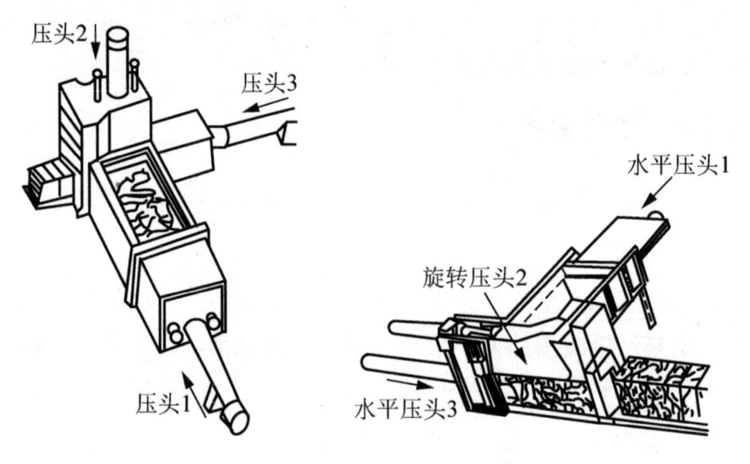

图 8-1　三向联合式压实机　　图 8-2　回转式压实机

3. 破碎技术

按破碎固体废物所用的外力，即消耗能量的形式，破碎可分为机械能破碎和非机械能破碎两种方法。目前广泛应用的是机械能破碎，即利用破碎工具对固体废物施力而将其破碎，主要有压碎、劈碎、折断、磨碎和冲击破碎等方法，如图 8-3 所示。选择破碎方法

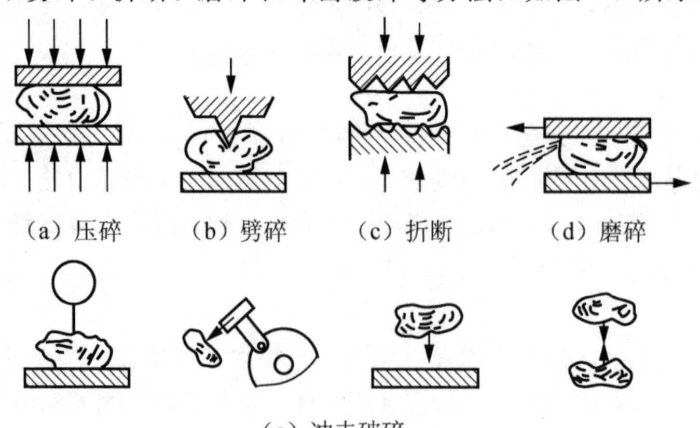

图 8-3　破碎方法

时，需视固体废物的机械强度特别是废物的硬度而定。对于脆硬性废物，如各种废石和废渣等多采用压碎、劈碎、冲击破碎等方法；对于柔硬性废物（废钢铁、废汽车和废塑料等）多采用冲击和剪切破碎。一般破碎机都是由两种或两种以上的破碎方法联合作用对固体废物进行破碎的。

破碎固体废物常采用的破碎设备有颚式破碎机、锤式破碎机、冲击式破碎机、剪切式破碎机、辊式破碎机及球磨机等。

4. 脱水技术

（1）浓缩脱水。

污泥的浓缩脱水方法有重力浓缩脱水、气浮浓缩脱水和离心浓缩脱水三种。

重力浓缩脱水的关键设备为重力浓缩池。重力浓缩池类似于污水处理的沉淀池（如图 8-4 所示），浓缩池大多为辐流式，其泥斗多为多斗式（浓缩后的体积仍然庞大）。重力浓缩池的附属设备有刮泥机或吸泥机、搅动栅。搅动栅的作用是浓缩时每个栅条后可形成微小的涡流，以促进细小的 SS 絮凝，并可形成空穴以促进间隙水释放和气泡的逸出，提高浓缩效果、缩短浓缩时间。

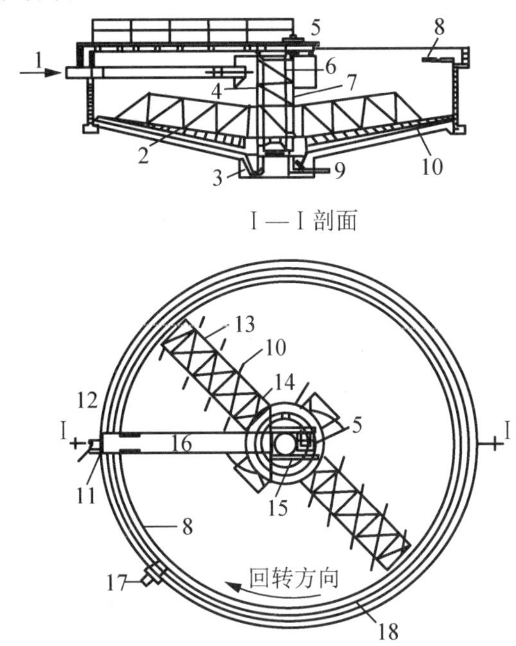

图 8-4　重力浓缩池

1—进泥管；2—支撑物；3—中心刮泥器；4—进泥井；5—驱动装置；6—中心柱；7—中心架；8—出流堰；9—污泥管；10—橡皮刮板；11—接超负荷警报器的电缆；12—接马达的电缆；13—架；14—逆流进泥井；15—超负荷警报器；16—走道；17—出水管；18—出水渠

气浮浓缩脱水的基本原理与污水的气浮法处理相同。与重力浓缩相比，污泥的气浮浓缩的脱水效果更好，浓缩后污泥不易腐化，适用于有机污泥的浓缩。污泥的气浮浓缩需要制作大量的溶气水，能耗较高。

污泥的气浮浓缩分离室池表面水力负荷率为 1.0～3.6$m^3/(m^2 \cdot h)$，分离室池表面固体负荷率分别 1.8～2.0$kg/(m^2 \cdot h)$（活性污泥）、5.0～6.0$kg/(m^2 \cdot h)$（初沉池污泥）。城市污水处理厂的活性污泥经过气浮浓缩后其含水率可由 99%降低到 95%～97%左右，其体积减少到原来的 1/2～1/4。

离心浓缩的关键设备为离心机。常用的污泥浓缩离心机有转盘式、篮式和转鼓式三种。几种主要类型的离心机及其浓缩性能见表 8-2，各种污泥浓缩方法优缺点见表 8-3。

表 8-2　离心机及其浓缩性能

污泥种类	离心机	处理量/(L/s)	浓缩前含水率/(%)	浓缩后含水率/(%)	固体回收率/(%)
剩余活性污泥	转盘式	9.5	99～99.3	94.5～95	90
剩余活性污泥	篮式	2.1～4.4	99.3	90～91	70～90
剩余活性污泥	转鼓式	0.63～0.76	98.5	87～91	90

表 8-3　各种污泥浓缩方法的比较

	优　　点	缺　　点
重力浓缩法	储存污泥的能力高； 操作要求低； 运行电耗少	占地面积大； 浓缩后的污泥含水率仍然较高； 会散发一定的臭气
气浮浓缩法	浓缩后的污泥含水率低； 占地少； 不散发臭气； 能去除油脂	运行费用较高； 污泥储存能力小
离心浓缩法	设施紧凑，占地最少； 没有臭气问题	处理能力有限； 电耗较高； 对操作的要求较高

（2）机械脱水。

污泥的机械脱水是使用专门的脱水机械，在过滤介质（网、布、管、毡）两侧形成压差（正压或负压）造成脱水的推动力从而将污泥中的水分部分脱除。其中，形成正压差的称为压滤脱水，例如板框压滤机（如图 8-5 所示）、带式压滤机（其工艺流程如图 8-6 所示）等；形成负压差的称为吸滤脱水，例如真空过滤机。

图 8-5　板框压滤机

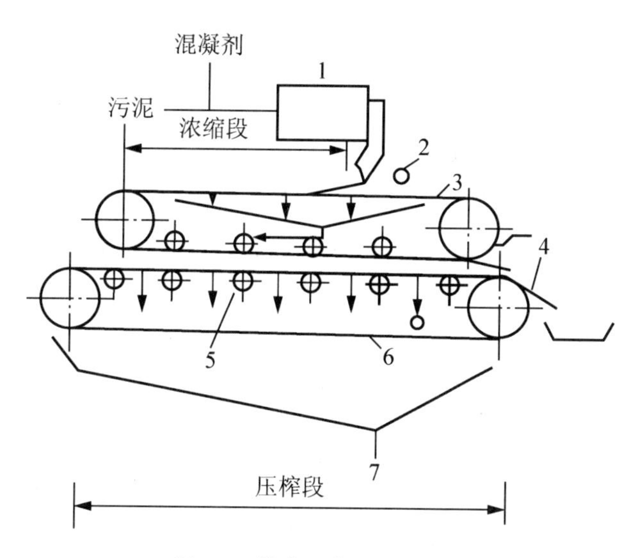

图 8-6　带式压滤机工艺流程

1—混合槽；2—洗涤水管；3—金属丝网；4—刮刀；
5—液压轴；6—涤纶滤布；7—滤液与冲洗水排出

板框压滤的特点是过滤的推动力大，构造简单，但不能像真空和带式过滤机那样连续工作，脱水后的卸泥方式有人工卸泥和自动卸泥两种。板框压滤机的过滤压力为 4～5 kg，对于活性污泥的处理能力为 2～10 kg SS/(m^2 • h)，对于消化污泥的处理能力为 2～4 kg SS/(m^2 • h)，过滤周期为 1.5～4h。

在污泥的机械脱水之前，往往要对原污泥进行预调理以降低污泥的过滤比阻、改善污泥的内部结构，提高脱水机械的工作效率。常用的污泥调理方法有：投加化学混凝剂（主要是无机的铁盐和铝盐）、添加助滤剂（例如木屑、石灰、粉煤灰等）和热处理以及冷冻处理。经化学药剂调理后，板框压滤机的脱水性能如表 8-4 所示。

表 8-4　经过化学药剂调理后板框压滤机的脱水性能

污泥种类	原污泥含水率/(%)	压滤周期/h	化学调理剂用量/(g/kg SS)			经调理压滤后的含水率/(%)	未经调理压滤的含水率/(%)
			三氯化铁	氧化钙	粉煤灰		
初沉污泥	90～95	2	50	100	0	55	61
活性污泥	95～99	2.5	75	150	2 000	55	63
消化污泥	90～94	1.5	50	100	1 000	50	62

带式压滤机有辊压式和挤压式两种类型，靠辊压力或滤布张力的相互挤压使得污泥脱水，其动力消耗少，污泥的投加和泥饼铲除均可连续进行。辊压带的上层为金属丝网、下层为滤布带。污泥先经过浓缩阶段使其失去流动性，再进行挤压脱水。其泥饼含水率一般为 75%～80%。

真空过滤机有折带式真空过滤机和盘式真空过滤机等类型，由真空过滤机、真空泵、空气压缩机（用于吹脱泥饼）等组成。真空过滤机的表面固体负荷率为：初沉污泥中的干污泥为 30～50 kg/(m^2 • h)；活性污泥为 10～15 kg/(m^2 • h)，消化污泥为 15～25 kg/(m^2 • h)。

脱水后的泥饼量较大时，要考虑皮带运输。滤液中含有的气体可用滤液罐排除。转鼓真空过滤机的工作过程包括三个阶段：滤饼形成阶段、吸干阶段、反吹阶段。

（3）干化脱水。

污泥的干化脱水在干化场中进行，干化场按照其滤水层的构造可分为：自然滤层干化场和人工滤层干化场两种。前者适宜于自然土质渗透性能良好、地下水位低、渗水不会污染地下水的地区，例如我国的西北地区。其他地区则采用人工滤层干化场。

（4）烘干脱水。

通过机械或干化场脱水后，污泥的含水率为45%～70%左右，其体积仍然很大。在经过烘干后含水率可进一步减到30%左右。常用的干燥设备有：回转圆筒干燥器、急骤干燥管、带式干燥器等。三种污泥干燥设备的脱水性能见表8-5。

表8-5　三种污泥干燥设备的脱水性能

	回转圆筒干燥器	急骤干燥管	带式干燥器
热气体温度/℃	120～150	530	160～180
干燥后含水率/(%)	15～20	10	10～15
干燥时间/min	30～32	<1	25～40
热效率	低	高	低

5. 分选技术

固体废物分选是根据物质的粒度、密度、表面润湿性、磁性、电性、光电性、摩擦性及弹性等的不同而进行分选的。可分为筛选（分）、重力分选、浮选、磁力分选、电力分选、光电分选、摩擦及弹性分选等。

（1）筛分。

筛分是利用筛子将物料中小于筛孔的细粒物料透过筛面，而大于筛孔的物料留在筛面上，完成粗、细粒物料分离的过程。

在工业固体废物的处理中，常用的筛分设备主要有以下几种类型。

① 固定筛。固定筛的筛面是由许多平行排列的筛条组成，可以水平安装或倾斜安装。由于固定筛具有构造简单、不耗用动力、设备费用低和维修方便等优点，所以在固体废物的处理中经常被采用。

② 滚筒筛。滚筒筛也称为转筒筛，筛面为带孔的圆柱形筒体或截头圆锥筒体。为了使固体废物在筒内沿轴线方向前进，筛筒的轴线应倾斜3°～5°安装。工作时，筛筒在传动装置的带动下绕轴缓缓旋转。固体废物由筛筒的一端给入，被旋转的筒体带起，当达到一定高度后因重力作用自行下落，如此不断地做起落运动，使小于筛孔尺寸的细粒透筛，而筛上产品则逐渐移到筛的另一端排出。

③ 惯性振动筛。惯性振动筛是通过由不平衡体的旋转所产生的离心惯性力，使筛箱产生振动的一种筛子。

（2）重力分选。

重力分选简称重选，是根据固体废物中不同物质颗粒间的密度差异，使颗粒群在运动介质中受到重力、介质动力和机械力的作用，产生松散分层和迁移分离，从而得到不同密度产品的分选过程。

按分选介质的不同，固体废物的重力分选可分为摇床分选、重介质分选等。

① 摇床分选。常用的摇床分选设备是平面摇床，其结构如图 8-7 所示。平面摇床主要由床面、床头及传动机构组成。床面近似呈梯形，横向有 1.5°～5°的倾斜。在倾斜床面的上方设置有给料槽和给水槽。床面上沿纵向布置有床条，其高度从传动端向对侧逐渐降低，并趋向于零。整个床面由基架支撑。床面横向坡度由基架上的调坡装置调节。床面由传动装置带动进行往复不对称运动。

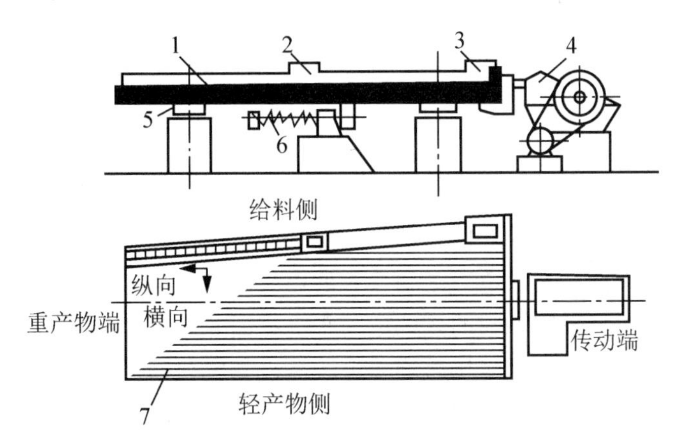

图 8-7　平面摇床结构

1—床面；2—给水槽；3—给料槽；4—床头；5—滑动支承；6—弹簧；7—床条

② 重介质分选。重介质分选是在重介质中使固体废物中的颗粒群按其密度大小分开的分选方法。当固体废物浸于重介质的环境中时，密度大于重介质的重物料下沉，集中于分选设备的底部即重产物。而密度小于重介质的轻物料则上浮，集中于分选设备的上部即轻产物，轻重产物分别排出从而完成分选操作。

(3) 浮选。

浮选是在固体废物与水调制的料浆中加入浮选药剂，并通入空气形成无数细小气泡，使欲选物质颗粒黏附在气泡上，随气泡上浮于料浆表面成为泡沫层，然后刮出回收；不浮的颗粒仍留在料浆内，通过适当处理后废弃。在固体物料中，各物质的表面性质存在着差异，有些物质呈疏水性，易黏附在气泡上而上浮；有些物质则呈亲水性，不易黏附在气泡上。物质表面的疏水性和亲水性可以通过浮选药剂的作用而加强。因此，在浮选工艺中正确选择和使用浮选药剂是非常重要的。

(4) 磁力分选。

传统的磁力分选是利用固体废物中各种物质的磁性差异在不均匀磁场中进行分选的一种方法。磁选原理如图 8-8 所示。该过程是将固体废物输入磁选机，磁性颗粒在不均匀磁场的作用下被磁化，从而受磁场吸引力的作用吸附在圆筒上，并随圆筒进入排料端排出；非磁性颗粒由于所受的磁场作用力很小，仍留在废物中而被排出。

(5) 电力分选。

电力分选又称为电选，是在高压电场中根据固体废物中各组分导电性能的差异实现分离的一种方法。通过电选可以分离导体和绝缘体，也可以对不同介电常数的绝缘体进行分离。

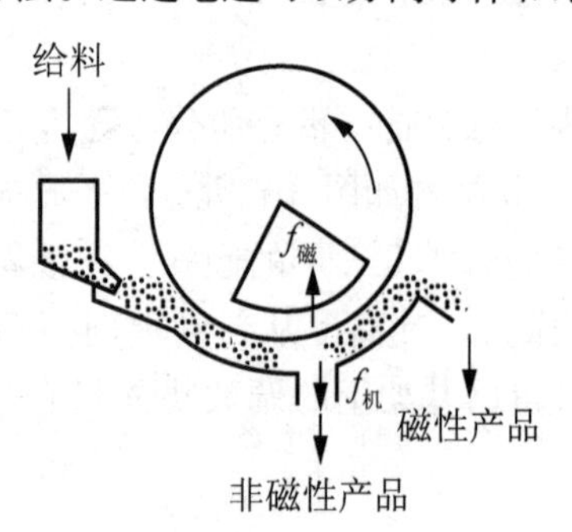

图 8-8　磁选原理

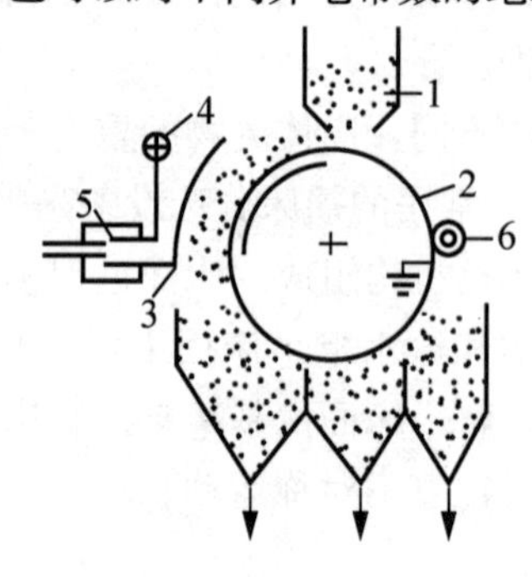

图 8-9　电选原理

1—给料斗；2—辊筒电极；3—电晕电极；
4—偏向电极；5—高压绝缘子；6—毛刷

电选的原理如图 8-9 所示。固体废物一经给料斗给入即随旋转的辊筒进入电晕电场。由于电场的存在，固体废物中的导体和非导体都获得负电荷。其中导体颗粒一边荷电，一边又把电荷传给接地辊筒，其放电速度很快，所以当固体废物颗粒随辊筒旋转离开电晕电场区而进入静电场区时，导体颗粒的剩余电荷很少；而非导体颗粒则因放电速度慢，致使剩余电荷多。当导体颗粒进入静电场后不再继续获得负电荷，但仍继续放电，直至放完全部负电荷，并从辊筒上得到正电荷而被辊筒排斥，在电力、离心力和重力分力等的综合作用下，其运动轨迹偏离辊筒，在辊筒前方落下。非导体颗粒由于有较多的剩余负电荷，将与辊筒相吸，被吸附在辊筒上，带到辊筒后方，被毛刷强制刷下。半导体颗粒的运动轨迹则介于导体和非导体颗粒之间，成为半导体产品落下，从而完成电选分离过程。

6. 固化技术

固化处理技术目前主要是针对固体废物中的有害物质和放射性物质的无害化处理。该技术是用物理、化学方法，将有害固体废物固定或包容在惰性固体基质内，使之呈现化学稳定性或密封性的一种无害化处理方法。理想的固化产物应具有良好的机械性能，抗渗透、抗浸出、抗干湿、抗冻融特性，以便进行最终处置或加以利用。

目前采用的方法有的是使污染物发生化学转变或被引入到某种稳定的晶格中去；有的是通过物理过程把污染成分直接掺入到惰性基材进行包封；有的则是两种过程兼而有之。该法主要用于处理无机废物，对有机废物的处理效果欠佳。如电镀污泥、铬渣、砷渣、汞渣、氰渣、镉渣和铅渣等的固化。

固化处理的方法按原理可分为包胶固化、自胶结固化和玻璃固化。包胶固化又可根据包胶材料分成水泥固化、石灰固化、热塑材料固化和有机聚合物固化。包胶固化适于多种废物的固化。自胶结固化只适于含有大量能成为胶结剂的废物，玻璃固化则适于极少量特毒废物的处理。

衡量固化处理效果的两项主要指标是固化体的浸出率和增容比。所谓浸出率是指固化体浸于水中或其他溶液中时，其中有害物质的浸出速度；增容比是指所形成的固化体体积与被固化有害废物体积的比值。

学生课外任务 2

作　　业：

1. 怎样理解化工固体废物的处理原则？

2. 简述化工固体废物预处理的必要性和预处理的内容。

项目任务：

某化工厂污水处理站利用活性污泥法处理含酚废水，试制订废水处理中所产生污泥的妥善处置方案。

任务三　化工固体危险废物的最终处置技术

知识目标： 了解固体危险废物焚烧炉类型；掌握固体危险废物填埋场类型、功能、分类、构造与组成；掌握危险废物焚烧过程的主要控制参数；了解危险固体废物焚烧后产生的SO_2和二噁英的控制与净化技术。

能力目标： 具有化工固体废物填埋处置方案选择的初步能力。

态度目标： 树立化工安全环保意识，培养团队合作精神。

【案例 8-3】

广州市兴丰生活垃圾卫生填埋场工程总占地面积为 91.7 万平方米，分四期建设，于 2000 年 11 月动工兴建，分别于 2002 年 8 月、2003 年 7 月、2006 年 6 月分阶段投入使用。填埋区总容量约两千万立方米，工程总投资约 6.83 亿元。该项目是一所规模大、标准高、施工营运规范、具有国际水准的现代化生活垃圾卫生填埋场，日垃圾处理量达 6 154 吨。

一、焚烧处理技术

1. 危险废物的焚烧处理概论

对危险废物进行焚烧处理是指将危险废物置于焚烧炉内，在高温和有足够氧气含量的条件下进行氧化反应，分解或降解危险废物的过程。通过高温氧化反应过程，危险废物中有害有毒成分可以得到氧化处理，绝大多数有机危险物可经过高温氧化分解而除去，病菌病毒可在高温条件下杀死。经过焚烧以后，危险物体的体积或质量可大大减少。

2. 危险废物处理的技术要求

危险废物通过焚烧处理后，可以实现较为有效的有毒有害物质的氧化分解和降解，同时可以最大限度地减少体积和质量。根据我国《危险废物焚烧污染标准》的规定，为确保焚烧危险废物，在焚烧过程中必须至少具备以下技术条件：

（1）焚烧炉内温度达到850～1 500℃；

（2）烟气在炉内停留时间大于2s；

（3）燃烧效率大于99.99%；

（4）焚毁去除率大于99.99%；

（5）灰渣的热灼减率小于5%；

（6）配备净化系统；

（7）配备应急和警报系统；

（8）配备安全保护系统或装置。

焚烧过程产生的废灰、废渣、废水以及净化处理废物必须按危险废物的规定条例进行处理，一般不能随意排放。

3. 危险废物焚烧过程污染物的形成

在危险废物焚烧过程中，由于流动、传热、化学反应以及其他多方面的复杂因素的影响，焚烧结束后会有大量有污染物的烟气产生，其中包括灰尘、一氧化碳、氮氧化物、重金属、酸性气体以及有毒有机物，这些物质的产生与焚烧过程有关。

4. 危险废物焚烧过程的主要控制参数

在危险废物焚烧时，有很多参数会影响焚烧过程。在设计焚烧炉及其操作管理过程中，需要进行综合分析和对比，并根据当地的政策或法规，选出主要的控制参数进行设计或使用。在这些参数中最重要的参数有4个，即焚烧过程的温度、焚烧反应的时间、氧化剂的配比和焚烧过程物料与氧化剂的接触方式，其中的氧化剂一般取为空气。

5. 固体危险废物焚烧炉类型

现在比较普遍使用的是炉排型焚烧炉，炉排型焚烧炉是一种将危险废物置于炉排上进行处理的焚烧炉，有时炉排也被简称为支架。焚烧过程的特点是物料在上，空气由下而上，焚烧在物料的上部进行，下部的进风同时可以起到冷却炉排和促进燃烧的作用。按照过程的热力性质，炉排上的热力过程可以分为预热过程、烘干过程、干馏过程以及燃烧过程等部分。按照炉排的运动特性可以有固定炉排型、可移动炉排型、转动炉排型和震动炉排型等几种。

6. SO_2和二噁英控制技术

危险废物焚烧烟气中常含有SO_2和二噁英，现阶段脱除SO_2和二噁英的工业应用技术均不够成熟，常用的技术措施是控制焚烧过程，控制来源和避免二次生成污染成分。控制来源是指对危险废物进行成分来源的监控，对含有SO_2和二噁英物质的废物予以分离，然后进行焚烧处理；或者将易于在化学反应中产生这类污染物的物质进行剔除，从而减少焚烧过程中上述污染物的生成。

7. 净化技术

焚烧完成后产生的烟气需进行净化处理，必须严格控制其中剧毒物质的外泄和直接排放，常见的净化方法有：硫酸钠洗涤剂脱除法、活性类吸附脱除法、纳米材料过滤吸附脱除法。

当前，焚烧技术已成为处理危废的几大主流技术之一。化工固体废物焚烧技术具有的优点有：减容效果好，占地面积小，且可回收热量；焚烧操作是全天候的，不易受气候条件的限制；焚烧是一种快速处理方法，填埋需几个月，才能使垃圾变成稳定状态，在传统的焚烧炉中，只需在炉中停留 1 小时就可以达到要求；焚烧适用面广，除可处理危险废物外，还可处理城市垃圾。

但化工固体废物焚烧仍存在以下不足：即使进行了焚烧处理，其中仍有约 10％的灰分和不可燃物质是典型的危险废物，因而需进行填埋处置。

二、填埋处理技术

危险废物填埋处置是最常用的处置方式之一。危险废物填埋处置场的建设需要考虑以下方面的因素：选址、废物限制、设计、运行、封场和封场后的维护、监测、检查以及成本核算。与危险废物处置的其他技术（主要是焚烧）相比，填埋处置有利亦有弊。各种方法孰优孰劣，因场地而异，一个场地的经验对另一个场地可能并不适用。譬如在美国，因为土地容易获得，填埋较焚烧更受欢迎。而在欧洲国家，由于空间限制，焚烧更为普遍。填埋处理技术的优势是，填埋操作对入场废物量、性质变化不太敏感，同时填埋场发生灾难性事故的概率较小，因而不易给公众健康和安全带来迫在眉睫的危险。但填埋技术也有很多弊端，一方面，填埋与焚烧相比，占地更多，选址标准更严，因而较难获得合适的土地。另一方面，填埋单元中的危险废物的危险特性常保持到填埋场服务期满，甚至延续到场地服务期满以后，在这种情况下，一旦衬层系统失效，就会对周围环境和公众造成长期持续的威胁。另外，在美国有些废物是禁止进入填埋场的。尽管如此，填埋场仍然是必不可少的，因为即使使用了焚烧处理方法，其中仍有约 10％的灰分和不可燃物质是典型的危险废物，需要进行填埋处置。

1. 填埋处置方案选择

现代危险废物填埋场多为全封闭型填埋场，可选择的处置技术包括：共处置、单组分处置、多组分处置和预处理再处置。

（1）共处置。

共处置就是将难处置废物有意识地与生活垃圾或同类废物一起处置。主要目标是利用生活垃圾的特性来减弱处置废物中一些具有污染性和潜在危害性的组分，使其达到环境可接受的程度。

（2）单组分处置。

采用填埋场处置物理、化学形态相同的废物称之为单组分处置。当然，废物经处置后无需保持其原来的物理形态。例如，生产无机化学品的工厂，经常在单组分填埋场大量处置本厂的废物（例如磷酸生产产生的废石膏等）。

（3）多组分处置。

多组分处置的目标是当处置混合废物时，应确保它们之间不能发生反应而产生更毒的废物，或更严重的污染，例如产生高浓度有毒气体或蒸气。

(4) 预处理再处置

预处理再处置是将破碎、筛分、粉磨、压缩后的固体废物，利用固体废物的物理化学性质，从中分选或分离出有用或有害物质，或通过固体废物发生化学转换回收有用物质和能源，再将没有利用价值的有害固体废物进行最终处理。

2. 填埋场类型

(1) 平面法。

当地面不适于开挖堆放固体废物的沟槽时，适合采用平面法。

(2) 沟槽法。

在场内覆土厚度合适且地下水面较低的区域，适合采用沟槽法。

(3) 凹坑法。

填埋操作可以有效地利用自然形成的或人工开挖的凹坑，例如峡谷、冲沟、取土坑、采石场等。凹坑填埋中固体废物的堆放和压实技术因场地几何形状、覆土特性、水文、地质情况及入场途径的不同而不同。

除了上述填埋场类型之外，还可以根据防渗衬层的有无分为衰减型填埋场和封闭型填埋场，根据其建造位置分为陆地型填埋场和海面（水面）型填埋场等。但是在危险废物填埋场的建造中，是不允许采用这些概念的，即一般不允许无防渗衬层设计，不允许建造在水体中，因此危险废物填埋场也就不存在衰减型填埋场和海面（水面）型填埋场等类型。

3. 填埋场的功能

填埋场的作用大致分为三类，即储留废物，隔断废物与外界环境的水力联系，以及对水、气和废物本身的处理。但是作为危险废物填埋场，由于一般尽量避免在填埋层中发生任何反应，尽量避免产水、气等二次污染物，所以对于危险废物填埋场一般不会考虑其处理的功能。

储留功能是利用自然地形或人工修筑形成一定的空间，将一定量的废物贮留在内，待空间充满后封闭，恢复这一地区的原貌。这是废物填埋场的基本功能，但不是主要功能，随着技术的进步和环境保护要求的提高，这一功能在整个功能中所占的比重越来越小。

隔水功能是填埋场的主要功能之一。一方面，要防止由于废物本身所带水分和降水与废物接触产生的渗滤液对地下水和地面水的污染，必须将渗滤液与外界的联系切断，同时收集后引出处理。这就要求填埋场必须设有防渗层、渗滤液集排水系统。另一方面，还要防止外界降水和地表径流通过地下水进入填埋场，以减少渗滤液的产生。这样，就要求填埋场还要有必要的场内雨水集排水系统，周边雨水（洪水）排泄系统，地下水集排水系统和每日封闭系统，封顶层，或者必要的运行遮雨设施等。

4. 固体废物填埋场分类

根据我国有关技术标准，填埋场的类型依据其防护要求可以分为以下四种类型：I类一般工业废物填埋场、II类一般工业废物填埋场、生活垃圾填埋场、危险废物填埋场。

I类一般工业固体废物是指工业固体废物中其渗滤液中污染物浓度低于废水综合排放标准最高允许排放浓度。

II类一般工业固体废物是指工业固体废物中其渗滤液中污染物浓度高于废水综合排放标准最高允许排放浓度。

5. 填埋场构造

填埋场构造这一概念是由日本学者根据其研究成果提出来的。根据填埋层内部状况和运行条件，填埋场构造可分为五类：厌氧性填埋、每日覆土的厌氧性卫生填埋、底部设渗滤液集排水管的改良型厌氧性卫生填埋、设有通气及集排水装置的半好氧性填埋、强制通入空气的好氧性填埋。

6. 填埋场的组成

填埋场的组成部分一般包括：底部衬层系统、填埋单元、雨水排放系统、渗滤液收集系统、沼气收集系统、封盖或罩盖等。其中，底部衬层系统是用于将垃圾及随后产生的渗滤液与地下水的隔离，填埋单元是垃圾填埋场中储存垃圾的空间，雨水排放系统是用于收集和排放落到垃圾填埋场内的雨水，渗滤液收集系统是用于收集通过垃圾填埋场自身渗出的含有污染物的液体（渗滤液），沼气收集系统收集垃圾分解过程中形成的沼气，封盖或罩盖是指对垃圾填埋场顶部进行的密封。

三、海洋倾倒

海洋倾倒是将固体废物直接投入海洋的一种处置方法。其理论依据是，海洋是一个庞大的废物接受体，对污染物质有极大的稀释能力。

为防止海洋污染，需对海洋倾倒进行科学管理。根据废物的性质、废物中有害物质含量和对海洋的环境影响，可以把废物分为三类：一类废物是禁止倾倒的废物；二类废物是指需要获得特别许可证才能倾倒的废物；三类废物是获得普通许可证即可倾倒的废物。

一类废物包括：①含有机卤素、汞、镉及其化合物的废物；②强放射性废物；③原油、石油炼制品、残油及其废弃物；④严重妨碍航行、捕鱼及其他活动或危害海洋生物的、能在海面漂浮的物质。

二类废物是指需要严格控制的废物，这类废物污染物质含量高，主要包括：①含有砷、铅、铜、锌、铬、镍、钒等物质及化合物的废物；②含有氰化物、氟化物及有机硅化合物的废物；③弱放射性废物；④容易沉入海底，可能严重妨碍捕鱼和航行的笨重废弃物。

三类废物是指除上述两类废物之外的低毒或无毒废物。

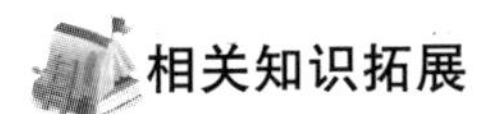

相关知识拓展

研读资料

1.《国家危险废物名录》；

2.《固体废物污染环境防治法》；

3.《危险废物转移联单管理办法》。

学生课外任务3

作　　业：

1. 简述危险废物焚烧过程的主要控制参数有哪些？
2. 如何控制与净化危险固体废物焚烧后产生的SO_2和二噁英？
3. 化工固体废物海洋倾倒的要求是什么？

项目任务：

某化工厂生产过程中产生含聚氯乙烯、重金属盐的固体废物，试制订处理和最终处置方案。

第四模块

化工可持续发展

第九单元　化工清洁生产与节能

任务一　化工清洁生产

知识目标： 了解清洁生产的定义、绿色化工与清洁生产的关系，掌握清洁生产的主要内容、绿色化工的实现途径。
能力目标： 初步具有化工企业实施清洁生产的能力。
态度目标： 培养团队合作精神、树立化工可持续发展的意识。

【案例 9-1】

北京某石油化工厂乙二醇生产中的环氧乙烷精制塔原设计采用直接蒸汽加热，使废水中 COD 负荷大幅度增加，后来该厂对设备进行了改造，由直接蒸汽加热改为间接蒸汽加热，不但减少了废水量和 COD 负荷，而且还降低了产品的单位能耗，提高了产品的收率，经济环境效益十分显著。经过设备改造之后，该厂废水量每年削减 3.2 万吨，COD 负荷每年削减 470 吨，每年可减少污水处理费 20.8 万元。此外，因提高产品收率，每年多回收产品 384 吨，价值 123.84 万元，并且年节约物料消耗 31.17 万元。

一、化工企业清洁生产的实施

1. 强化企业内部清洁生产管理

在实施过程中，对化工生产过程、原料储存、设备维修和废物处置等各个环节都可以强化企业内部清洁生产管理。

（1）物料装卸、储存与库存管理。

检查评估原料、中间体和产品及废物的储存和转运设施，采用适当程序可以避免化学品的泄漏、火灾、爆炸和废物的产生。这些程序包括以下内容。

① 对使用各种运输工具（铲车、拖车、运输机械等）的操作工人进行培训，使他们了解器械的操作方式、生产能力和性能；

② 在每排储料桶之间留有适当、清晰空间，以便直观检查其腐蚀和泄漏情况；

③ 包装袋和容器的堆积应尽量减少翻裂、撕裂、戳破和破裂的机会；

④ 将料桶抬离地面，防止由于泄漏或混凝土“出汗”引起的腐蚀；

⑤ 不同化学物料储存应保持适当间隔，以防止交叉污染或者万一泄漏时发生化学反应；

⑥ 除转移物料时，应保持容器处于密闭状态；

⑦ 保证储料区的适当照明。

实施库存管理，适当控制原材料、中间产品、成品以及相关的废物流，被工业部门看成是重要的废物削减技术，在很多情况下，废物就是过期的、不合规的、玷污了的或不需要的原料，泄漏残渣或损坏的制成品。这些废料的处置费用不仅包括实际处置费，而且包括原料或产品损失，这可能给公司造成很大的经济负担。

控制库存的方法可以从简单改变订货程序到实施及时制造技术，这些技术的大部分都为企业所熟悉，但是，人们尚未认为它们是非常有用的废物削减技术。许多公司通过压缩现行的库存控制计划，帮助削减废物的生产量，这种方法将显著影响到三种主要的由于库存控制不当产生的废物源：过量的、过期的和不再使用的原材料。

在许多生产装置中，一个普遍忽视或没有适当注意的地方是物料控制，包括原料、产品和工艺废物的储存及其在工艺和装置附近的输送。适当的物料控制程序将保证进入生产工艺中的原料不会泄漏或受到玷污，以保证原料在生产过程中有效使用，防止残次品及废物的产生。

（2）改进操作方式，合理安排操作次序。

用间歇（分批）方式生产产品对废物的产生有重要影响，而批量生产的量和周期对废物的产生也有重要影响。例如，设备清洗所产生的废物与清洗次数直接相关，要减少设备清洗次数，应尽量加大每批配料的数量或者一批接一批地配制相同的产品，避免两批配制之间的清洗。

这种办法可能需要调整生产操作次序和计划，也会影响到原料、成品库存和装运。

（3）改进设备设计和维护，预防泄漏的发生。

化学品的泄漏会产生废物，冲洗和用墩布墩抹都会额外产生废物，减少泄漏的最好办法是预防泄漏的发生，结合设备的设计和操作维护制订预防泄漏计划。

（4）废物分流。

在生产源进行清污分流可减少危险废物处置量。分流方式主要有以下几种。

① 将危险废物与非危险废物分开。当将非危险废物与危险废物混在一起时，它们都将成为危险废物，因而两者不应混合在一起，以便减少需处置的危险废物量，从而节省费用。

② 按废物中污染物的危险性，将危险废物分离开，避免相互混合。

③ 将液体废物和固体废物分开。这样做可减少废物体积并简化废水处理，如含有较多固体物的废液可经过过滤，将滤液送去废水处理厂，滤饼可再生利用或填埋处置。

④ 清污分流。将接触过物料的污水与未接触物料的废水（如间接冷却水）分开，清水可循环利用，仅将污水进行处理。

（5）提高员工素质与建立激励机制等人事管理措施。

① 制订废物减量计划。企业的废物减量计划应说明全部危险废物的生产量和种类、产生源、管理方法及费用，以及企业对废物减量的政策目标、废物减量措施、实施日期、

实施减量后预期结果等。

② 职工培训计划。有效的废物减量计划必须与职工培训计划相结合，通过培训使职工了解如何监测泄漏和物料流失，对工艺操作工和维修人员应当就如何减少废物进行培训。

③ 实行奖励制度，鼓励职工减废积极性和主动性。建立奖励制度，鼓励职工提出合理化建议，根据实施后的效益，给予精神和物质奖励。

④ 财务管理策略。实行费用分摊，将废物处理处置费用分摊给产生废物的车间和部门，而不是由全公司（全厂）一般管理费用中列支，从而使废物产生部门清楚认识到废物处理费用对其车间成本的影响，刺激生产部门减少废物量。

2. 工艺技术改革

改革工艺技术是预防和减少废物产生的最有效方法之一，通过工艺改革可以预防废物产生，增加产品产量和收率，提高产品质量，减少原材料和能源消耗。但是工艺技术改革通常比强化内部管理需要投入更多人力和资金，因而实施起来时间较长，通常只有在加强内部管理之后才进行研究。

工艺技术改革主要采取以下四种方式。

（1）生产工艺改革。

改革生产工艺，减少废物生产是指开发和采用低废和无废生产工艺和设备来替代落后的老工艺，提高反应收率和原料利用率，消除或减少废物。

北京某合成橡胶厂生产丁二烯的丁烯氧化脱氢装置原采用钼系催化剂，由于转化率、选择性低，污染严重，后改用铁系 B－02 催化剂，选择性由 70%提高到 92%，丁二烯收率达到 60%，因而大大地削减了污染物排放量，表 9-1、9-2 列出了对比数据。

表 9-1 丁烯氧化脱氢废水排放对比①

催化剂名称	废水量 /$(t \cdot t^{-1})$	COD /$(kg \cdot t^{-1})$	C=0 /$(kg \cdot t^{-1})$	COOH /$(kg \cdot t^{-1})$	pH
铁系 B-02 催化剂	19.5	180	12.6	1.78	6.32
钼系催化剂	23	220	39.6	30.6	2~3

表 9-2 丁烯氧化脱氯废气排放对比①

催化剂名称	废气排放量 /$(m^3 \cdot h^{-1})$	CO /$(m^3 \cdot h^{-1})$	CO_2 /$(m^3 \cdot t^{-1})$	烃类 /$(m^3 \cdot h^{-1})$	有机氧化物 /$(kg \cdot h^{-1})$
铁系 B-02 催化剂	1 974	12.83	268.71	12.37	0.4
钼系催化剂	4 500	319	669	54.5	139.7

①：以生产 1t 丁二烯计。

在工艺技术改造中应尽量采用先进技术和大型装置，以提高原材料利用率，发挥规模效益并降低产品的排污系数，以乙烯生产为例，乙烯装置的废水排放量与装置的规模、工艺设备类型以及原料种类有密切关系。从发展方面来看，乙烯生产装置趋向于大型化，某些技术落后的小型石油化工装置必须进行改造，才能降低单位乙烯产品的污染物排放量，不同规模和原料乙烯装置废液排放数据比较见表 9-3。

表 9-3　不同规模和原料乙烯装置的废液排放数据比较

生产规模 /($10^4t\cdot a^{-1}$)	裂解炉类型	原料	工艺废水 /($t\cdot t^{-1}$)	废碱液 /($t\cdot t^{-1}$)	其他废水 /($t\cdot t^{-1}$)
30	管式炉	轻柴油	0.23～0.28	0.01～0.02	含硫废水 0.1～0.15
11.5	管式炉	轻柴油	3.48	0.173	—
7.2	砂子炉	原油闪蒸油	2.22	0.11	排砂废水 22.4
0.6	蓄热炉	重油	4.0	1.5～2.5	—

需要强调的是，废物源的削减应与工艺开发活动充分结合起来，从产品研究开发阶段起，就应考虑到减少废物量。这一点的经济效益可从以下实例得到证实。

（2）工艺设备改进。

通过工艺设备改造或重新设计生产设备来提高生产效率，减少废物量。

（3）工艺控制过程的优化。

在不改变生产工艺和设备的条件下，进行操作参数的调整，优化操作条件常常是既容易又经济的减废方法。

大多数工艺设备都是使用最佳工艺参数（如温度、压力和加料量）设计的，以取得最高的操作效率。因而，在最佳工艺参数下操作，避免生产控制条件波动和非正常停车可大大减少废物量。

以乙烯生产为例，在正常情况下排放的污染物主要是含酚、硫废水以及废碱液。废气是火炬排放气，这些污染物的排放量和组成因工艺控制水平的高低有较大差异。由于装置管理不好，或者公用工程（水、电、蒸汽）可靠性差以及各种设备、仪器仪表性能不佳等原因，装置运转就会出现不稳定，甚至局部或全部停车。一旦停车，则物料损失率极高，并引起严重污染，年产 30 万吨的乙烯装置每停车一次，火炬排放的物料约为 1 000t（以原料计），经济损失 40 万元左右。如按产品价值计算间接损失，则可达 700 万元，从停车到恢复正常生产期间，各塔、泵等还会出现临时液体排放，增加了废水中油、烃类的含量，有毒有害物质含量也成倍增加。因此加强管理，精心维护和操作，减少装置的停车，操作波动排放和泄漏是控制装置污染源的关键。

此外，采用自动控制系统监测调节工作操作参数，维持最佳反应条件，加强工艺控制，可增加生产量，减少废物和副产物的产生。

例如，安装计算机控制系统监测和自动复原工艺操作参数，实时模拟结合自动设定点调节，可使反应器、精馏塔及其他单元操作最佳化。在间歇操作中，使用自动化系统代替手工处置物料，减少操作工失误，来降低废物产生及泄漏的可能性。

3. 原料的改变

原料改变包括：①原材料替代（指用无毒或低毒原材料代替有毒原材料），②原料的提纯净化（即采用精料政策，使用高纯物料代替充配粗料）。

4. 产品的改变

（1）产品性能改善。

生产厂家可通过改变产品的性能减少产品使用时最终产生的废物。例如，某润滑油生产厂家研究出一种使用寿命更长的新产品，减少了废润滑油的产生量。

（2）产品配方改变。

新产品的设计应充分考虑其环境兼容性，即产品是否使用稀有原材料，是否含有害物质，是否使用大量能源，是否容易再生利用。

5. 废物的厂内再生利用技术

废物再生利用主要有以下两种方式。

（1）废物重复利用。

将废物加工后送回原生产工艺或其他生产工艺作为替代原料或配料。

（2）再生回收。

再生回收指从废物中再生回收有价值原材料并作为产品出售。我国有机化工原料行业在废物再生利用与回收方面，开发推广了许多技术。例如，利用蒸馏、结晶、萃取、吸附等方法从蒸馏残液、母液中回收有价值原材料，从含铂、钯、银等废催化剂中回收贵金属等。

二、绿色化工的实现

1. 采用环境友好型催化剂

化学工业上的重大变革、技术进步大多都是因为新的催化材料或新的催化技术的产生。发展环境友好的绿色化学，新的催化方法是关键，开发无污染物排放的新工艺以及有效的治理废渣、废液、废气污染过程，都需要开发使用新型的无毒、无害催化剂。

2. 采用无毒无害的介质

许多化工生产（反应、分离）过程都需要使用大量的溶剂。由于有机化工产品种类、数量在化工产品中占大多数，因此不得不广泛使用大量的有机溶剂。在涂料、油漆、塑料、橡胶、化纤、医药、油脂等加工使用过程中也广泛使用大量的有机溶剂。此外，在机械、电子、文具等精密仪器器件的清洗，乃至于服务业如服装干洗过程中，都需要大量的各种溶剂。

目前，无公害溶剂主要研究方向有水与超临界水、超临界二氧化碳等。

3. 强化绿色化工的过程与设备

化学工业发展的一个鲜明趋势是安全、高效、无污染的生产，其最终目标是将原料全部转化为预期的产品，实现整个生产过程的废弃物零排放。为实现这一目标，除了主要从前面所讨论的化学反应工艺路线、原材料选取、催化剂、助剂及溶剂选取等方面去考虑之外，还可通过强化化工生产与设备去达到。

强化绿色化工生产过程可以有许多方法，除了前面提到的超临界流体用助剂外，还有生产工艺过程集成、优化控制、超声波、微波等新技术。

4. 环境友好化工材料的应用

所谓环境友好化工材料是指那些具有良好使用性能，并对资源和能源消耗少，对生态环境污染小，再生利用率高或可降解循环利用，在制备、使用、废弃直到循环利用的整个过程中都与环境协调共存的一大类材料。在绿色化工方面，环境友好化工材料主要体现在：①绿色精细化工产品，例如：水处理剂、胶粘剂、绿色表面活性剂、聚合物添加剂、燃料添加剂等；②可降解塑料的应用，主要类型有：光降解塑料、生物破坏性塑料、生物可降解塑料；③绿色涂料的应用，包括高固含量溶剂型涂料、水基涂料、液体无溶剂涂料、粉末涂料等；④绿色润滑剂，包括植物油、合成脂等。

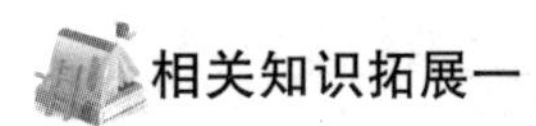

相关知识拓展一

清洁生产的定义与内容

1. 清洁生产的定义

所谓清洁生产，是指不断采取改进设计，使用清洁的能源和原料，采用先进的工艺技术与设备，改善管理、综合利用，从源头消减污染，提高资源利用效率，减少或者避免生产、服务和使用过程中污染物的产生和排放，以减轻或者消除对人类健康和环境的危害。

2. 清洁生产的主要内容

清洁生产的内容，可归纳为“三清一控制”，即清洁的原料与能源、清洁的生产过程、清洁的产品，以及贯穿于清洁生产的全过程控制。

(1) 清洁的原料与能源。

清洁的原料与能源，是指在产品生产中能被充分利用而极少产生废物和污染的原材料和能源。要做到这一点，有以下几种措施：

① 少用或不用有毒、有害及稀缺原料，选用品位高的较纯洁的原材料；

② 常规能源的清洁利用，如何用清洁煤技术，逐步提高液体燃料、天然气的使用比例；

③ 新能源的开发，例如太阳能、生物能、风能、潮汐能、地热能的开发利用；

④ 各种节能技术和措施等，例如在能耗大的化工行业采用热电联产技术，提高能源利用率。

(2) 清洁的生产过程。

生产过程就是物料加工和转换的过程，清洁的生产过程，要求选用一定的技术工艺，将废物减量化、资源化、无害化，直至将废物消灭在生产过程之中。

废物减量化，就是要改善生产技术、工艺和设备，以提高原料利用率，使原材料尽可能转化为产品，从而使废物达到最小量。

废物资源化，就是将生产环节中的废物综合利用，转化为进一步生产的资源，变废为宝。

废物无害化，就是减少或消除将要离开生产过程的废物的毒性，使之不危害环境和人类。

实现清洁生产过程的措施为：

① 尽量少用或不用有毒、有害的原料（在工艺设计中就应充分考虑）；

② 消除有毒、有害的中间产品；

③ 减少或消除生产过程的各种危险性因素，例如高温、高压、低温、低压、易燃、易爆、强噪声、强震动；

④ 采用少废、无废的工艺；

⑤ 选用高效的设备和装置；

⑥ 做到物料的再循环（厂内、厂外）；

⑦ 简便、可靠的操作和控制；

⑧ 完善的管理等。

(3) 清洁的产品。

清洁产品具体应具备以下几方面的条件：

① 节约原料和能源，少用昂贵和稀缺原料，尽可能“废物”利用；

② 产品在使用过程中及使用后不含有危害人体健康和生态环境的因素；

③ 易于回收、复用和再生；

④ 合理包装；

⑤ 合理的使用功能，节能、节水、降低噪声的功能及合理的使用寿命；

⑥ 产品报废后易处理、易降解等。

(4) 全过程控制。

贯穿于清洁生产中的全过程控制，包括两方面的内容，即生产原料或物料转化的全过程控制和生产组织的全过程控制。

① 生产原料或物料转化的全过程控制，也称为产品的生命周期的全过程控制。它是指从原料的加工、提炼到生产出产品、产品的使用直到报废处置的各个环节所采取的必要的污染预防控制措施。

② 生产组织的全过程控制，也就是工业生产的全过程控制。它是指从产品的开发、规划、设计、建设到运营管理，所采取的防止污染发生的必要措施。

应该指出，清洁生产是一个相对的、动态的概念，所谓清洁生产的工艺和产品，是和现有的工艺相比较而言的。推行清洁生产，本身是一个不断完善的过程，随着社会经济的发展和科学技术的进步，需要适时地提出更新的目标，不断采取新的方法和手段，争取达到更高的水平。

3. 清洁生产与末端治理的区别

（1）清洁生产侧重“防”，末端治理侧重“治”。

（2）清洁生产实现了环境效益与经济效益的统一，而传统的末端治理只有环境效益，没有经济效益。

（3）清洁生产对于企业来讲有动力、能主动，末端治理对于企业没有太大动力，比较被动。

（4）清洁生产可以持续，而末端治理不易持续。

清洁生产除强调污染预防外，还体现了以下两层含义。

（1）可持续性：清洁生产是一个相对的、不断的持续进行过程。

（2）防止污染物转移：将气、水、土地等环境介质作为一个整体，避免末端治理中污染物在不同介质之间进行转移。

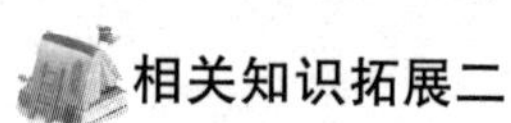

相关知识拓展二

绿色化工

绿色化工就是在化学产品的设计、开发和加工过程中，都应减少或消除使用或产生对人类健康和环境有害的物质。绿色化工的目的在于不再使用有毒、有害的物质，不再产生废物，不再处理废物。从科学观点看，合理利用资源能源，降低生产成本，符合经济可持续发展的要求。

绿色化工是化学工业中清洁生产的根本源泉。

绿色化工的特点是：在获得新物质的转化过程中，充分利用每一个原子，实现“零排放”，也就是说，“绿色化工”是一种无污染的新型化工。

学生课外任务1

作　业：

1. 清洁生产的含义是什么？清洁生产的主要内容包括哪些方面？
2. 简述化工企业如何实施清洁生产？
3. 什么是绿色化工？

项目任务：

分小组对某化工企业进行调研，编制该化工企业实施清洁生产的方案。

任务二　化工节能技术

知识目标：了解通用化工节能设备。
能力目标：初步具备化工生产中的主要节能方法的应用能力。
态度目标：培养严谨的科学态度、树立化工节能环保意识。

【案例 9-2】

某热水泵房的改前流程为：来自自来水管网的水进入缓冲罐后由泵升压供出至工艺装置换热后至生活区。来自工艺装置的热媒水进入缓冲罐后由泵升压送至工艺装置先换热升温后加热新鲜水降温后返回。

由于设置了缓冲罐，并且加之原选用的泵扬程较高（125m），需要开两台 75kW 的泵。

改造后流程：来自自来水管网的新鲜水不进缓冲罐直接（流量较小，大部分时间）或经 1 台 15kW 的管道泵至工艺装置，基本减少了一台 75kW 的泵电耗。

来自工艺装置的热媒水也不进入缓冲罐，直接由 1 台 15kW 的管道泵升压送至工艺装置。

上述改造，投资仅 3 万元，年节省电费却达 30 多万元。

一、化工节能概述

化工节能的途径一般包括以下几个方面：首先可以通过采用先进的工艺过程和技术来实现过程节能；其次通过流体输送机械、换热设备、蒸发设备、塔设备、干燥设备等的选用和管理来实现设备节能；最后可将生产系统集成起来作为一个有机的整体，在生产系统能量平衡的基础上，进行系统节能等。

化工生产节能从化工生产过程的各个用能环节入手，首先应通过选用或改进工艺过程，减少工艺用能；再考虑经济合理地回收能源；其不足的部分能源再由转换设备提供。

化工生产主要节能方法包括以下几方面：

（1）使用能耗小的先进工艺过程和高效设备。

（2）减少过程，优化匹配，提高能量的利用率。

（3）多次使用能量。例如对传热过程，就是要减小传热温差，目前的经济传热平均温差（不包括加热炉）已经达到 20～30℃，随着强化传热技术的发展，传热系数提高后，经济传热过程可能进一步减小温差。

（4）高能高用，低能低用。避免大马拉小车，以节省能源。

二、企业能量平衡技术

1. 企业能量平衡的方法

均采用测试计算与统计计算相结合的方法。测试计算反映测试状况下的能耗水平，而统计计算反映实际平均水平。

企业能量平衡是一项技术性强、涉及面广、工作量很大的工作，工作周期较长，除了领导重视、技术力量充足、测试手段完善之外，掌握正确的测试方法非常重要。

（1）测算结合，以测为主。

对企业进行能量平衡主要靠测试，必须以测为主，不能以计算代替测试。

能量平衡测试并不是要对企业的所有设备和装置都完全地进行实测，应该选择主要耗能设备进行实测，其他则只进行统计计算。

（2）先易后难，掌握步骤。

企业能量平衡工作涉及面宽，设备与装置多样。简单的设备测试的数据比较少，容易掌握。因此开展能平工作时，应先从简单设备和装置开始，掌握原则，“练好兵”。

（3）正反结合，抓住重点。

对设备的能量平衡测试原则上应同时采用效率直接测定法（正平衡法）与效率间接测定法（反平衡法），并确定其中一种方法为主要方法。例如对锅炉，规定必须同时使用正反平衡法，且正平衡法为主，反平衡法为校核方法。需要注意的是：两种方法的测试条件与结果的偏差，应根据有关设备及其标准做出明确的规定。

在实际能量平衡测试中，对一般用能较少设备，可只进行正平衡测试。

（4）分批测试，统一计算。

对于大型复杂的企业，在同一时间对所有设备和装置统一测试是不可能的，因此应对所有测试设备分类，按先易后难原则分批测试。但应特别注意的问题是：测试应选在正常生产运行，原料与产品性质、产品方案及操作参数有代表性的条件下进行，而且整个企业的测试阶段不宜拖得太长，以避免测试数据与统计数据严重脱节的现象。

企业能量平衡测试完成后，再进行数据整理，统一计算，以避免先后计算口径的不一致。

2. 能量平衡工作步骤

能量平衡工作一般分为以下 6 个步骤。

（1）组织准备工作。

开展培训教育工作，建立企业能量平衡工作领导小组（全面组织、协调，合理安排生产，推进实施能量平衡结果后的成果）、工作小组（实施机构）和有关专业测试小组，明确职责。

收集主要耗能设备的设计与运行技术参数以及测试统计期（截止到能平结束，向前追溯一个整年度）的主要产品品种及数量、能源消耗量。

做好计量准备工作，配备、完善（校核）测试仪器，以及现场采样点、测试点的准备。

（2）制订能量平衡测试方案。

确定加工的原料与产品、处理量，需要遵守的标准和原则，哪些设备与装置是需要测试的，测试时间与进度，测试体系的划分，有关基准（基准温度）、数据单位（包括绝压、表压）的统一、能量平衡采用的计算公式的确定。

人为地单独划分出来作为研究分析的对象称为体系，体系具有一定的空间和边界。企业能量平衡中的体系可以划分为设备能量平衡体系、主要生产车间（工艺装置）能量平衡体系、企业能量平衡体系。也可以根据能源品种划分为蒸汽平衡体系、电能平衡体系、燃料平衡体系和水平衡体系等。体系的边界必须明确，并且符合能量平衡工作目标的要求，使测试方便。随着测试体系的确定，被测设备、测试项目、测点布置、数据采集、计算方法才能确定。计算方法需首先确定，是因为不同的计算方法需要的测试数据不同。

（3）能量平衡测试实施。

首先消除被测设备体系的明显缺陷（操作及管理上的缺陷、设备本体、监控仪表、辅助设施的缺陷，是否存在明显的偶然性能源浪费现象）。

根据设备测试计算表，制作原始记录表，包括测试时间、地点、环境状态、设备名称、型号、测点位置、测试仪表、采集次数、时间间隔、样品编号、生产产品的名称及性能参数、测试人及记录人等。

在最后的测试过程中，应统一指挥，分工负责，尽量保证测试开始、结束时间、数据记录时间及间隔的统一，还必须保证测试记录与现场分析相结合，及时发现数据的不合理性，进行调整和补救测试。

(4) 能量平衡数据的整理与计算。

数据整理过程中，将需要三类数据：测试数据、统计数据、引用数据，这些数据应相互结合，保证能量平衡结果的准确可靠。有时靠某一单独设备或装置的数据还不行，必须与其他相连的设备或装置相联系。

(5) 能量平衡分析。

分析各设备、装置或全厂用能的合理性，以及产生不合理用能的原因。

(6) 提出节能措施。

改进不合理用能是企业能量平衡的最终目的，因此必须根据企业不合理用能现象及原因，有针对性地提出改进和改造的方法与措施。有些企业在能量平衡后，只有大堆的表格和数据，但分析与措施很少，实际上起不到能量平衡的作用。

三、通用化工节能设备

1. 风机泵类智能控制节电装置

这类装置的节电原理为：风机泵类负载多是根据最大负荷工作需用量来选型，实际应用中大部分时间并非工作于满负荷状态，而且经常使用挡板、风门、回流阀或开/停机时间来调节风量或流量，因此大量的电能消耗在挡风板和阀门上。而频繁开机又会导致冲击电流较大，增加设备磨损，减少设备寿命。

作为变转矩负载的风机泵，其转矩与转速的平方成正比，其功率与转速的三次方成正比，通过在不同的负荷情况下自动改变电机的转速来满足负荷的需要，从而达到节能的目的。风机泵都是控制流量的，其流量将随生产需要而变化，即其工作点在不同情况下是不一样的，如何在不同的工作点进行不同的调节，是节电的一个关键。

2. 电机节电器

(1) 节电器的基本原理。

通过对电机的负荷及自感电势的检测，自动控制电机的供给电压及电压相位，使电机在运行中根据负载的波动不断地处在调功调相运行，同时将部分无功功率释放转换为有功功率，使电机的功耗始终处在最低状态，可使电机在达到节能目的的同时对生产效率没有任何影响。这也区别于其他电机节电产品在节电的同时也降低了生产效率（例如变频器、相控节电器等）。具体原理如图 9-1 所示。

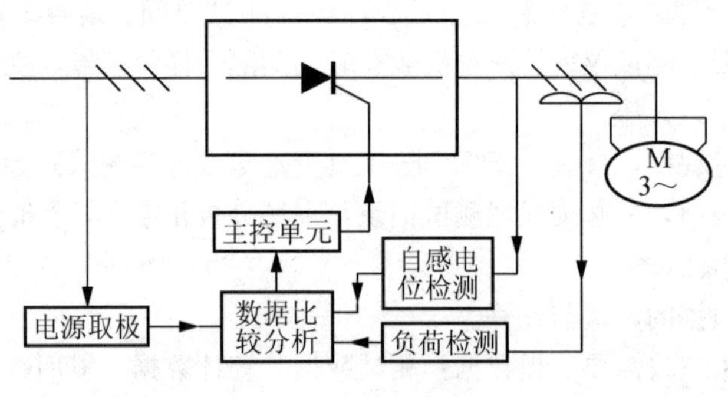

图 9-1　节电器原理图

（2）节电器所应用的设备。

节电器主要应用于启动后稳定低负荷或波动负荷运行的电机，对稳定负荷率大于80％以上的电机无节电效率。

节电器可主要应用于以下电机：风机水泵、注塑机、车床、磨床、冲床、铣床、电钻、电焊机、工业洗衣机、液压机、破碎机、石材切割机、螺杆式空压机、挤塑机、挤压机、压铸机、电锯及其他波动负载或低负荷稳定性负载的电机设备；也可应用于各种电加热设备。

节电器负荷率的计算公式为：

（电机运行电流/电机额定电流）×100％＝负荷率

3. 化验室节能设备

化工行业的化验室对于化工生产来说是至关重要的，虽然其日常电能消耗对于产品生产而言似乎是微不足道的，但是节能得从点点滴滴做起。通常化验室最大的耗电设备多半是马弗炉。当前陶瓷纤维马弗炉是现在最好的节能炉型，这是由于陶瓷纤维质地松软保温性能良好，与传统的耐火材料马弗炉相比，炉体所配置的电功率大幅下降，而且炉子升温速度很快，供电线路的维护保养也显得方便，省电省时省工，使用起来很称心。此外，与传统的耐火材料马弗炉相比，陶瓷纤维马弗炉不仅节能，而且重量轻了许多，搬动安装十分方便。该系列产品按使用温度来划分，从1 000℃开始，最高使用温度可达1 700℃。

4. 节能新技术、新设备

（1）热泵。

吸收式热泵有两种形式，第一种方式需要较高温位的低温热，温度约为（120～130℃），使低温位（20～50℃）的低温热温度升高30℃左右。

第二种方式是不需较高温位的低温热，仅耗少量的泵功，就可使70～90℃的低温热升高至150～200℃，这种方式一般称为吸收式变热器，应是在炼油厂非常实用的一种节能措施。

（2）燃气轮机。

燃气轮机的工作原理：压气机（压缩机，在燃机的前部）连续地从大气中吸入空气并将其压缩，压缩后的空气进入燃烧室，与喷入的燃料混合后，成为高温燃气进入透平中膨胀做功，推动透平叶轮带着压气机叶轮一起旋转，加热后的高温燃气做功能力显著提高，因而透平在带动压气机的同时，尚有余功作为燃气轮机的输出机械功。燃气轮机结构原理如图 9-2 所示。

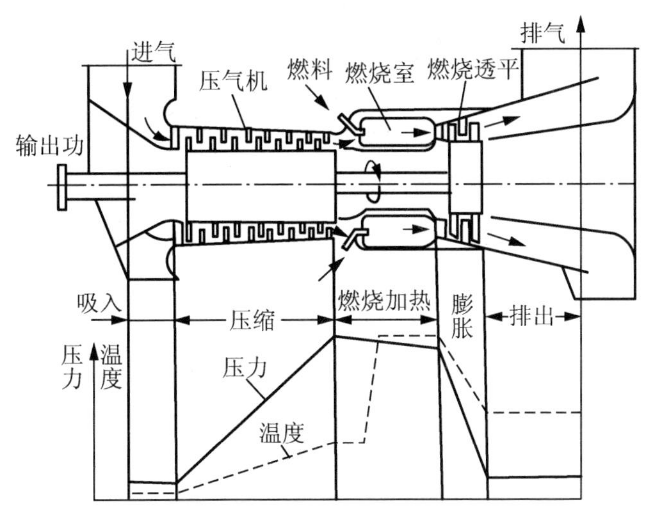

图 9-2 燃气轮机结构原理

（3）低温余热的回收与利用。

化工生产中，往往有大量的低温余热（一般指热源温度在 150℃以下），低温余热回收和利用的好坏也标志着一个企业的用能水平，因此它始终是困扰节能工作的一个问题。低温余热的回收利用应遵循以下原则：

① 降低工艺用能，优化工艺装置换热流程，尽量少产低温余热；

② 低温余热的回收和利用必须经济合理、运行可靠；

③ 低温余热的利用应优先考虑长周期运行的同级利用（低温热量直接代替了原使用的二次能源），例如空气预热、除盐水加热、工艺装置重沸器热源、储罐加热，其次考虑全年中部分时间利用的同级利用，例如采暖，最后才考虑升级利用，即热泵、制冷、发电。

（4）调速。

目前高压变频调速的技术国内也比较成熟，投资也大幅下降，300～1 000kW 的单价在 1 300～1 500 元/kW，若功率在 2 000kW 以上，单价可降至 1 000 元/kW。

应避免的一个问题是：调速并不意味着只有变频一种方式，对于长期低负荷运转的泵，可采用直接切削叶轮的办法。

另外在论证调速方式时，特别注意在泵的总扬程中，管路压降和阀门压降占的成分越大，调速节电的效果越好，否则效果不好。

（5）发生高压蒸汽。

利用工艺装置余热发生高压蒸汽有显著的经济效益，且已在国内外石油化工行业得到了较广泛的应用。例如国内外大型合成氨装置、乙烯装置已经开始应用发生高压蒸汽，国外大型制氢装置发生高压蒸汽的工业应用也较常见，日本一些炼油厂催化裂化装置也产生

8.0MPa 的高压蒸汽（直接背压到 1.0MPa）。

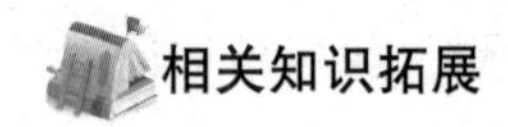

相关知识拓展

化工行业节能发展方向

化学工业有 12 个大行业，4 万多种产品。其中有 5 种高耗能产品，即氮肥（合成氨）、烧碱、纯碱、电石和黄磷，这 5 种产品的能源消费量占化学工业能源消费总量的 60%以上。因此，几种主要耗能产品的节能技术，代表了化工行业节能技术的水平。开发采用新的节能技术是化工产品降低能源消耗、提高经济效益的重要举措。

1. 合成氨节能技术发展方向

合成氨工艺技术设备的发展趋势是大型化、集成化、自动化并形成经济规模的生产中心，低能耗与环境更友好。

(1) 开发大型设备和节能集成技术。开发年生产能力在 30 万～45 万吨的设备和生产系统能量优化技术，自动化控制技术。在合成氨装置大型化的技术开发过程中，其焦点主要集中在关键性的工序和设备，即合成气制备、氨合成、合成气压缩机。

(2) 发展开发低能耗合成氨工艺。该工艺可节能降耗，其主要技术包括：温和转化、燃气轮机、低热耗的脱碳和变换、深冷净化、效率更高的合成回路、低压合成技术等。

(3) 发展开发用烟煤、褐煤等粉煤、碎煤和水煤浆制合成气技术。包括发展壳牌粉煤气化技术、德士古水煤浆气化技术、GSP 煤气化工艺技术，以及国内开发的灰熔聚粉煤气化技术、恩德炉煤气化技术等。特别是自有知识产权的新型多喷嘴（对置式）干粉煤加压气化技术和节能环保型复合式锥形水煤气发生炉技术。

(4) 开发戴热体循环流化床粉煤气化技术。本技术使用煤做戴热体，携带着大量热量进入煤气发生炉，解决了制气时的热量问题，可降低投资费用。在生产热煤的同时，燃烧炉的烟气含有 20%的 CO 气体，经再燃烧后用余热锅炉生产中压蒸汽，这样蒸汽量很大，是一个很好的动力源，可以以汽代电，用蒸汽机推动氢氮压缩机，或经热电站生产电力供应电。前者可以全厂不要外供电，后者可将电耗降到原消耗的 20%，该技术可用粉煤代替块煤、型煤，可用蒸汽代电。

(5) 开发多段水煤气发生炉技术。多段炉是用空气-水蒸气连续气化煤炭制取水煤气的装置。

(6) 变压煤气化技术。它是指在煤气化过程中的压力交替变化的煤气化法，其空气吹风是在常压下进行，蒸汽制气反应是在加压下进行。利用蒸汽原有的压力即可制取加压煤气。

(7) 合成氨-造气炉气化层温度直接测量和自控机，一直是煤气化生产中的技术难题。气化层温度是合成氨生产中的重要参数，因为它与原料煤和蒸汽消耗、煤气产量、煤气质量以及安全稳定生产等方面关系都十分密切。采用造气炉气化层温度直接测量和自控机用于生产，可连续测得气化层实际温度，将气化层实际温度的信号送入气化层温度自控机，炉温自控机对气化层温度及其位置自动进行控制。可全面改善造气生产状况，解决因炉温所造成的生产负荷波动问题；提高造气炉发气量，提高蒸汽分解率和有效气体成分，降低灰渣含碳量。

(8) 联产和再加工技术。①合成氨装置联产车用燃料油技术。合成氨生产的原料气中，H_2、N_2 为有用成分外，CO、CO_2 是有害成分，利用 CO、CO_2 在特殊催化剂的催化作用下，将 CO、CO_2 转化为类似汽、柴油的且含有低碳醇可燃液体，经加工为车用燃料。比汽、柴油燃烧效率高，尾气中有害成分低。合成氨生产过程中，采用这种新工艺，在除去有害成分的同时，还变“害”为利，联产了燃料油。②合成氨多联产技术。合成氨联产甲醇、二甲醚技术。

(9) 合成氨-尿素蒸气自给（节能集成技术）。采用醇烃化合成氨原料气精制工艺、低压低能耗氨合成系统、低能耗的变换工艺技术采用新型重风燃烧炉和余热回收器集中回收造气吹风余热和上下煤气显热的副产蒸汽的合成氨蒸汽自给技术；采用尿素生产节汽技术、设备和全燃循环流化床锅炉技术等。

(10) 中、小氮肥厂 IGCC 煤气联合循环热电联供技术。开发中、小氮肥厂 IGCC 煤气联合循环热电联供技术，以煤及造气工段排出的炉渣、煤屑、除尘泥为煤气发生炉的燃料，将发生炉煤气和吹风气混合成 LHV 热值达 4.75MJ/m^3 的混合煤气，供联合循环燃机的燃料，从而回收利用吹风气等造气工段排出的废料，实现热电联产，电、热自给有余，并可将富余电力向电网供电。

2. 烧碱节能技术发展方向

(1) 继续发展离子膜法烧碱，开发完善隔膜法、离子膜法节能技术。

(2) 改进和完善改性隔膜+扩张阳极+活性阴极技术，完善国产化离子膜法电解技术，改进普通隔膜、改性隔膜、金属阳极、活性阴极制备技术大型旋转薄膜蒸发器。

(3) 开发烧碱生产采用氧阴极-离子膜电解工艺技术。目前离子膜烧碱的生产是最先进、环保的工艺，但每吨碱电耗仍达 2 200～2 300kW·h（直流电）。氧阴极-离子膜法可使电解槽的电压降低 1.0V，每吨碱节电 700kW·h。而且，应用于电解废盐酸回收氯，也是一项很有价值的实用技术。

(4) 开发离子膜烧碱大型自然循环高电流密度电解槽。单槽生产能力高，生产吨碱可节电 20～30kWh。

(5) 开发化学反应方法生产烧碱技术，取代电解法生产技术。

3. 纯碱节能技术发展方向

(1) 热电联产，开发蒸汽四级利用技术。纯碱厂用汽量都很大，大型碱厂可采用 100kg/m^2 压力的锅炉，提高多级利用蒸汽的次数。蒸汽发电、重碱煅烧、重质碱煅烧、蒸氨四级利用。

(2) 合成氨变换气直接制碱（联碱）技术。

(3) 集干燥、冷却、分级为一体的重质碱新型沸腾床技术。

(4) 节能技术集成。选择有条件的工厂，配套安排节能措施，创单厂能耗最低。

(5) 开发纯碱生产用冷却水技术。纯碱生产用冷却水，开发一套水质稳定的措施，以提高换热器传热效率及使用周期。同时开展磁化水的研究工作，推广国内外磁化水技术。

(6) 开发氯化铵结器使用制冷剂直接冷却的技术，可大大节约氨压缩机的电能。

(7) 采用自动化检测及控制手段，进一步优化工艺条件，缩小母液循环当量，达到节约能源的目的。

(8) 建立完善的回收系统，包括含氨、二氧化碳的尾气和含氨、盐的“杂水”。选择先进的疏水装置，回收蒸汽冷凝水。

4. 电石节能技术发展方向

(1) 电石炉密闭化和炉盖设计技术。

(2) 继续完善消耗吸收电石炉炉气清净技术和炉气利用技术。

(3) 大中型商品电石企业用煤和电石炉气烧锅炉自行发电的技术，开发以炉气为补充气源的两用锅炉。

(4) 研究改进我国湿法除尘技术，实现洗涤水闭路循环工艺，不仅能大量节水，还可把二次污染减少到最低限度。

(5) 进一步完善我国独创的密闭电石炉气直接燃烧法锅炉系统和半密闭炉烟气废热锅炉系统技术。

(6) 开发电石自动出炉技术和嫁接冶金工业中模糊控制技术。

(7) 大中型电石炉采用节能型变压器和其他节约电能的系统设计。

5. 黄磷节能技术发展方向

(1) 发展年产能力在 7 000t 以上的大电炉，淘汰年产能力 2 000t 以下的小电炉。

(2) 开发尾气回收利用技术。尾气采用电除尘后作燃料或原料生产化工产品。

(3) 黄磷电炉改造技术。3 根电极改为 6 根，吨黄磷产品节电 300～800kW·h。

(4) 生产操作上采用微机控制，提高自动化水平，节能降耗。

学生课外任务 2

作　业：

1. 简述化工生产主要节能方法。
2. 简述如何实现企业能量平衡？
3. 简述化工生产中如何选用节能设备？
4. 简述化工行业节能发展的方向。

项目任务：

以本校化工原理实训室为例，提出节能技改和管理方案。

第十单元　化工企业安全与环保管理

任务一　化工企业安全管理

知识目标： 了解化工企业安全管理的机构、人员配置与职责，掌握化工企业安全生产规章制度、安全生产检查的方式与内容。

能力目标： 能编制化工工艺过程安全管理方案、化工事故应急救援预案，并初步具备组织实施的能力。

态度目标： 树立化工安全管理的责任意识，培养一丝不苟的工作精神。

【案例 10-1】

2008 年 6 月 16 日 16 时 30 分左右，淄博中轩生化有限公司黄原胶技改项目提取岗位，一台离心机在生产厂家浙江辰鑫机械设备有限公司技术员检修完毕后的试车过程中发生闪爆，并引起火灾。事故造成 7 人受伤，直接经济损失 12 万元。

事故原因： 违反离心机操作规程，对检修的离心机各进出口没有加装盲板隔开，也没有进行二氧化碳置换，造成离心机内的乙醇可燃气体聚集、起火。淄博中轩生化公司未设置安全生产管理机构，配备专职安全管理人员；未落实设备检修管理规定，未制订检修方案，未执行检修操作规程；未落实对外来人员入厂安全培训教育；主要负责人未履行安全生产管理职责，未督促、检查本单位的安全生产工作，及时消除生产安全事故隐患。

一、化工企业安全管理机构的设置、人员的配备与职责

我国对化工企业安全管理机构的设置与安全管理人员的配置有明确的规定和要求。《中华人民共和国安全生产法》第十九条规定，危险物品的生产、经营、储存单位，应当设置安全生产管理机构或者配备专职安全生产管理人员。国家安全监管总局与工业和信息化部联合颁发的《关于危险化学品企业贯彻落实〈国务院关于进一步加强企业安全生产工作的通知〉的实施意见》（安监总管三〔2010〕186 号）明确规定：危险化学品企业要设置安全生产管理机构或配备专职安全生产管理人员，安全生产管理机构要具备相对独立职能，专职安全生产管理人员应不少于企业员工总数的 2%（不足 50 人的企业至少配备 1 人），要具备化工或安全管理相关专业中专以上学历，有从事化工生产相关工作两年以上经历，取得安全管理人员资格证书。

企业安全管理机构组织一般包括三级：企业安全生产领导小组，工厂安全生产管理职

能部门与安全管理人员，以及车间班组专兼职安全员，即安全管理层次可归纳为决策层、管理层和操作层。

（1）企业安全生产领导小组的组成与职责。

企业的主要负责人（包括企业法定代表人等其他主要负责人）是企业安全生产的第一责任人，对安全生产负总责，为企业安全生产领导小组负责人。领导小组成员包括企业各职能部门和各车间的主要负责人、安全员和职工代表。企业安全生产领导小组的主要职责为领导计划、协调企业安全生产工作，主要包括以下内容：建立、健全本企业安全生产责任制，组织制定和完善本企业安全生产规章制度和操作规程，保证本企业安全生产投入的有效实施，督促、检查本单位的安全生产工作，及时消除生产安全事故隐患，组织制定并实施本单位的生产安全事故应急预案，以及其他安全生产事项的决策。

（2）工厂安全生产管理职能部门与安全管理人员的职责。

工厂安全生产管理职能部门与安全管理人员的主要职责是对企业安全生产的综合管理，组织贯彻落实国家有关安全生产法律法规和标准；定期组织安全检查，及时排查和治理事故隐患；监督检查安全生产责任制和安全生产规章制度的落实。

（3）车间班组专兼职安全员职责。

车间班组专兼职安全员的职责是严格执行安全生产规章制度，监督车间岗位作业人员遵守操作规程，杜绝违章，防止事故发生。操作层是安全生产的基础环节。

二、化工企业安全生产责任制

化工企业安全生产责任制是对各级领导、各个部门、各类人员所规定的在他们各自职责范围内对安全生产应负责任的制度。

1. 主要负责人的安全生产职责

（1）认真贯彻执行国家安全生产方针、政策、法律、法规，把安全工作列入企业管理的重要议事日程，主持重要的安全生产工作会议，批阅上级有关安全方面的文件，签发有关安全工作的重大决定；

（2）负责落实各级安全生产责任制，督促检查副经理和下属行政部门正职抓好安全生产；

（3）健全安全管理机构，充实专职安全生产管理人员，定期听取安全生产管理部门的工作汇报，及时研究解决或审批有关安全生产中的重大问题；

（4）组织审定并批准企业安全规章制度，安全技术规程和重大的安全技术措施，解决安全技术措施经费；

（5）按规定和事故处理的“三不放过”原则，组织对事故的调查处理；

（6）加强对各项安全活动的领导，决定安全生产方面的重要奖惩。

2. 总工程师的安全生产职责

总工程师对企业生产中的安全技术问题全面负责，其职责如下：

（1）组织开展技术研究工作，积极采用先进技术和安全防护装置，组织研究和落实重大事故隐患的整改方案；

（2）组织新工程、新装置、新设备以及技术改造项目的设计、施工和投产时，做到安全卫生设施与主体工程同时设计、同时施工、同时投产；

（3）审查企业安全技术规程和安全技术措施项目，保证技术上切实可行；

（4）负责组织制订生产岗位尘毒等有害有毒物质的治理方案，使之达到国家标准；

（5）参加事故的调查处理，采取有效措施，防止事故重复发生。

3. 车间主任的安全生产职责

（1）保证国家安全生产法规和企业规章制度在本车间贯彻执行，把安全生产列入议事日程；

（2）组织制定并实施车间的安全生产管理规定、安全技术操作规程和安全技术措施计划；

（3）组织对新工人（包括实习、代培人员、临时用工）进行项目安全教育和班组安全教育，对职工进行经常性的安全思想、安全知识和安全技术教育，并定期组织安全技术考核，组织并参加每周一次的班组安全活动日；

（4）组织车间安全检查，落实隐患整改，保证生产设备、安全装备、消防装备、防护器材和爆破物品等处于完好状态，教育职工加强维护，正确使用；

（5）建立本车间安全管理网，配备合格的安全技术人员，充分发挥安全人员的作用。

4. 班组长的安全生产职责

（1）贯彻执行公司和车间主任对安全生产的规定和要求，全面负责本班组的安全生产；

（2）组织职工学习并贯彻执行企业、项目工程的安全生产规章制度和安全技术操作规程，教育职工遵纪守法，制止违章行为；

（3）组织并参加安全活动，坚持班前讲安全，班中检查安全，班后总结安全；

（4）负责对新工人（包括实习、代培人员、临时用工）进行岗位安全教育；

（5）负责班组安全检查，发现不安全因素及时组织力量消除，并报告上级；发生事故立即报告，并组织抢救，保护现场，做好详细记录；

（6）做好生产设备、安全装备、消防设施和危险物品等检查维护工作，使其保持完好和正常运行；

（7）及时发放职工劳动防护用品，并教育职工正确使用劳动保护用品。

5. 车间安全员的安全生产职责

（1）在车间主任的领导下，负责车间的安全生产工作，协助车间主任贯彻执行上级安全生产的指示和规定，并检查督促执行；

（2）负责或参与工程有关安全生产管理制度和安全技术操作规程，并检查执行情况，负责编制车间安全技术措施计划和隐患整改方案，并负责及时上报和检查落实；

（3）做好职工的安全思想，安全技术教育与考核工作，负责新工人的二级安全教育，督促检查班组的岗位安全教育；

（4）负责车间安全设备、防护器材管理，掌握尘毒情况，提出改进意见；
（5）每天要深入工地检查，及时发现隐患，制止违章作业，做好安全日记。

6. 员工的安全职责

（1）认真学习和严格遵守各项规章制度，不违反劳动纪律，不违章作业，对本岗位的安全生产负直接责任；
（2）精心作业施工，严格执行安全操作规程和劳动纪律，做好各项记录。交接班必须交接安全情况；
（3）正确分析、判断和处理各种事故隐患，把事故消灭在萌芽状态。如发生事故，要正确处理，及时、如实向上级报告，并保护现场；
（4）正确操作，精心维护设备，做好文明生产；
（5）上岗前必须按规定着装，戴好安全帽等个人劳动防护用品；
（6）积极参加安全活动；
（7）有权拒绝违章作业的指令，对他人违章作业加以劝阻和制止。

7. 安全技术部门的安全职责

（1）认真贯彻执行国家及上级安全生产方针、政策、法令、法规、指示，在经理的领导下负责企业的安全生产工作；
（2）负责对职工进行安全思想和安全技术知识教育，对新工人进行公司安全教育，组织对特种作业人员的安全技术培训和考核，组织开展各种安全活动；
（3）组织制定修订本公司安全生产管理制度和安全技术规程，编制安全技术措施计划，提出安全技术措施方案，并检查执行情况；
（4）组织参加安全大检查，贯彻事故隐患整改制度，协助和督促有关部门对查出的隐患制定防范措施，检查隐患整改工作；
（5）深入现场检查，解决有关安全问题，纠正违章指挥、违章作业，遇到危及安全生产的紧急情况，有权令其停止作业，并立即报告有关领导处理；
（6）监督检查爆破物品，安全用火管理制度的执行情况；
（7）负责各类事故的汇总、统计和上报工作，并建立事故档案，按规定参加事故的调查、处理工作；
（8）检查督促搞好安全装备的维护保养和管理工作；
（9）负责公司的安全考核评比工作，总结安全生产先进经验，积极推广安全生产科研成果，先进技术及现代安全管理方法；
（10）指导车间安全员、班组安全员，定期召开安全人员的会议，加强安全生产的基础建设。

三、化工企业安全生产规章制度

化工企业要主动识别和获取与本企业有关的安全生产法律、法规、标准和规范性文件，结合本企业安全生产特点，将法律、法规中的相关规定和标准，转化为企业的安全生产规章制度或安全操作规程的具体内容，规范全体员工的行为。化工企业应建立至少包含以下内容的安全生产规章制度：安全生产例会，工艺管理，开停车管理，设备管理，电气管理，公用工程管理，施工与检维修（特别是动火作业、进入受限空间作业、高处作业、起重作业、临时用电作业、破土作业等）安全规程，安全技术措施管理，变更管理，巡回检查，安全检查和隐患排查治理，干部值班，事故管理，厂区交通安全，防火防爆，防尘防毒，防泄漏，重大危险源，关键装置与重点部位管理，危险化学品安全管理，承包商管理，劳动防护用品管理，安全教育培训，安全生产奖惩等。

化工企业应依据国家有关标准和规范，针对工艺、技术、设备设施特点和原材料、辅助材料、产品的特性，根据风险评价结果，及时完善操作规程，规范从业人员的操作行为。

化工企业的安全生产规章制度、安全操作规程至少每3年评审和修订一次，发生重大变更应及时修订。修订完善后，及时组织相关管理人员、作业人员培训学习，确保有效贯彻执行。

四、化工企业安全生产检查

安全生产检查是一项综合性的安全生产管理措施，是建立良好的安全生产环境、做好安全生产工作的重要手段之一，也是企业防止事故、减少职业病的有效方法。

化工企业建设项目建成试生产前，要组织设计、施工、监理和建设单位的工程技术人员进行“三查四定”（三查：查设计漏项、查工程质量、查工程隐患；四定：定任务、定人员、定时间、定整改措施），聘请有经验的工程技术人员对项目试车和投料过程进行指导。试车和投料过程要严格按照设备管道试压、吹扫、气密、单机试车、仪表调校、联动试车、化工投料试生产的程序进行。试车引入化工物料（包括氮气、蒸汽等）后，建设单位要对试车过程的安全进行总协调和负总责。

化工企业建设项目建成投产后的安全检查可分为日常性检查、专业性检查、季节性检查、节假日前后的检查和不定期检查。

（1）日常性检查。即经常的、普遍的检查。企业一般每年进行2～4次；车间每月至少一次；班组每天进行检查。专职安全人员的日常检查应有计划，班组长和工人应严格履行交接班检查和班中检查。

（2）专业性检查。是针对特种作业、特种设备、特种场所进行的检查，如电焊、起重设备、厂内运输车辆、压力容器、压力管道等。

（3）季节性检查。是根据季节特点，为保障安全生产的特殊要求所进行的检查。如冬季的防火、防寒防冻；夏季的防汛、防高温盛暑、防台风。

（4）节假日前后的检查。包括节前的安全生产检查，节后的遵章守纪检查。

（5）不定期检查。是指在设备装置试运行检查、装置系统开车停车前后检查、检修检查等。

五、化工企业工艺过程安全管理

化工企业应强化工艺过程安全管理，提升本质化安全水平。

1. 建设项目安全管理

化工企业新建、改建、扩建危险化学品建设项目要严格按照《危险化学品建设项目安全生产监督管理规定》（国家安全监管总局令第45号）的规定执行，严格执行建设项目安全设施“三同时”制度。

2. 建设项目的设计、施工与监理

建设项目必须由具备相应资质的单位负责设计、施工、监理。大型和采用危险化工工艺的装置，原则上要由具有甲级资质的化工设计单位设计。设计单位要严格遵守设计规范和标准，将安全技术与安全设施纳入初步设计方案，生产装置设计的自控水平要满足工艺安全的要求；大型和采用危险化工工艺的装置在初步设计完成后要进行危险与可操作性分析（HAZOP）。施工单位要严格按设计图纸施工，保证质量，不得撤减安全设施项目。企业要对施工质量进行全过程监督。

3. 建立风险管理制度

企业应建立风险管理制度，积极组织开展危害辨识、风险分析工作。要从工艺、设备、仪表、控制、应急响应等方面开展系统的工艺过程风险分析，预防重特大事故的发生。新开发的危险化学品生产工艺，必须在小试、中试、工业化试验的基础上逐步放大到工业化生产。国内首次采用的化工工艺，要通过省级有关部门组织专家组进行的安全论证。

4. 确保设备设施完整性

化工企业应制定特种设备、安全设施、电气设备、仪表控制系统、安全联锁装置等日常维护保养管理制度，确保运行可靠；防雷防静电设施、安全阀、压力容器、仪器仪表等均应按照有关法规和标准进行定期检测检验。对风险较高的系统或装置，要加强在线检测或功能测试，保证设备、设施的完整性和生产装置的长周期安全稳定运行。

化工企业要加强公用工程系统管理，保证公用工程安全、稳定运行。供电、供热、供水、供气及污水处理等设施必须符合国家标准，要制订并落实公用工程系统维修计划，定期对公用工程设施进行维护、检查。使用外部公用工程的企业应与公用工程的供应单位建立规范的联系制度，明确检修维护、信息传递、应急处置等方面的程序和责任。

5. 不断提高工艺自动化控制与安全仪表水平

新建大型和危险程度高的化工装置，在设计阶段要进行仪表系统安全完整性等级评估，选用安全可靠的仪表、联锁控制系统，配备必要的有毒有害、可燃气体泄漏检测报警系统和火灾报警系统，提高装置安全可靠性。工艺技术自动控制水平低的重点危险化学品企业要制订技术改造计划，尽快完成自动化控制技术改造，通过装备基本控制系统和安全仪表系统，提高生产装置本质安全化水平。

6. 加强变更管理

企业要制定并严格执行变更管理制度。对采用的新工艺、新设备、新材料、新方法等，要严格履行申请、安全论证审批、实施、验收的变更程序，实施变更前应对变更过程产生的风险进行分析和控制。任何未履行变更程序的变更，不得实施。任何超出变更批准范围和时限的变更必须重新履行变更程序。

7. 加强重大危险源管理

化工企业要按有关标准辨识重大危险源，建立健全重大危险源安全管理制度，落实重大危险源管理责任，制订重大危险源安全管理与监控方案，建立重大危险源安全管理档案，按照有关规定做好重大危险源备案工作。应保证重大危险源安全管理与监控所必需的资金投入，定期检查维护，对存在事故隐患和缺陷的，要立即整改。重大危险源涉及的压力、温度、液位、泄漏报警等重要参数的测量要有远传和连续记录，液化气体、剧毒液体等重点储罐要设置紧急切断装置。要按照有关规定配备足够的消防、气防设施和器材，建立稳定可靠的消防系统，设置必要的视频监控系统，但不能以视频监控代替压力、温度、液位、泄漏报警等自动监控措施。

8. 重视储运环节的安全管理

化工企业应制定和不断完善危险化学品收、储、装、卸、运等环节的安全管理制度，严格产品收储管理。应根据危险化学品的特点，合理选用合适的液位测量仪表，实现储罐收料液位动态监控。建立储罐区高效的应急响应和快速灭火系统；加强危险化学品输送管道安全管理，对经过社会公共区域的危险化学品输送管道，要完善标志标识，明确管理责任，建立和落实定期巡线制度。

六、化工企业事故应急与管理

1. 建立健全企业应急体系

化工企业要依据国家相关法律法规及标准要求，建立健全应急组织和专（兼）职应急队伍，明确职责。鼓励企业与周边其他企业签订应急救援和应急协议，提高应对突发事件的能力。

企业应依据对安全生产风险的评估结果和国家有关规定，配置与抵御企业风险要求相适应的应急装备、物资，做好应急装备、物资的日常管理维护，满足应急的需要。

2. 完善应急预案管理

化工企业应依据国家相关法规及标准要求，规范应急预案的编制、评审、发布、备案、培训、演练和修订等环节的管理。在做好风险分析和应急能力评估的基础上分级制定应急预案。企业的应急预案要与周边相关企业（单位）和当地政府的应急预案相互衔接，形成应急联动机制。

化工企业应定期组织开展各层次的应急预案演练、培训和危害告知，及时补充和完善应急预案，不断提高应急预案的针对性和可操作性，增强企业应急响应能力。

3. 安全事件管理

化工企业对涉险事故、未遂事故等安全事件（如生产事故征兆、非计划停工、异常工况、泄漏等）应按照重大、较大、一般等级别进行分级管理，制定整改措施，防患于未然。化工企业通过建立安全事故事件报告激励机制，鼓励员工和基层单位报告安全事件，使企业安全生产管理由单一事后处罚，转向事前奖励与事后处罚相结合，从而强化事故的事前控制，消除不安全行为和不安全状态，把事故消灭在萌芽状态。

4. 事故管理

化工企业如发生事故，应按照事故等级和分类时限，及时上报政府有关部门，并按照相关规定，积极配合政府有关部门开展事故调查工作。事故调查处理应坚持“四不放过”和“依法依规、实事求是、注重实效”的原则。

化工企业应建立事故通报制度，及时通报本企业发生的事故，组织员工学习事故的经验教训，完善相应的操作规程和管理制度，共同探讨事故防范措施，防范类似事故的再次发生。要主动收集国内外同行业发生的重大事故信息，加强学习和研究，对照本企业的生产现状，借鉴同行业事故暴露出的问题，查找事故隐患和类似的风险，警示本企业员工，落实防范措施。

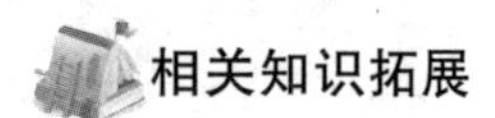

研读以下资料

1.《危险化学品安全管理条例》(国务院令第 591 号)；
2.《易制毒化学品管理条例》(国务院令第 445 号)；
3.《工伤保险条例》(国务院令第 586 号)；
4.《生产安全事故报告和调查处理条例》(国务院令第 493 号)；
5.《建设项目安全设施“三同时”监督管理暂行办法》(国家安监总局令第 36 号)；
6.《生产经营单位安全生产事故应急预案编制导则》(GB/T 29639)。

学生课外任务 1

作　　业：

1. 简述化工企业安全生产责任制体系的内容。
2. 简述化工企业强化工艺过程安全管理的内容。

项目任务：

1. 针对氯气钢瓶的储运，编制日常安全检查表和事故专项应急预案。
2. 开展氯气事故专项应急预案的桌面演练。

任务二　化工企业环保管理

知识目标： 掌握化工企业环保管理概念、内容，以及化工企业环保的“三同时”管理制度的要求。

能力目标： 具备化工突发环境事件应急预案编制和组织实施的基本能力。

态度目标： 树立化工可持续发展意识，培养团队合作精神。

【案例 10-2】

2011 年 4 月 29 日凌晨两点左右，某化工企业二分公司乙炔分厂电石泥压滤水上清液池发生溢流，大量污水流入雨水管网，由雨水管道缓冲池流出，对附近区域造成了较大污染。

防范措施：各职能部门加强监督管理；该化工企业二分公司加强生产管理和调度协调，增强人员环保意识，必须坚持"安全、环保第一"的原则，在生产运行不正常时果断采取降流量或停车等措施。

一、化工企业环保管理的概念和内容

1. 化工企业环保管理的概念

就化工企业而言，环保管理是指化工企业在生产经营活动中，既要追求经济效益，又要关注社会效益和环境保护，通过管理，控制其对环境的影响，实现企业与环境的和谐发展。

2. 化工企业环保管理的内容

化工企业环保管理的核心内容为将环境保护融于企业经营管理的全过程之中，使环境保护成为化工企业的重要决策因素。

化工企业环保管理的基本内容包括以下几个方面。

（1）重视研究本企业的环保对策，树立"绿色企业"的良好形象；

（2）采用新技术、新工艺，减少有害废弃物的排放；

（3）对废弃物进行回收利用处理及循环利用；

（4）变普通产品为"绿色"产品，努力通过环境认证；

（5）积极参与社区环境整治，加强对员工和公众的环保宣传和引导。

3. 化工企业环保管理的体制

化工企业环保管理的体制就是在企业内部建立全套从领导、职能科室到基层单位，在污染预防与治理、资源节约与再生、环境设计与改进以及遵守政府的有关法律法规等方面的各种规定、标准、制度甚至操作规程等，并有相应的监督检查制度，以保证在企业生产经营的各个环节中得到执行。

化工企业环保管理的体制具有以下特点：

（1）企业生产的领导者同时也必须是环境保护的责任者；

（2）企业环保管理要同企业生产经营管理紧密结合；

（3）企业环保管理的基础在基层。

化工企业环保管理机构的基本职能包括：组织编制环境保护计划与规划、组织环境保护工作的协调以及实施企业环境监测等。

化工企业环保管理机构的主要工作职责包括：

（1）督促、检查本企业执行国家环境保护方针、政策、法规；

（2）按照国家和地区的规定制定本企业污染物排放指标和环保管理办法，组织污染源调查和环境监测，检查企业环境质量状况及发展趋势，监督全厂环境保护设施的运行与污染物排放；

（3）负责企业清洁生产的筹划、组织与推动；

（4）会同有关单位做好环境预测，负责本企业污染事故的调查与处理；

（5）制订企业环境保护长远规划和年度计划，并督促实施；

（6）会同有关部门组织和开展企业环境科研以及环境保护技术情报的交流，以推广国内外新近的防治技术和经验；

（7）开展环境教育活动，普及环境科学知识，提高企业员工的环境意识。

二、化工企业环保的“三同时”管理制度

化工企业环保的“三同时”管理制度是贯彻执行国家及地方政府环境保护法律法规和方针政策的基本条件。“三同时”管理制度作为我国在环保工作实践中的一项基本环保管理制度，是指一切新建、改建、扩建的基本建设项目、技术改造项目及一切可能对环境造成污染和破坏的工程建设项目中的污染防治设施和其他环境保护设施，必须与主体工程“同时设计，同时施工，同时投产”。

“三同时”管理制度的适用范围包括：新建、扩建、改建项目，技术改造项目，一切可能对环境造成污染和破坏的工程建设项目，确有经济效益的综合利用项目等。

“三同时”管理制度是控制化工企业新污染源的出现，实现以预防为主原则的一条重要途径。

从化工企业项目建设过程看，环保“三同时”管理制度主要体现在筹划立项阶段、设计阶段、施工阶段和验收阶段。

1. 筹划立项阶段的环保管理

在化工项目筹划立项阶段，首先进行项目的环境保护审查。审查内容包括产品项目的审查、企业布局的审查、污染物排放情况的预审核等，另外还要经过环境影响评价。化工企业通过环境影响评价，可以把经济建设和环境保护协调起来，可以把化工生产活动的经济效益和环境效益统一起来，可以把经济发展和环境保护协调起来。

环境影响评价充分体现了公众参与原则，通过环境影响评价报告书（表），可以真正地保证公众对环境的知情权，杜绝那些具有潜在性和累积性的环境污染对公众造成的侵害。环境影响评价报告书（表）所提出的清洁生产措施要与主体工程同时设计、同时施工、同时投产使用。

2. 设计阶段的环保管理

在进行生产工艺的综合防治设计方面，必须体现对资源和能源的合理利用；同时在选用工艺技术和设备时，要优先考虑选用先进工艺技术和设备；另外在生产工艺的综合防治设计中应包括节约能源、提高用水循环率的措施和方案。

在对环保设施进行设计时，应按照初步设计中规定的排放标准来设置净化或处理设

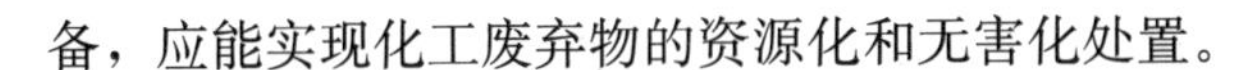

备，应能实现化工废弃物的资源化和无害化处置。

3. 施工阶段的环保管理

施工阶段，应保证环境保护设施的实施与落实到位，包括复查设计文件、检查环境保护设施的施工进度、检查环境保护设施的施工质量、妥善处理环境保护设计的变更等。

在施工过程中，要注意采取措施控制施工现场作业对周围环境的影响，防止施工现场对自然环境造成不应有的破坏，防止施工现场对周围生活居住区的污染和危害。

4. 验收阶段的环保管理

在环保工程验收阶段，主要是按照国家环保方面的法律法规和标准，检查经审批后的环保工程设计方案的落实情况。对环保工程的质量、运行状况及运行能力是否能达到国家法律法规的要求进行验收，并对在验收中发现的问题进行督促整改。

三、化工企业突发环境事件应急预案编制与管理

化工企业突发环境事件应急预案编制与管理可按以下程序进行。

1. 成立应急预案编制小组

针对可能发生的环境事件类别，结合本单位部门职能分工，成立以单位主要负责人为领导的应急预案编制小组，明确预案编制任务、职责分工和工作计划。应急预案编制小组应由具备应急指挥、环境评估、环境生态恢复、生产过程控制、安全、组织管理、医疗急救、监测、消防、工程抢险、防化以及环境风险评估等各方面专业知识的人员及专家组成。

2. 基本情况调查

对企业基本情况、环境风险源、周边环境状况及环境保护目标等进行详细的调查和说明。

3. 环境风险源识别与环境风险评价

企业根据风险源、周边环境状况及环境保护目标的状况，委托有资质的咨询机构，按照《建设项目环境风险评价技术导则》（HJ/T169）的要求进行环境风险评价，阐述企业存在的环境风险源及环境风险评价结果，应明确以下内容：环境风险源识别，最大可信事件预测结果，火灾爆炸与泄漏等事件状态下可能产生的污染物种类、最大数量、浓度及环境影响类别（大气、水环境或其他），自然条件可能造成的污染事件的说明（汛期、地震、台风等），突发环境事件产生污染物造成跨界（省、市、县等）环境影响的说明，可能产生的各类污染对人、动植物等危害性说明，结合企业（或事业）单位环境风险源工艺控制、自动监测、报警、紧急切断、紧急停车等系统以及防火、防爆、防中毒等处理系统水平，分析突发环境事件的持续时间、可能产生的污染物（含次生、衍生）的排放速率和数量，预测不同环境保护目标可能出现污染物的浓度值，并确定保护目标级别等。

4. 环境应急能力评估

在总体调查、环境风险评价的基础上，对企业现有的突发环境事件预防措施、应急装

备、应急队伍、应急物资等应急能力进行评估，明确进一步需求。企业应委托有资质的环境影响评价机构评估其现有的应急能力。评估主要包括以下内容。

（1）企业依据自身条件和可能发生的突发环境事件的类型建立应急救援队伍，包括通讯联络队、抢险抢修队、侦检抢修队、医疗救护队、应急消防队、治安队、物资供应队和环境应急监测队等专业救援队伍。

（2）应急救援设施（备）。包括医疗救护仪器、药品、个人防护装备器材、消防设施、堵漏器材、储罐围堰、环境应急池、应急监测仪器设备和应急交通工具等，尤其应明确企业主体装置区和危险物质或危险废物储存区（含罐区）围堰设置情况，明确初期雨水收集池、环境应急池、消防水收集系统、备用调节水池、排放口与外部水体间的紧急切断设施及清、污、雨水管网的布设等配置情况。

（3）污染源自动监控系统和预警系统设置情况。包括应急通信系统、电源、照明等。

（4）用于应急救援的物资。特别是处理泄漏物、消解和吸收污染物的化学品物资，如活性炭、木屑和石灰等，有条件的企业应备足、备齐，定置明确，保证现场应急处置人员在第一时间内启用；物资储备能力不足的企业要明确调用单位的联系方式，且调用方便、迅速。

（5）各种保障制度。如污染治理设施运行管理制度、日常环境监测制度、设备仪器检查与日常维护制度、培训制度、演练制度等。

（6）企业还应明确外部资源及能力。包括：地方政府预案对企业环境应急预案的要求等；该地区环境应急指挥系统的状况；环境应急监测仪器及能力；专家咨询系统；周边企业（或事业）单位互助的方式；请求政府协调应急救援力量及设备（清单）；应急救援信息咨询等。

根据有关规定，地方人民政府及其部门为应对突发事件，可以调用相关企业（或事业）单位的应急救援人员或征用应急救援物资，并于事后给予相应补偿，各相关企业（或事业）单位应积极予以配合。

5. 应急预案编制

在风险分析和应急能力评估的基础上，针对可能发生的环境事件的类型和影响范围，编制应急预案。对应急机构职责、人员、技术、装备、设施（备）、物资、救援行动及其指挥与协调方面预先做出具体安排。应急预案应充分利用社会应急资源，与地方政府预案、上级主管单位以及相关部门的预案相衔接。

6. 应急预案的评审、发布与更新

应急预案编制完成后，应进行评审。评审由企业主要负责人组织有关部门和人员进行。外部评审是由上级主管部门、相关企业（或事业）单位、环保部门、周边公众代表、专家等对预案进行评审。预案经评审完善后，由单位主要负责人签署发布，按规定报有关部门备案，同时，明确实施的时间、抄送的部门、园区、企业等。

企业应根据自身内部因素（如企业改、扩建项目等情况）和外部环境的变化及时更新应急预案，进行评审发布并及时备案。

7. 应急预案的实施

预案批准发布后，企业（或事业）单位组织落实预案中的各项工作，进一步明确各项职责和任务分工，加强应急知识的宣传、教育和培训，定期组织应急预案演练，实现应急预案持续改进。

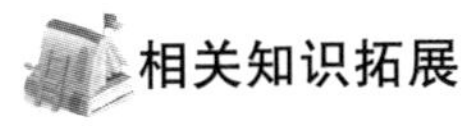
相关知识拓展

研读以下资料

1. 《化工企业环境保护管理规定》（化工部［1990］化计字第781号）；
2. 《建设项目环境保护管理条例》；
3. 《建设项目环境保护设施竣工验收管理规定》（国家环境保护局令第14号）；
4. 《关于加强环境影响评价管理防范环境风险的通知》（环发［2005］152号）；
5. 《化工建设项目环境保护设计规范》（GB 50483-2009）。

学生课外任务 2

作　　业：

1. 简述化工企业环保的“三同时”管理制度的内容。
2. 简述化工企业环保管理的内容。

项目任务：

通过上网查询或企业调研，针对氯碱化工企业的特点，编制突发污染事件应急预案。

任务三　化工企业 HSE 管理体系

知识目标： 明确化工企业 HSE 管理的目的，理解化工企业建立 HSE 管理体系的指导原则。
能力目标： 初步具备化工企业 HSE 管理体系建立与维护的能力。
态度目标： 树立化工安全、环保意识，培养团队合作精神。

HSE 是健康（Health）、安全（Safety）和环境（Environment）的简称，HSE 管理体系是将组织实施健康、安全与环境管理的组织机构、职责、做法、程序、过程和资源等要素有机构成的整体，这些要素通过先进、科学、系统的运行模式有机地融合在一起，相互关联、相互作用，形成动态管理体系。

一、HSE 管理的目的

HSE 管理的目的主要体现在以下几个方面：

（1）满足政府对健康、安全和环境的法律、法规要求；
（2）为企业提出的总方针、总目标以及各方面具体目标的实现提供保证；

（3）减少事故发生，保证员工的健康与安全，保护企业的财产不受损失；
（4）保护环境，满足可持续发展的要求；
（5）提高原材料和能源利用率，保护自然资源，增加经济效益；
（6）减少医疗、赔偿、财产损失费用，降低保险费用；
（7）满足公众的期望，保持良好的公共和社会关系；
（8）维护企业的名誉，增强市场竞争能力。

二、建立 HSE 管理体系的指导原则

1. 第一责任人的原则

随着生命和健康成为保障人权的重要内涵，HSE 管理在现代管理中的地位愈来愈突出，已成为国际石油石化工业发展战略之一。HSE 管理体系，强调最高管理者的承诺和责任，企业的最高管理者是 HSE 的第一责任者，对 HSE 应有形成文件的承诺，并确保这些承诺转变为人、财、物等资源的支持。各级企业管理者通过本岗位的 HSE 表率，树立行为榜样，不断强化和奖励正确的 HSE 行为。

2. 全员参与的原则

HSE 管理体系立足于全员参与，突出“以人为本”的思想。体系规定了各级组织和人员的 HSE 职责，强调企业内的各级组织和全体员工必须落实 HSE 职责。每位员工，无论身处何处，都有责任把 HSE 事务做好，并过审查考核，不断提高公司的 HSE 业绩。

3. 重在预防的原则

在企业的 HSE 管理体系中，风险评价和隐患治理、承包商和供应商管理、装置（设施）设计和建设、运行和维修、变更管理和应急管理这 5 个要素，着眼点在于预防事故的发生，并特别强调了企业的高层管理者对 HSE 必须从设计抓起，认真落实设计部门高层管理者的 HSE 责任。初步设计的安全环保篇要有 HSE 相关部门的会签批复，设计施工图纸应有 HSE 相关部门审查批准签章，强调了设计人员要具备 HSE 的相应资格。风险评价是一个不间断的过程，是所有 HSE 要素的基础。

4. 以人为本的原则

HSE 管理体系强调了企业所有的生产经营活动都必须满足 HSE 管理的各项要求，突出了人的行为对公司事业成功的至关重要性，建立培训系统并对人员技能及其能力进行评价，以保证 HSE 水平的提高。

三、HSE 管理体系的基本要素

1. 领导和承诺

领导和承诺是建立和实施 HSE 管理体系的基础。因为只有领导重视、全员重视，在 HSE 管理方面提出明确的承诺，将 HSE 管理作为公司管理的重要组成部分，才能建立起一个有效的 HSE 管理体系。实践证明，企业高层管理者的决心和承诺，不仅是企

业能够启动HSE管理体系的内部动力，而且也是动员企业各部门和全体员工积极投入体系建设的重要保证，他们的支持和参与程度直接影响着HSE管理体系的建设和进展。

2. 方针和战略目标

方针和战略目标是企业对其在HSE管理方面的意向和原则的声明。实施HSE管理体系的全过程都是在方针和战略目标的指导下进行的。

方针和战略目标的内容指明了企业在HSE方面的努力方向，提供了规范组织行为和制定具体目标的框架。良好的方针，能指导企业有效地实施和改进它的管理体系；同时，方针和战略目标也在此过程中得到必要的修正。

3. 组织机构、资源和文件

组织机构的作用在于合理的设置和分配有关的职责和权限，保证各种问题、责任的可追溯性，使企业的各种活动按要求进行，并在发生异常情况下做出正确的反应。资源是任何一个管理体系建立和良好运作的基础和保证，HSE管理体系也是如此。HSE管理体系的成功实施，必须依靠企业全体员工的参与，这就对员工的整体素质提出了更高的要求。一名合格的员工既要具备良好的HSE意识，有高度的责任感，并对各自岗位的职责和HSE因素有充分的认识，还需具备处理本岗位HSE事务的必要能力。为了达到这个目标，企业应对员工进行教育和培训，使自己的员工获得HSE的意识和能力，同时为保持企业良好形象，对一些业务的承包方也要求遵守HSE管理体系标准。在HSE管理活动中，有效的信息交流能使企业协调地整体运作并具备良好的适应能力。

文件工作是管理体系运行中的一个重要部分，它支持管理方案和程序的存在，记录体系的运行情况，为企业保持和传输各种内、外部信息，支持体系的正常运行。

4. 评价和风险管理

评价是通过收集、调查一系列信息，对企业当前活动、生产和服务中已有和可能存在的HSE危害、影响及其控制、管理现状进行全面分析和系统评价的一项工作，其目的在于识别公司当前的HSE管理现状，分析良好之处及存在的问题，从而确定有待改进的领域和方向。它是建立和实施HSE管理体系的一项基础性工作，为建立HSE管理体系提供背景条件和基础。风险管理是依据评价的结论，企业根据自己的情况制定具体目标和行为准则，制定预防危害的应急反应措施和风险削减措施（包括预防事故、控制事故、降低事故长期的和短期的影响等部分），将企业的活动对HSE的不利影响降到最低。

5. 规划（策划）

HSE管理体系的规划是指通过设施的完善、责任的明确、工作程序、应急反应计划的制订、评价及不断完善，以达到预期的方针目标，使承诺变为现实。其内容包括维护设施的完整性，为识别出的活动制定形成文件的工作程序和准则，对企业的变更，包括人员、设备、生产工艺、操作程序等的暂时性或永久性变化进行HSE管理。

6. 实施和监测

实施严格的HSE管理，才能在每一个活动和任务中将HSE管理体系的运行落到实处。而通过科学仪器对这些活动的特性进行常规和非常规监测，获取有关信息，才能发现不符合的现象并进行纠正，最终才能有效地报告事故并进行处理。只有通过持续的实施和监测，才能使 HSE 管理体系不断地改进。

7. 审核和评审

HSE 管理体系审核是公司各种审核的一种，是对照体系是否按照预定要求运行的检查和评价活动，也就是对企业是否符合 HSE 管理体系的要求进行验证。评审是 HSE 管理体系的最后一个环节，由企业最高管理者执行，目的也是评价 HSE 管理体系适宜性、充分性和有效性。通过审核和评审，可以了解 HSE 管理体系的整体运行情况及不足之处，是实现 HSE 管理体系持续改进的保证。通过审核和评审，使 HSE 管理体系在螺旋式上升的进程中跃上一个新的台阶。

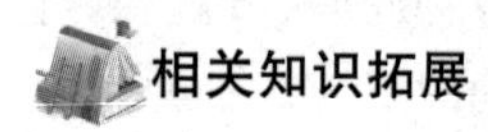

研读资料

1.《石油化工建设项目管理方安全管理实施导则》(AQ/T3005)；

2.《石油化工企业生产经营阶段 HSE 管理实施导则和应用范例》(AQ/T3012)。

学生课外任务 3

作　　业：

1. HSE 管理的含义与目的是什么？

2. 简述化工企业 HSE 管理体系的基本要素。

项目任务：

运用 HSE 管理体系的指导原则，结合 HSE 管理体系的基本要素，为某化工企业制定 HSE 管理体系方针。

主要参考文献

[1] 苏华龙. 危险化学品安全管理[M]. 北京:化学工业出版社,2006.
[2] 朱宝轩. 化工安全技术概论[M]. 北京:化学工业出版社,2008.
[3] 许文,张毅民. 化工安全工程概论[M]. 北京:化学工业出版社,2011.
[4] 张广华. 危险化学品生产安全技术与管理[M]. 北京:中国石化出版,2004.
[5] 刘景良. 化工安全技术[M]. 北京:化学工业出版社,2008.
[6] 魏振枢. 化工安全技术概论[M]. 北京:化学工业出版社,2008.
[7] 关荐伊. 化工安全技术[M]. 北京:高等教育出版社,2006.
[8] 王德堂,孙玉叶. 化工安全生产技术[M]. 天津:天津大学出版社,2009.
[9] 许宁,胡伟光. 环境管理[M]. 2 版. 北京:化学工业出版社,2008.
[10] 杨永杰. 化工环境保护概论[M]. 北京:化学工业出版社,2009.
[11] 智恒平. 化工安全与环保[M]. 北京:化学工业出版社,2008.
[12] 孙卫民. 化工安全与环保[M]. 北京:中国劳动社会保障出版社,2010.
[13] 黄柏,付春杰. 安全管理与环境保护[M]. 北京:化学工业出版社,2008.
[14] 黄岳元,保宇. 化工环境保护与安全技术概论[M]. 北京:高等教育出版社,2006.
[15] 吕保和,朱建军. 工业安全工程[M]. 北京:化学工业出版社,2004.
[16] 王绍良. 化工设备基础[M]. 北京:化学工业出版社,2002.
[17] 朱以刚. 石油化工厂设备运行安全必读[M]. 北京:中国石化出版社,2009.
[18] 朱以刚. 石油化工厂生产操作安全必读[M]. 北京:中国石化出版社,2008.
[19] 王新,沈欣军. 资源与环境保护概论[M]. 北京:化学工业出版社,2009.
[20] 中国化工防治污染技术协会. 化工废水处理技术[M]. 北京:化学工业出版社,2000.
[21] 王金梅,薛叙明. 水污染控制技术[M]. 北京:化学工业出版社,2011.
[22] 刘宏,赵如金. 工业环境工程[M]. 北京:化学工业出版社,2004.
[23] 郭静. 大气污染控制工程[M]. 北京:化学工业出版社,2002.
[24] 庄伟强. 固体废物处理与应用[M]. 北京:化学工业出版社,2001.
[25] 陈杰瑢. 物理性污染控制[M]. 北京:高等教育出版社,2007.
[26] 刘晓勤. 化学工艺学[M]. 北京:化学工业出版社,2010.
[27] 聂延敏. 化工设备基础[M]. 北京:高等教育出版社,2009.
[28] 冯霄. 化工节能原理与技术[M]. 北京:化学工业出版社,2004.
[29] 张觐桐. 化工节能技术现状与发展方向[J]. 中国科技成果,2007(22):7—9.